Maik Lindner

5G Mobilfunknetze:
Strahlende Zukunft oder gefährliche Strahlung – Was erwartet uns?

Impressum

Erscheinungszeitraum:
2. überarbeitete Auflage: Januar 2021

Maik Lindner
c/o SP-Day.de Impressum-Service Dr. Lutz Kreutzer
Putzbrunner Straße 9c
81737 München
Lindner-Buch@web.de

Korrektorat: 1. Auflage: Helga König / komkoenig@gmail.com
2. überarbeitete Auflage:
Uli Kaufmann / uli.kaufmann@yahoo.com.

Coverdesign & Layout: Daniela Rohr / www.skriptur-design.de
Bildnachweis: Porträt: Privatarchiv Maik Lindner
Sonstiges Bildmaterial: https://de.depositphotos.com, pixabay
Verlag & Druck Hardcover: tredition GmbH, Halenreie 40-44,
22359 Hamburg

ISBN Taschenbuch: 9798605777724
ISBN Hardcover: 9783347158771
E-Book Kindle: B087178FVR
E-Book epubli: 9783753111940

Englische Ausgaben:
ISBN Paperback: 978-3-347-64243-0
E-Book Kindle: B09ZVGZD6Q

Bibliografische Informationen der Deutschen Nationalbibliothek:
Die Deutsche Nationalbibliothek verzeichnet diese Publikation in der Deutschen Nationalbibliografie. Detaillierte Informationen hierzu sind im Internet über www.dnb.de verfügbar.

Hinweis:

Das vorliegende Buch wurde sorgfältig erarbeitet und recherchiert. Alle im Buch gemachten Angaben, Aussagen, Zitate, Meinungen und wissenschaftlichen oder sonstigen Sichtweisen und Hinweise – einschließlich ihrer Quellen – erfolgen ohne Gewähr. Der Autor übernimmt keine Haftung für eventuelle Nachteile, Schäden oder Unbehaglichkeiten, die aus den im Buch gemachten Hinweisen und Aussagen, deren Verwendung oder dem Umgang und den Reaktionen des Lesers mit und auf den Inhalt dieses Buches resultieren können. Das Buch soll lediglich der Information, Inspiration und Weitergabe von Wissen und Wahlmöglichkeiten dienen. Und natürlich – wie alle Werke des Autoren – zum tieferen Nachsinnen anregen.

Anmerkung des Autors:

Ich verwende in diesem Buch wissenschaftlich nicht immer korrekte Begriffe, wie z.B. Elektrosmog. Das impliziert Nebelbildung, was jedoch nicht stimmt, da Elektrizität oder technische Geräte keinen Nebel erzeugen, sondern elektrische oder elektromagnetische Felder. In der wissenschaftlichen Diskussion ist der richtige Begriff jedoch immer sehr wichtig, da es dort darum geht, hundertprozentig korrekt zu sein. Ich bitte die Leser, mir diese Unkorrektheit zu verzeihen, da es mir als Autor wichtig ist, eine allgemein verständliche Sprache zu benutzen.

Gewinner des ASPA Innovationspreis auf der iENA-Nürnberg 11/2021

„Dieses Buch hat mich auch als Wissenschaftler sehr beeindruckt und es ist wichtig, über diese Themen zu sprechen.“

Prof. Dr. Mladen Karic, Physiker, Präsident des Inventareium Science Banjaluka, Bosnien, Vizepräsident Europäischer Erfinderverband, nach Auszeichnung des Buches 5G-Mobilfunknetze mit dem ASPA Innovationspreis auf der iENA-Nürnberg 11/2021

Euch allen gewidmet,
die ihr denkt, strebt, lacht, weint,
werdet oder nicht werdet,
träumt, erwacht, liebt, hasst,
urteilt, forscht, glaubt, zweifelt,
sucht, akzeptiert, rebelliert, lebt,
...
und künftig noch leben werdet.

Maik Lindner

5G Mobilfunknetze: Strahlende Zukunft oder gefährliche Strahlung - Was erwartet uns?

Inhaltsverzeichnis

Vorwort

von D. Sc. Florian M. König

Ich erhielt am 16. Juli 2020 von Herrn Maik Lindner eine E-Mail um die Thematik „Alternativer Mobilfunk?“, so die Headline. Jede Menge Fragen wurden gestellt und Info's erbeten, wie man möglichst strahlenfrei sich im heutigen Leben organisieren kann. Ich antwortete bereitwillig, weil's für mich um eine gute Sache ging. Man muss nicht grundsätzlich alles um die Drahtloskommunikation verteufeln, jedoch hätte ich es gerne seit Jahrzehnten gesehen (u.a. seitens Mobilfunks), wenn man erst wissenschaftlich die biologische Unwirksamkeit und dann die Einführung einer neuartigen Strahlentechnologie forciert hätte. Nun gut – wir wissen landläufig, dass viele Neuerungen für den Alltag in unserer „smarten Neuzeit“ eher geld-gesteuert penetriert werden und die Gesundheit für viele Manager hinten ansteht. Ein Paradebeispiel sind hierfür stehend erstens jene für Kinder hoch giftigen Flüssigkeits-Pods, welche ja auch so praktisch zum Wäschewaschen sind – die Werbung machts möglich. Oder nehmen wir zweitens den sogenannten Dieselskandal, dann das Treiben um Glyphosat und auch früher die Sache mit der Kinderlähmung, das Rauchen ....

Gehen wir zurück in den Juli 2020: Ab jenem Sommer ergab sich ein sehr freundlicher und offener Austausch, als ob wir uns schon länger kennen würden. Maik Lindner wusste auch, dass mein grundsätzlicher Ansatz aller Strahlenbetrachtungen seinen eher wissenschaftlichen Ursprung in den Natur-Wechselfeldern findet: Alle Erdlebewesen haben sich über X Millionenjahre an die Strahlenbedingungen unseres schönen Planeten evolutionär angepasst. Und da kommt der Mensch mal vor gut 100 Jahren daher und schafft eine, nein, bis dato eine Vielzahl vollkommen unbekannter, nicht etablierter (modulierter) Strahlenformen, die unseren Körper, Tiere oder auch Pflanzen absolut nicht kennen! Was passiert deshalb genau? Alleine diese Gedankenfolge ist doch profund!

Sicherlich gehen meine oftmals philosophisch getriggerten Gedanken auf die offenen Diskussionen im Fernsehen der Siebzigerjahre zurück, wo ein Bernhard Grzimek über Tiere zur Premium-Time berichtete. Geschweige denn, der TV-bekannte Nobelpreisträger Konrad Lorenz oder Hoimar von Ditfurth, welche den Menschen als Auslöser für alle Umweltproblematiken stigmatisierten. Ferner wurde in den Achziger-/Neunzigerjahren eher über das Thema technische Strahlung ambivalent berichtet. Und dem gegenüber wird heutzutage „E-smog“ oft genug als Glaubenssache verunglimpft.

Exakt an dieser Stelle möchte ich herausheben, dass ich es gut finde, wenn ein Nicht-Wissenschaftler, also Maik Lindner als „Experte“ hierzu für den Otto-Normalverbraucher den Dschungel um Elektrosmog näher und allgemeinverständlicher beleuchtet; warum?: Ich kenne inzwischen einige Bücher um 5G aus Italien, USA, Deutschland usw. Man könnte meinen: Na-ja, nix Neues.

Nach meinem Ermessen sollte dieses vorliegende Buch jeden offenen Menschen ansprechen, weil hier Fakten und eine Art „ganzheitliche Betrachtungsweise“ des Autors mit vielen Links zur angebotenen Selbstrecherche gepaart wurden.

Ich kann mich außerdem nur solidarisch auf die Seite von Herrn Maik Lindner stellen, denn auch ich habe mich schrittweise und aus Neugier um eine Ursachenforschung seitens meiner eher geringfügigen Elektrosensibilität und Wetterfühligkeit diesen Themenkreisen genähert. Dazu schloss ich beispielsweise 1988 ein Elektrotechnik / Nachrichtentechnikstudium ab, wandelte 20 Jahre hauptamtlich in der Ecke der kopfbezogenen Raumklang-Akustik und realisierte parallel neben meinem Job ab dem Beginn des 21. Jahrhunderts eine Doktorarbeit u.a. über vergleichende Untersuchungen von künstlichen und natürlichen Wechselfeldern in der Erdatmosphäre (USA 2004).

So erkannte ich eher hardcore-wissenschaftlich, das viele Dinge schon früher bekannt waren, was beispielsweise in den 70-ern während NASA-Workshops festgehalten wurde (siehe Schwan, H., P. (1974), Session C (NASA), Effects of Microwave Radiation at the Cellular and Molecular Level) und jetzt still und heimlich in die Öffentlichkeit gerät. Dies ist erstaunlich, wie auch die russische Literatur-Recherche „1960-1996“ eines hochbetagten und noch aktiven Karl Hecht mit weniger 5G-zuträglichen Aussagen. Meine fast 92-Jährige Mutter pflegt zu sagen: „Erstens kommt es anders, zweitens als man denkt“ ..... vielleicht für alle Beteiligten, womit ich nicht nur uns als sogenannte „Verbraucher“ sondern auch die mitentscheidende Industrie sowie Politik meine. In Bezug auf das vorliegende Buch verweise ich nun auf ein hoch brisantes Kapitel 5,(„Bienensterben, Wald – und Artensterben und andere Nebenwirkungen durch Mobilfunk und 5G“) was in Deutschland 2019 mit dem Volksbegehren der Partei ÖDP publik wurde. Das Thema an sich war ja „vorher vollkommen unbekannt“ (vgl. Mainstream-Medien). Diesbezüglich erinnere ich mich an ein Buch meines Vaters als Hochschullehrer Ende der Achtziger (letztes Jahrhundert), in dem als Mitautor ein gewisser Ulrich Warnke bereits über die Orientierungsbeeinflussung von Bienen durch künstliche Feldemissionen wissenschaftlich berichtete. Und das erinnert an die von Menschen inzwischen ersatzweise umgesetzte Bestäubung von blühenden Bäumen – etwa wegen des Bienensterbens in China durch 5G?

Und nochmals Natur und Technik: In meiner über 37-Jährigen Erfahrung um Elektrosmog-Problemstellungen sehe ich die Kategorie Elektrosensibilität und Wetterfühligkeit als Zwillinge; wie fragen Sie? Erinnern Sie sich nochmals an die Erdlebewesen, welche sich über Jahrmillionen an das Elektroklima unseres blauen Planeten gewöhnt haben und eben eine menschliche Strahlenfühligkeit etwas ganz Normales ist. Denken Sie anhängig bitte an Wetterfühlige, die viele Tage vor z.B. Wetterumstürzen über alle möglichen Befindlichkeitsstörungen in-door oder out-door klagen. Luftdruck- , Luftfeuchte- oder Temperaturschwankungen können es alleine nicht sein, denn im Winter leben wir vorwiegend in stabil klimatisierten Räumen und solche Menschen werden “drinnen wie draußen“ durch Migräne oder Narbenschmerzen fast identisch „genervt“; mehr unter www.wetterfuehligkeit.eu.

Kurzum: Wenn man sich medizinisch oder biometeorologisch dem Thema Elektrostress nähert, ist es egal, ob wir Menschen uns dem selbst erzeugten (periodischen) Wellen-/Strahlensalat als Elektrosmog oder Technics oder der naturnaher Strahlungsformen (s. Sferics / Atmospherics) nähern. Wir reagieren spürbar oder unbewusst. Und genau deswegen ist das Finale dieses Buches fast schon spannend mit neuen Technologien, KI, sowie gewissen Zukunftsvisionen „unlimited“. Auf jeden Fall ist (m)ein letzter Gedanke um „bio 9G“ nicht abwegig, natürliche Strahlenformen aufzugreifen und bio-konforme, breitbandige Signal-Modulationsformen zu realisieren. Ein alter Hut, denn dies wurde einem Großkonzern bereits im Oktober 2001 vorgestellt und verbleibt nach meinem Wissensstand immer noch als „public domain“ unbenutzt.

Also viel „Vergnügen“ oder inspirierende Erkenntnisse mit dieser „breitbandigen Lektüre“, welche Ihnen sicherlich da oder dort die Augen öffnen wird.

Bad Wörishofen, November 2020

Florian M. König.

Vorwort

von Maik Lindner – Warum dieses Buch?

Seit dem Erscheinen der ersten Ausgabe ist einiges geschehen, was eine erste Überarbeitung dieses Werkes erfordert: Presseartikel, Blogbeiträge, Interviews, Feedback, Lob, Kritik, inspirierende Kontakte, ...

Und so ist bereits jetzt absehbar, dass dieses Werk wohl einen gewissen Bekanntheitsgrad erreichen wird. Oft wird mir bereits die Frage gestellt, wie ich (auch als Laie) darauf käme, ein Buch zum aktuellen Mobilfunkstandart 5G zu schreiben. Ich antworte dann ebenso oft, dass mir gleich mehrere Gründe dafür einfallen:

1. Weil immer noch viele Menschen überhaupt nicht wissen, wie tiefgreifend die Veränderungen sind, die mit 5G einhergehen. Und in welchem Ausmaß die Welt, Gesellschaft, Demokratie, der Lebensstil, Lebenssinn, aber auch der schlichte Alltag – und alles was wir heute noch kennen und lieben – davon betroffen sein wird. Es herrscht ein grundlegender Mangel an Information, wie unsere Zukunft dann – aus allen Blickwinkeln zusammengenommen betrachtet – aussehen wird.

2. Gleichzeitig herrscht große Verwirrung und Angst vor 5G. Viele Menschen sind aufgrund der damit einhergehenden Neuerungen und über die hohen Leistungsstärken – mit denen hier (auch aus Sicht verschiedener 5G-kritischer Experten) recht blauäugig hantiert wird – sehr besorgt. Sie sehen die 5G-Einführung als Feldversuch an der Weltbevölkerung, wobei selbst die Politik als starker Befürworter der 5G-Netzeinführung zugibt, dass es ein so leistungsstarkes Netz noch nie in der Praxis gegeben hat. Und wir daher schlichtweg noch keine Aussagen zu den Langzeitfolgen machen können. Man könnte also – zynisch betrachtet – anmerken, die 5G-Technologie wirke nach dem Bananenprinzip: Das Produkt reift (in seiner gesamten Wirkung) erst einmal beim Kunden; dem Erdenbürger!

Doch das ist noch längst nicht alles:

3. Mit der Einführung von 5G und künstlicher Intelligenz entfesseln wir derart machtvolle Energien, vor denen sich heute bereits Nobelpreisträger und KI-Entwickler fürchten. Zum Beispiel im Bereich der Waffentechnologie, mit den Entwicklungen von vollautonomem Waffensystemen.

4. Andererseits ist bereits „normaler" Mobilfunk seit langer Zeit in seiner gesundheitlichen Wirkung heftig umstritten, was zu einer großen Verwirrung und einem Irrgarten widersprüchlicher Informationen und Forschungsergebnisse mit positivem und negativem Ergebis auch unter seriösen Forschern beiträgt.

Einer der ausschlaggebenden Momente zur Entstehung dieses Buches war für mich als bisherigen Beobachter jedoch, als ich in einer Kolumne eines Professors für das Handelsblatt las, dass sogar hoch studierte Menschen wie er inzwischen etwas verwirrt über die Wirkung des Mobilfunks sind, da sich hier nicht nur „ein paar nicht ernst zu nehmende Verschwörungstheoretiker“, sondern auch Fachkollegen kritisch zum Mobilfunk oder den 5G-Netzen mit seinen enorm stärkeren Leistungsdaten und Frequenzen äußerten. Und sich die Gretchenfrage – ob Mobilfunk und 5G nun tatsächlich schädlich ist oder nicht – auch für ihn nicht so leicht beantworten ließe.

Während gleichzeitig Politik und Befürworter nur positiv in eine „Strahlende Zukunft“ blicken. Schließlich beginne man ja „nur“ mit den bisherigen Leistungsstärken (vor denen heute schon die Elektrosensiblen fliehen) und würde dann erst die Frequenzen (bis zum 10- oder hundertfachen ?) steigern. Man müsse hier dann – nach der Einführung – eben mehr forschen. Obwohl es bereits jetzt, meines Kenntnisstandes als Nichtexperte nach, bereits zahlreiche bedenkliche Studien seit Einführung dieser Menschengemachten, künstlichen Technologie, gibt.

So hatte ich also einige Erlebnisse, die mich wachrüttelten, um einiges von dem, auf das ich seit vielen Jahren zu dem Thema gestoßen war, weiterzugeben.

Natürlich sehe ich mich – ich kann das nicht genug betonen – nur als umfassend informierten Laien und bin kein Experte, der sich hiermit als Denker an ein umstrittenes Sachbuchthema wagt. Deshalb wollte ich mich dem Thema auch nicht auf Basis von Spekulation und Hörensagen nähern, sondern anhand wissenschaftlicher, seit langer Zeit gemachter Erkenntnisse. Welche ich aus verschiedenen Blickwinkeln der kontroversen Diskussion auch mit zahlreichen Zitaten abbilde. Also geht es mir in diesem Werk auch darum, Aussagen mit Gegenaussagen zu vergleichen und die verschiedenen Standpunkte und Forschungsergebnisse der Gegner und Befürworter gegenüberzustellen. Es ist mir ein tiefes Anliegen, damit einen Beitrag zu leisten, etwas „Licht ins

Dunkel“ widersprüchlicher Informationen und komplett gegensätzlicher wissenschaftlicher Aussagen zu bringen und das „verwirrende Wollknäuel“ von Studien und Gegenstudien etwas zu entwirren. Und ich höre anhand von einigem Feedback nun bereits, dass mir das wohl durchaus etwas gelungen zu sein scheint. Doch bitte machen sie sich selbst ein Bild, indem sie das Werk hoffentlich von Anfang bis Ende lesen.

Nun, während des Arbeitsprozesses am Buch – wo ich über Monate intensiver Suche zahlreiche Quellen und viel Material aus langer Zeit zusammentrug, zeigte sich mir schnell, dass ich mit dem Mobilfunkthema einen ganzen Themenkomplex aufgreifen musste: Historische Anfänge, Wirkungen und Nebenwirkungen, Potentiale und Möglichkeiten, Sichtweisen, Forschungen, Befürworter, Gegner, aber auch Entwicklungen, Potentiale und Möglichkeiten, an die wir vielleicht gar nicht denken.

All das fand letztlich Einzug in dieses Ihnen jetzt vorliegende Buch. Von dem nun manche sagen, dass ich ein rundes Bild gezeichnet habe und andere bemängeln, dass ich manches nicht noch etwas mehr ausgeführt, eigentümlich formuliert, oder – als in ihren Augen wichtige Ergänzung – nicht mit hinein gebracht habe. Ich wollte das Thema so umfassend wie möglich abbilden, aber für den unbedarften Laien und etwas vorgebildeten Kenner der Materie (wie mich) möglichst einfach verständlich, nicht zu technisch und doch in einem gewissen Rahmen halten. Ich konnte also aus Platzgründen nicht alles abbilden oder hätte ein 1.000 seitiges Werk schaffen müssen, was ich aber nicht wollte, wofür ich um Verständnis bitte.

Zur Vertiefung der Themengebiete habe ich jedoch in den Print- und eBook-Ausgaben viele Hinweise, Links, aber auch einige weiterführende Literatur oder Kontaktmöglichkeiten abgebildet, um den Leser mit dem Werk nicht allein zu lassen. Nutzen Sie diese Kontakte und informieren Sie sich; es wird sich lohnen!

Dieses Werk ist also auch als eine Einladung gedacht, sich über 5G hinaus mit einigen interessanten Gedanken zu befassen. Ich sehe dieses Buch deshalb persönlich gern als weiteres Puzzleteil und Brücke des Verständnisses zu schon bestehenden Werken, aber auch als kleines Grundlagenwerk zum Einstieg in die öffentlich anhaltende, widersprüchliche Diskussion. Vielleicht gelingt es mir damit, einige Brücken zu bauen und sich als Appell damit einander anzunähern, statt auf die eigenen Sichtweisen und Forschungen zu pochen, nur um diese von der Industrie und Politik bejubelte Technologieära voranzutreiben?

Mir ist bewusst, dass ich damit ein sehr heißes Pflaster betrete: So erlebte ich schon im Schreibprozess die zwei Seiten der Medaille, wie es so schön heißt. Denn ein Doktor befürwortet dieses im einfachen Sprachstil gehaltene Werk und ein anderer verneint es, als Lektor in diesem Werk genannt zu werden (was ich natürlich respektiere!), weil das Thema dieses Buches in bestimmten Kreisen mit „einem gewissen Abstand“ behandelt wird.

Ich persönlich widme mich in dem vorliegenden Werk mit einer gewissen Leidenschaft, offenem, unvoreingenommenem Herzen und klarem, forschendem und etwas „philosophisch angehauchten“ Geist. Um zu ergründen, was uns erwarten könnte, bevor wir etwas weltweit umsetzen, das im Vorfeld schon stark umstritten ist.

Ungeachtet dessen, zu welcher Seite der Kritiker oder Befürworter Sie nun gehören oder sich einordnen möchten, freue ich mich, dass Sie sich als Leser mit dem Kauf dieses Buches dafür entschieden haben, sich intensiver mit dem Mobilfunk und der darauf beruhenden Mikrowellen- und Funktechnologie in ihrer Wirkung auf Mensch, Natur und Umwelt auseinanderzusetzen. Ich werde mein Bestes tun, Sie dabei mit der themenspezifischen Lektüre aus verschiedenen Blickwinkeln betrachtet, vertraut zu machen, um ein möglichst rundes Bild zu zeichnen. In der Tat hoffe ich, dass Sie dann vieles sehr viel klarer sehen, was den Mobilfunk oder Elektronik und deren Wirkung betrifft.

Und am Ende möchte ich Sie noch einige Schritte weiter führen, und nicht nur bei den rein technischen Wirkungen und Möglichkeiten stehen bleiben.

Ich wage zu behaupten, dass Sie in diesem Buch vielleicht einiges Interessante erfahren werden, von dem Sie zuvor vielleicht noch nie gehört haben. Und ich danke Ihnen für Ihren Mut, Ihre Offenheit und Ihre Bereitschaft, sich ernsthaft mit all dem auseinandersetzen. Letztlich liegt es an uns, was wir für uns und unsere Zukunft kreieren werden.

Herzlichst

Maik Lindner

Kapitel 1

Die Geschichte des Mobilfunks – Eine allgemeine Einführung

> *„Auf der Welt gibt es inzwischen 7,3 Milliarden Mobilfunkanschlüsse. Damit hat zumindest rechnerisch jeder Mensch ein Handy. Das ist das Ergebnis des „Mobility Report" von Ericsson. Insbesondere die Zahl der Smartphones steigt schnell an. Weil viele Nutzer mehrere Geräte mit Mobilfunkanschluss verwenden, neben Smartphones auch Tablets und Notebooks, ist die Zahl der tatsächlichen Mobilfunknutzer geringer. Die Studie geht von knapp fünf Milliarden Menschen aus, die den Mobilfunk nutzen."*[1]

Ob David Eward Hughes wohl im Jahr 1879 bei der Vorführung des Phänomens der elektromagnetischen Wellen an der Akademie der Wissenschaften hätte vorhersehen können, dass eines Tages die ganze Welt mit Smartphones und Handys ausgestattet oder sprichwörtlich überschwemmt werden würde? Oder einige Jahre später der Physiker Heinrich Rudolf Hertz, der Hughes Maxwell'sche Theorie reproduzierte? Hätte er geglaubt, dass einmal eine große weltumspannende Diskussion um die gesundheitlichen Auswirkungen dieser technischen Wellen entstehen würde?

Was wohl Guglielmo Marconi empfand, als er 1897 das erste telegrafische Morse-System entwickelte, welches natürlich rasch Einsatz in der Schifffahrt und beim Militär fand? Oder wie ging es wohl Robert von Lieben, als er 1910 die erste Elektronenröhre mit Verstärkerwirkung erfand, die bereits 1935 ohne Funkenbildung das erste Autotelefon ermöglichte? Damals noch so groß, dass es als Sende- und Empfangsstation den ganzen Kofferraum beanspruchte, aber immerhin jetzt mehr Mobilität in der Telefonie verhieß.

All das ist nicht zu vergleichen mit den heute erhältlichen handlichen, superleichten und sehr leistungsstarken Smartphones oder Handys, die Kommunikation und gesellschaftliches Leben unglaublich vereinfachen, ja bis zu einem gewissen Grad auch sehr viel angenehmer, komfortabler und sicherer gestalten.

All diesen Forschern verdanken wir eine Menge Annehmlichkeiten -aber auch Unannehmlichkeiten. Sie waren Genies, die sich hinsetzten und forschten, mit ihren Forschungsergebnissen die Welt beflügelten und zu der machten, die sie heute ist, und/oder morgen noch sein wird.

Teslas Comeback

Wenn wir über Hochfrequenztechnologie und wissenschaftlichen Schöpfergeist reden, kommen wir an Nikola Tesla (1856-1943) nicht vorbei. In den Darstellungen zur Entwicklung der Elektronik und Hochfrequenztechnologie fehlt dieser aber auf rätselhafte Weise irgendwie sehr häufig , wurde verbannt, vernachlässigt oder einfach weggelassen. Das ist sehr verwunderlich, denn als Marconi noch mit Morsegeräten und Robert von Lieben noch mit seinen

Elektronenröhren experimentierte, realisierte Tesla bereits Möglichkeiten zur Speicherung unbegrenzter Energiemengen und wie er diese aus dem uns umgebenden Raum im Gigaherzbereich nutzbar machen konnte.

Nikola Tesla (1856-1943)
(Quelle: www.depositphotos.com)

So meldete er bereits 1900 ein Patent auf ein Gerät zur drahtlosen Energieübertragung an (Patent Nr. 645,576), das laut Tesla auf Energieübertragung aus höheren Schichten (der Ionosphäre) beruhte. Tesla war ebenfalls seiner Zeit um mehr als hundert Jahre voraus, als er bereits Ende 1914 ein Patent zur transatlantischen Energieübertragung anmeldete. Sein in Wardencliff fast fertiggestellter 57 Meter hoher Energieübertragungsturm mit einer pilzförmigen Kuppel von 21 Metern Durchmesser erlangte einen gewissen Ruhm, wurde jedoch aus Kostengründen nie fertig gestellt. Er sollte damals eine Gesamtleistung von etwa 7,5 Megawatt abstrahlen und in Universalzeit Navigations- und Bildsignale übertragen.

Das System sollte Programme für die allgemeine Öffentlichkeit senden wie auch der privaten Nachrichtenübermittlung dienen. Tesla war der erste, der die Versorgung der Öffentlichkeit mit Nachrichten und Unterhaltung auf dem Weg des Rundfunks anregte. Bis dahin war nur mit gerichteter Signalübertragung experimentiert worden. Das vollständig ausgebaute System sollte als drahtloses Mehrfrequenz-Übertragungssystem alle Telefon-, Telegraphen- und Fernschreibdienste auf der ganzen Welt übernehmen. Multiplextechniken sollten innere Sicherheit und Störungsfreiheit der privaten Nachrichtenübermittlung sicherstellen."[2]

Auch wenn Nikola Tesla als seiner Zeit weit voraus handelndes Genie immer noch recht unbekannt ist, so feiert vielleicht sein Wardencliff-Energieturm bald ein Comeback. Denn die russischen Brüder Leonid und Sergey Plekanov haben mehr als fünf Jahre damit verbracht, Teslas Patente zu studieren. Sie wollen damit den Energieturm im Rahmen ihres ehrgeizigen Projekts „Global Energy Transmission" nachbauen. Ihre Meinung dabei lautet: „Tesla hatte recht, und wir werden es beweisen."[3]

Auch Klaus Turtur, ein an der TU München lehrender Professor, hat Teslas Ideen der freien Energie ins Licht der Öffentlichkeit gerückt und würde gerne einen Raumenergiekonverter für 10 Millionen Euro in Waschmaschinengröße bauen, der Energie aus dem Raum – wie es Tesla angeblich bereits zu Lebzeiten umsetzte – für alle Menschen nutzbar macht. Die Umsetzung übersteigt sein Gehalt als Lehrkraft jedoch bei weitem. Ohne Profitinteressen stellt Turtur jedoch diese und verschiedene andere Ideen zur freien Verfügung ins Netz, hält Vorträge oder zeigt, dass Stromerzeugung auch billiger als bei den Industrieanbietern funktionieren kann.[4]

Nach Teslas Tod im Jahr 1943 verschwanden viele seiner Patente und Ideen im Nebel der Zeit oder in dunklen Kanälen und tauchten später nur bruchstückhaft wieder auf. Wobei wahrscheinlich das Militär im Geheimen an seinen Ideen weiterarbeitete, was wir im Kapitel 6 dieses Buches noch ergründen werden.

Wissenschaftler verschiedener Länder erkannten die fantastischen Möglichkeiten bisher unbekannter und für das menschliche Auge unsichtbarer Strahlen, Wellen, Felder und Energiesysteme. Neben den Röntgenstrahlen oder Radiowellen, die Tesla ebenfalls lange Zeit vor ihrem Einsatz vorhergesehen hatte, jedoch nicht patentierte und vermarktete, sind das vor allem die Funk- und Mikrowellen.

Da Mikrowellentechnologie nicht nur zum Telefonieren in Milliarden Handys und Millionen Mobilfunkmasten, sondern auch in haushaltsüblichen Mikrowellengeräten, in großen leistungsstarken HAARP-Antennenanlagen oder in tausenden, die Erde umkreisenden Satelliten zum Einsatz kommt, sondern sogar für künftige Raketenantriebe zu den Sternen gedacht ist, müssen wir das Thema etwas umfassender betrachten.

Mikrowellen eignen sich nämlich hervorragend für viele Bereiche im Zeitalter der Information und Digitalisierung am Beginn des Aufbruchs in die unendlichen Weiten des Alls. So ist es also nicht verwunderlich, dass Russland, Deutschland, die USA, Großbritannien oder verschiedene andere Länder bereits vor, während und nach dem 2. Weltkrieg Mikrowellen für den militärischen oder privaten Einsatz untersuchten und dabei auch auf erschreckend schädliche Wirkungen und andere „fantastische Möglichkeiten" für den Kriegseinsatz stießen.

Die heutigen Handys oder GPS-Satellitensysteme, die wir zum Telefonieren oder zur Orientierung per Autocomputer nutzen, basieren allesamt auf diesen Entwicklungen des Militärs. Deshalb ist davon auszugehen, dass das Militär heute sicher viel weitreichendere Möglichkeiten und „Spielzeuge" besitzt, als wir es uns mit unseren käuflich erhältlichen Handys oder Smartphones in unseren kühnsten Träumen vorstellen können. Doch wollen wir zuvor erst einmal kurz reflektieren, wie alles mit dem Mobilfunk begann:

Die ersten Mobilfunkanlagen

Bei www.elektronik-kompendium.de heißt es zur Geschichte und Einführung des ersten Mobilfunks in Deutschland:

> *Die ersten Mobilfunknetze waren analoge Mobilfunksysteme, die ihren Ursprung im amerikanischen Mobilfunkstandard Advanced Mobile Phone System (AMPS) hatten. Er gehörte zur ersten Generation (1G) der Mobilfunknetze. Er hatte mit N-AMPS und D-AMPS einige technologische Erweiterungen erfahren. In Deutschland war es 1952 erstmals möglich von einem mobilen Endgerät aus einen Teilnehmer im Festnetz anzurufen.*[5]

Damit war **der erste Mobilfunkstandard 1G, auch als A-Netz** bekannt, in Deutschland eingeführt. 1958 folgte das erste öffentliche Mobilfunknetz, das in den Funktelefonen eingebaute Röhrenverstärker nutzte, wobei man beim Telefonieren den Motor laufen lassen musste, um die Batterie nicht zu entladen.

Kostenpunkt dieser ersten, noch recht klobigen Geräte war etwa 15.000 DM. Doch immerhin, man konnte mobil mit einer Frequenz von 150 MHz mit einer Flächendeckung von 80 Prozent telefonieren, was seinerzeit etwa 10.500 Teilnehmer nutzten.

Dem A-Netz folgte 1972 das **B-Netz,** das eine länderübergreifende Mobilfunktechnik war und mit einer Leistung von etwa 148 bis 163 MHz ans Netz ging. Dieses Netz nutzten etwa 27.000 Menschen.

Die **C-Netz**-Einführung im Mai 1986 war nicht länderübergreifend, sondern beschränkte sich auf Deutschland, während in Europa gleichzeitig viele verschiedene Mobilfunknetze wie Pilze aus dem Boden schossen. Das C-Netz hatte etwa 85.000 Teilnehmer und eine Leistung von ungefähr 451 bis 465 MHz. Die Firma Siemens verhalf diesem Netz zum vollautomatischen Verbindungsaufbau.

Die zweite Generation der Mobilfunknetze (2G) mit dem länderübergreifenden DECT und GSM-Status verhalf dem länderübergreifenden Funknetz und der schnurlosen Sprachübertragung zum Durchbruch, wobei es 1979 auf einen Frequenzbereich von 900 MHz festgelegt wurde, und später immer leistungsfähiger (1800 bis 1900 MHz bei GSM 1800 und GSM 1900) wurde.

Mit dieser Generation begann auch die sich ständig beschleunigende GigaHerz-Leistungsspirale, da der Ruf nach mehr Leistung und Geschwindigkeit immer lauter wurde. Dabei hielten mit dem 2G-Netzausbau auch Drahtlosanschlüsse mit begrenzter Mobilität wie WLL (**W**ireless **L**ocal **L**oop und RLL (**R**adio in the **L**ocal **L**oop) Einzug in die Wohnbereiche.

Die Teilnehmerzahl durchbrach die Millionengrenze und der Betrieb rechnete sich nun endlich auch für die Anbieter.

Auf die zweite folgte im Jahr 2000 **die 3. Generation (3G) mit UMTS**. 2006 folgte **3,5G (HSDPA und HSDPA+)** und letztlich 2010 durch die Bundesnetzagentur **die 4G–Einführung (LTE)**, wobei verschiedene Anbieter sich die Rechte teilten und die Leistung immer mehr sprichwörtlich durch die Decke oder soll ich sagen durch die Wände schoss. Dasselbe galt für den Service und die Funkdichte (Empfang), was die Nutzung immer beliebter machte. Heute hat wohl jeder Deutsche ein oder sogar mehrere Mobiltelefone.

Fortlaufende Leistungssteigerungen und Frequenzerhöhungen

Mit jeder neuen Generation des Mobilfunks kam es – wie wir gesehen haben – auch immer mehr zu einem Ausbau der Netze und dadurch zu einer Zunahme der Mobilfunkmasten/-Dichte, inklusive Leistungssteigerung vom ursprünglichen Mega Hertz-Bereich bis zum heute üblichen Gigahertz-Bereich.

Bei www.Informationszentrum-Mobilfunk.de[6] heißt es dazu:

> *Für den Netzausbau nutzen die Mobilfunkbetreiber Frequenzen in den Bereichen 800 MHz (Digitale Dividende), 1,8 GHz und 2,6 GHz. Mit der Frequenzversteigerung im Juni 2015 sind außerdem Frequenzen aus dem Bereich 700 MHz hinzugekommen. Diese eignen sich für den Einsatz in ländlichen Regionen besonders gut und wurden bisher vom Rundfunk verwendet. Bis 2019 sollen sie nun dem Mobilfunk schrittweise zur Verfügung gestellt werden.*

An dieser Stelle eine kleine, anscheinend nebensächliche Information:

> *Handys senden mit bis zu 1 W auf dem 1800 und 2100 MHz-Netz, mit bis zu 2 W auf dem 900 MHz-Netz. Die Sendeleistung wird vom Handy automatisch den Empfangsbedingungen angepasst. Bei schlechten Bedingungen – z.B. Dämpfung durch Gebäude, große Distanz zur Basisstation – sendet das Gerät stärker, um an der Basisstation immer noch eine ausreichende Signalstärke zu erreichen. Wenn nicht gesprochen wird, senden Handys nicht (bzw. nur technische Informationen zur Basisstation).*[7]

Also um zu telefonieren oder den Notarzt zu rufen, reicht schon ein Bruchteil der derzeitigen Leistung und des immer enger werdenden Mobilfunkmastenwaldes.

Diese notwendige Leistung überschreiten wir heute bereits millionenfach und werden rein rechnerisch als Soll – wie es so schön heißt – erfüllt.

Doch damit nicht genug: Die Industrie sitzt in den Startlöchern und möchte ihre selbstfahrenden Autos und technischen Revolutionen auf den Markt bringen und braucht dafür ein neues leistungsfähigeres Netz. Also nicht der Bürger sehnt sich nach einer Sendeanlage alle 250 Meter, sondern die Industrie. Denn um mit Familie oder Freunden mobil zu reden, reicht ein winziger Bruchteil der Leistung, die wir heute zur Verfügung haben.

Dennoch wird überall der Eindruck erzeugt, der Bürger braucht das superschnelle Echtzeit-Netz, will es, sehnt sich danach. Nun, der Bürger braucht aber eigentlich nicht so viel. Natürlich gibt es immer Menschen, für die alles in Echtzeit geschehen muss, immer schneller im virtuellen Raum, und nicht im echten Leben. Für diese wird es auch in 20 Jahren nicht schnell genug gehen, weshalb sie schon jetzt nach Lichtgeschwindigkeit rufen. Sie wollen die Telefonate von heute bereits vorgestern führen, nach dem Motto: Zukunft ist Vergangenheit.

Psychologen warnen bereits jetzt vor dem Daten- und Internetkonsum, auch ohne die voll ausgebauten 5G-Netze. Internetsucht ist ein Problem und das Netz ist voll mit Berichten von Betroffenen: Auch ohne die komplette Einbindung aller Lebensbereiche gibt es bereits Studien, die vor den Folgen warnen.

Die sogenannte PINTA-Studie der Drogenbeauftragten des Bundes im Ministerium für Gesundheit geht davon aus, dass in Deutschland 560.000 Menschen internetabhängig sind. Mehr als zwei Millionen Deutsche gelten als gefährdete Nutzer, unter ihnen vor allem junge Erwachsene zwischen 14 und 24 Jahren. In Asien sind die Zahlen noch erschreckender, vor allem junge Südkoreaner und Chinesen sind laut verschiedenster Studien besonders gefährdet. Viele Forscher sehen die Internetsucht weltweit bereits als eigenständige psychische Störung an. „Diese

Sucht kann jeden treffen – vom Jugendlichen bis zur Hausfrau", sagt die Psychologin Beate Dörsing von der Universität Marburg. Sie forscht zum Thema Internetabhängigkeit und hat mit ihrem Kollegen Alexander Winkler vor kurzem eine viel beachtete Studie zu Internetsucht und ihren Behandlungsmöglichkeiten im Fachmagazin Clinical Psychology Review veröffentlicht.[8]

Spätestens hier müsste bei all dem Datenkonsum und massiven möglichen Datenverkehr über die sogenannten smarten Netze jeder noch etwas klardenkende Mensch begreifen, dass bei der Einführung der Digitalisierung etwas völlig schief gelaufen ist. Denn das Internet gilt als Droge[9], die besonders viele junge Menschen im Griff hat, sie verrohen lässt und sogar vermehrt in den Suizid treibt. (Buchtipp: Manfred Spitzer; „Die Smartphone-Epidemie: Gefahren für Gesundheit, Bildung und Gesellschaft", Klett-Cotta-Verlag, 3. Aufl. Januar 2020)

Wohin diese Entwicklung führen wird, wenn erst das komplette Leben mit 5G digital ist, darüber können wir derzeit nur spekulieren. Diese Entwicklungen spielen bei der Euphorie um 5G jedoch überhaupt keine Rolle in der Debatte. Im Gegenteil: Die Bundesregierung hat angekündigt, den Netzausbau massiv voranzutreiben. Für den neuen leistungsstarken 5G-Standard sollen die ländlichen Gebiete voll erschlossen werden, um die Erfassung aller Menschen, Orte, Dinge und Geschehnisse in Echtzeit zu ermöglichen. Dabei ist es ein erklärtes Ziel der politischen und wirtschaftlichen Agenda, alle bestehenden Funklöcher zu eliminieren.

Bei ihrer Digitalklausur auf Schloss Meseberg hat das Bundeskabinett am Montag seine Mobilfunkstrategie beschlossen. Diese hat eine stabile flächendeckende Mobilfunkversorgung aller Haushalte, Gewerbegebiete,

Verkehrswege sowie landwirtschaftlich genutzten Flächen zum Ziel. Die ländlichen Räume würden damit endlich die Versorgung erfahren, die in Städten schon lange üblich sei, betonten der Bundesminister für digitale Infrastruktur, Andreas Scheuer, und Landwirtschaft, Julia Klöckner, in einer gemeinsamen Pressemitteilung.[10]

Angesichts der anerkannten Droge Digitalisierung will die Bundesregierung es also dem ganzen Land ermöglichen, von diese „Droge" Gebrauch zu machen. Selbst ein Landwirt, der bisher friedlich und fern von alldem über seinen Acker fuhr, soll nun jederzeit Zugriff haben.

Doch die Industrie 4.0 wird in Zukunft wohl neben selbstfahrenden Personenkraftwagen auch selbstfahrende Landmaschinen hervorbringen. Die Arbeit, die unsere Rasenroboter heute bereits erledigen, wird dann eben ein programmierter Traktor auf dem Feld verrichten, damit der Landwirt daheimsitzen und Playstation mit seinen Kindern spielen kann. Und nicht auf Bäume mit ihnen klettert, so wie ich es ohne Smartphone noch aus meiner Kindheit kenne.

All diese Dinge sollten wir ernsthaft überdenken. Ist dieser Technologierausch wirklich das Höchste der Gefühle? (Literaturtipp: „Generation Beziehungsunfähig" von Michael Nast / ISBN 978-3841906182). Ich kann nur sagen: Da kommt etwas auf uns zu.

Entwicklungssprünge zu unserem Besten?

Ein weiteres politisch wenig populäres, aber bereits seit Jahren immer wieder auftauchendes Problem oder sagen wir Phänomen, sind die Millionen Menschen, die sich als „elektrosensibel" bezeichnen. Jede Art von Elektrizität, von der wir in höchsten Tönen schwärmen, verursacht ihnen hingegen Schmerzen und daher suchen sie Abstand zu elektrischen Geräten und Sendemasten.

Noch leben Elektrosensible irgendwo in der Natur, außerhalb unserer Wahrnehmung ein kärgliches Leben, das man eher als Dahinvegetieren oder Leben in einem Gefängnis parallel zur Zivilisation bezeichnen kann.

Diese Randgruppe existiert im heutigen Bild der Öffentlichkeit eigentlich nicht, und auch nicht für die Gruppe der Befürworter des Netzausbaus. Was bedeutet aber der neue Mobilfunkstandard der 5. Generation für sie?

Laut www.Bürgerwelle.de, einer Bürgerinitiative, die sich gegen schädliche Mobilfunkstrahlung wehrt, reden wir 2020 von bereits etwa 9 Prozent der Bevölkerung. Was, wenn diese politisch umstrittene Randgruppe mit der lückenlosen Funkdichte drastisch wächst? Oder es zu einer Art Massenepidemie oder -sterben unter ihnen kommt?

Das klingt im ersten Moment sehr düster und viele Menschen betrifft es erst einmal nicht, aber letztlich kann es doch jeden treffen. Lesen Sie hierzu bitte Erfahrungsberichte von qualifizierten Fachkräften, die plötzlich nicht mehr neben und mit uns leben konnten.

(Literaturtipp: Cornelia Waldmann-Selsam, Christine Aschermann „Elektosensibel – Strahlenflüchtlinge in einer funkvernetzten Gesellschaft“ / ISBN: 978-3956316227).

Funklöcher oder mobilfunkfreie Orte könnten also aus mehreren Gründen ein Segen für uns Menschen sein: Zum einen wegen des Drogenrauschs namens Internetsucht und zum anderen wegen der steigenden Zahl an Elektrosensiblen.

Das Thema Elektrosensibilität spielt in der politischen Agenda 5G aber kaum eine Rolle oder wird massiv unterschätzt. Offiziell spricht man hier von lediglich 1 bis maximal 2 Prozent der Bevölkerung. Wobei diese Zahl seit Jahren trotz massivem Ausbau des Mobilfunks erstaunlicherweise immer gleich niedrig bleibt, während Bürgerinitiativen schon länger davon berichten, dass es bereits etwa um das Jahr 2009 6 Prozent der Bevölkerung und heute sogar 9 Prozent, insgesamt also rund 10 Prozent der Bevölkerung sein sollen, die an Politik, Behörden und Öffentlichkeit appellieren, elektrisch neutrale, mobilfunkfreie Zonen zu schaffen. Wobei die Dunkelziffer vom Verein für Elektrosensible jedoch auf bis zu 40% der Bevölkerung geschätzt wird. (siehe in Kapitel 4)

Da offensichtlich hier trotz themenspezifisch guter Lektüre ein großer Informationsmangel herrscht, sich mit der ständig steigenden Zahl an Elektrosensiblen intensiver auseinanderzusetzen, der Ausbau eines lückenlosen 5G-Netzes und die Digitalisierung jedoch ständig voranschreitet und zur politischen „Chefsache" erklärt wurde, es uns darüber hinaus aber auch selbst jederzeit treffen kann, werde ich das brisante Thema in Kapitel 4 noch einmal intensiver behandeln.

Diese erste große Welle an Elektro- und Mobilfunkflüchtlingen kann nämlich bei genauer Betrachtung ein Hinweis darauf sein, hier dringend einzuschreiten, damit aus der „unbedeutenden, ignorierten Randgruppe" nicht womöglich bald ein Flächenbrand oder eine Volkskrankheit wird.

Von der Einführung des 1. Mobilfunknetzes (A-Netz) im Jahr 1958 – mit etwa 150 MHz (**Megahertz**) Leistung – bis zum heutigen Mobilfunknetz (4G) mit bis zu 1,8 und 2,6 GHz (**Gigahertz**) Leistung haben wir einen gewaltigen Sprung gemacht. Wir surfen immer schneller, haben immer mehr Optionen im Datentransfer und, wie es scheint, ein immer angenehmeres Leben. Damit geht jedoch auch – und das vergessen oder verdrängen wir oft dabei – ein Zuwachs an elektronischer und gepulster Strahlung einher, also mehr Wellen und Felder.

> *Der neueste BDP-Bericht »Die großen Volkskrankheiten« enthält auch ein Kapitel über Burnout. Das rege Interesse, das die Pressevertreter bei der Vorstellung des Berichts zeigten, spricht für die Wichtigkeit und Aktualität des Themas. Wir müssen Lösungen dafür finden, wie sowohl jeder Einzelne als auch die gesamte Gesellschaft mit dem Thema »Burnout« umgehen sollte. Welche Ansätze sind für die Prävention nötig? Wie lassen sich ausreichend geeignete Behandlungsmöglichkeiten für Betroffene schaffen? Da es sich bei Burnout um eine psychische Störung handelt, ist hier insbesondere die Expertise von Psychologinnen und Psychologen, Psychotherapeutinnen und Psychotherapeuten gefragt.*[11]

Man muss kein Arzt oder Psychologe sein, um einen Zusammenhang zwischen Erschöpfung und Bildschirmarbeit herzustellen: Beobachten Sie sich selbst, wie Sie nach langer Bildschirmarbeit oder -konsum erschöpft, müde, matt und abgespannt sind, schlechter schlafen usw.

All das hat physiologische und nicht nur psychische Gründe, wie allgemein gemutmaßt wird. Elektrosmog wirkt auf die Zellen und beeinflusst den Kalziumspiegel, die Zellkommunikation und vieles mehr. Sie werden dabei womöglich den Psychologen einen kleinen Schritt voraus sein, die immer noch nach den wahren Gründen der neuen Volkskrankheit Burnout suchen und diese auf rein psychologischer Ebene, wie Überarbeitung im Job, Stress usw., ansiedeln. Bei einem Teil der Betroffenen stimmt dies sicherlich auch. Wenn wir uns jedoch die erschöpfenden, schädlichen Einflüsse von Mobilfunk und Elektrosmog in Studien zu nichtthermischen Langzeit-Wirkungen anschauen, wird es sogar für Laien möglich, hier einen Zusammenhang zu erkennen. Denn die Symptome von Burnout und Elektrosensibilität haben einige erschreckende Parallelen – was wir im Kapitel „Macht Mobilfunk krank ?“ noch betrachten werden.

Könnte es nicht möglich sein, dass diese erhöhten Krankheitsausfälle zum Teil daher kommen, dass unsere Büros immer mehr Technik enthalten, die das Immunsystem immer mehr schwächt? Und was passiert, wenn eine Mobilfunkgeneration durch eine völlig neue unglaublich leistungsstarke Technologie, die noch nie auf ihre Langzeitfolgen untersucht wurde, ersetzt wird?

Im folgenden Kapitel wollen wir die verschiedenen Netze und das zu erwartende Feuerwerk an Datenflut und virtuellen Möglichkeiten einmal näher anschauen, um die Unterschiede der jetzigen zur neuen Technologie, vor der sogar manche Experten warnen, zu verstehen.

Kapitel 2

3G, 4G und 5G – Was ist neu?

> *„5G ist mehr als nur ein weiterer Technologiesprung für das Netz der Zukunft. Der künftige Mobilfunkstandard und Nachfolger von LTE-Advanced wird das Mobilfunknetz so leistungsfähig machen wie nie zuvor. Das ist auch notwendig: Das Internet der Dinge (IoT) stellt große digitale Herausforderungen an Unternehmen.“*[12]

Wenn Sie sich die Mühe machen, einmal zu googeln, was 5G bedeutet, werden sie sehr schnell feststellen, dass die Seiten vor Euphorie und freudiger Erwartung förmlich überquellen: Leistungsfähige Netze, unglaublich schnelles Streaming von Filmen, aber auch die komplette Vernetzung der Infrastruktur, von Industrie, Verkehr, Handel, Arbeitsplätzen und Wohnstätten, ja sogar der Menschen selbst, die durch biometrische Chips dann selbst virtuell ins Netz als Datenmasse mit einfließen werden. Einfach alles soll über Funk in Echtzeit als Information möglich sein.

Konkret heißt das: Babywindeln, die sich mit Funkchips per App melden, wenn sie voll sind, Drucker, die automatisch neue Patronen bestellen, wenn sie leer sind, Kühlschränke oder Elektrozähler, die per Funk von außen ablesbar sind oder geregelt und abgelesen werden können, komplett digitalisierte Häuser, selbstfahrende Autos oder mit Robotern ausgestattete Produktionsanlagen, inklusive Robotern im Alltag.

Alles soll künftig mit Funkchips versehen und ins Internet der Dinge (IoT) einbezogen werden. Dass dann nicht nur wir, sondern auch Hacker im Schlaraffenland leben und Hochkonjunktur haben werden, wird bei dem Jubel über die neue Technologie meist vergessen. Von Computer- oder Betriebsfehlern, die schon heute – ohne 5G – für Unternehmen verheerende wirtschaftliche oder finanzielle Folgen haben, wird beim hohen Ziel einer komplett digitalisierten Welt ebenfalls nicht gesprochen. Alles sei schön und paradiesisch und – aus diesem wohlwollenden Blickwinkel – unbedingt erstrebenswert!

Lehnen Sie sich also (mit 5G) zurück, bestellen Sie online und knabbern Sie Kekse, während Sie in Echtzeit überall Filme streamen können und alles – zumindest auf dem Papier oder in Gedanken – noch viel schöner und sicherer wird. Schließlich will doch niemand diesem „Fortschritt“ im Wege stehen, oder?

Wie sieht er aus, der 5G-Ausbau?

Oft fällt der Begriff einer Vorreiterrolle, die Deutschland innehaben möchte, um weltweit beim erwarteten Technologiehype führend zu sein, mitreden zu können oder konkurrenzfähig zu bleiben:

> *„Wenn Deutschland seine industrielle Vorrangstellung halten will, muss das Land bei Entwicklung und Implementierung von Industrie 4.0 Vorreiter sein“, heißt es in einer Analyse von Roland Berger. „Allerdings funktionieren Anwendungen wie fahrerlose*

Transportsysteme, mobile Werkzeuge, Roboter oder auch die Mensch-Maschine-Kollaboration nur mit einer hochleistungsfähigen Funktechnologie. Deshalb ist die schnelle Verfügbarkeit der 5G-Technologie eine wesentliche Voraussetzung.“[13]

„Mensch-Maschine-Kollaboration“ bedeutet neben der Schnittstelle in den Anwendungen und Berührungspunkten von Mensch und Maschine teilweise auch, dass wir alle mit biometrischen Chips ausgestattet, und – wie bereits heute Hunde, Katzen oder Rinder – mit dem neuen 5G-Standard Teil eines unermesslichen Datenmeeres werden, das idealerweise überall von außen in Echtzeit erfasst werden kann. Diese „hochleistungsfähige Technologie“, die dann unser komplettes Leben „versüßen“ und uns selbst sogar als Mensch über die erwähnten biometrischen Chips unter der Haut mit einbinden wird, soll in Deutschland etwa bis 2025 als komplettes Grundgerüst stehen und einige Jahre später in den Details vervollständigt werden.

Es bleibt zu sehen, inwieweit die derzeitige gigantische Neuverschuldung durch die Coronapandemie 2020 die kostspieligen Ziele des 5G-Ausbaus noch verzögern wird. Zum Zeitpunkt der Entstehung dieses Buches wird um ein Milliardenkreditprogramm für den Wiederaufbau der Wirtschaft diskutiert.

In einer anderen Vision fokussiert man sich nach Ende der Coronakrise auf das Wirtschaftswachstum und beschleunigt deshalb den 5G-Ausbau. Vorangetrieben wird all das dann durch den Ausbau eines flächendeckenden, erdgebundenen Glasfasernetzes. Wobei hierbei zuerst die bestehende LTE-Funkmastentechnologie aufgepeppt und als nächster Schritt zu 5G erweitert wird, um den neuen hohen Leistungsansprüchen gerecht zu werden. Darüber hinaus wird als nächster Schritt oder parallel dazu ein moskitonetzartiges Funkmasten- oder Sendeanlagensystem umgesetzt, was ohne jeden Zweifel eine enorme technische und beachtenswerte Leistung ist. Der Mensch kann also global und länderübergreifend etwas auf die Beine stellen, wenn er will. Und er findet auch Mittel in Milliardenhöhe, um es zu realisieren. Doch was bedeutet ein engmaschiges Mobilfunknetz im Detail?

Wie viel Sendemasten oder Stationen braucht 5G?

Anfang 2018 waren es laut www.Informationszentrum-mobilfunk.de bereits 88.832 Standorte mit 74.280 Mobilfunksendern (GSM, LTE, UMTS-Netze – ohne nichtkommerzielle Netze). Kleinzellen mit weniger als 10 Watt Sendeleistung, die jedoch bei elektrosensiblen Menschen schon starke Beschwerden auslösen, sind in dieser Zählung nicht enthalten, da sie aufgrund der *niedrigen* Leistung keine Genehmigung von der Bundesnetzagentur benötigen.

Wer glaubt, das sei bereits viel, der kennt die Pläne für den massiven 5G-Netzausbau noch nicht. Über den vollen Umfang des geplanten Neubaus von Sendestationen finden sich jedoch (Anfang 2020/Anm. d. Autors) derzeit sogar offiziell viele Widersprüche: Selbst Experten scheinen sich hier nicht sicher zu sein oder wollen sich nicht festlegen. Die Zahlen reichen von **175.000 neuen Sendeanlagen bis hin zu fast 800.000 neuen Mobilfunkmasten,** welche neu errichtet werden müssten. Das Handelsblatt schreibt in einer Kolumne von Prof. Curt Diehm am 28.06.2019 dazu:

> *„Die höchste Schätzung geht von einer **Dreiviertelmillion Sendemasten** aus. Und auch wenn diese Zahl übertrieben sein mag, so müssen doch in einem geringen Abstand sehr **viele** neue Funkmasten aufgestellt werden, die meisten davon in Ballungsräumen, damit **5G seine ganze Wirkung** entfalten kann.“*[14]

Und Bitkom-Präsident Achim Berg wird am 13. Februar 2019 von Klaus Wedekind in einem Artikel bei n-tv.de mit einer öffentlich Aufsehen erregenden Aussage zitiert, worin es heißt:

> *„Deutschland müsse für einen flächendeckenden 5G-Ausbau mit 800.000 Funkmasten gespickt werden, warnte Bitkom-Präsiden Achim Berg, nachdem die Bundesnetzagentur im vergangenen November die Vergaberegeln für die kommende Versteigerung von 5G-Frequenzen bekannt gegeben hatte. Deutschland müsste im Abstand von je einem Kilometer mit Funkmasten gespickt und schachbrettmusterartig aufgebaggert oder aufgefräst werden."*[15]

Durch solche Aussagen tragen natürlich nicht nur die 5G-Mobilfunkgegner dazu bei, die sogenannte 5G-Hysterie anzuheizen, sondern auch Leute aus Politik und Wirtschaft, die wohl derzeit selbst noch keinen genauen Überblick zu haben scheinen, wie viele neue Mobilfunkanlagen sie für die flächendeckende Einführung von 5G nun wirklich brauchen, wer die Kosten dafür tragen soll und wie viel das dann im Endeffekt wirklich alles kosten wird.

Erhöhte Leistungsansprüche an 5G-Netze

Heutige Mobilfunk-Netze der Generation 2G, 3G, 4G senden mit einer Leistung von etwa 790 MHz bis 2,6 GHz und dürfen je nach Netz nicht mehr als 5-6 Volt je Meter strahlen. 5G braucht aber für seinen drastisch erhöhten Datenverkehr extrem höhere Frequenzen. Die bisherigen Werte wurden also im Zuge dieser vor allem von der Wirtschaft angestrebten Neuerungen ständig angehoben,

2018 auf 3,5 GHz und später dann auf 6 bis 100 GHz, dem Radarbereich. Oberhalb von 7 GHz verkürzen sich die Mikrowellen jedoch stark, so dass sie sich schlechter ausbreiten und von Bäumen oder Gebäuden schneller aufgehalten werden.

Um das *Problem* mit den sich verkürzenden Mikrowellen im oberen Bereich zu lösen, will man deshalb nicht mehr – wie mit dem bisherigen Mobilfunkmodus 2G, 3G oder 4G – die Häuser, Bäume und Störbereiche durch einzelne hohe Sendemasten überstrahlen, wobei sich zwischen den Häusern bisher ein Funkschatten bildete, sondern man will oder **muss** praktisch jede Fassade einzeln anstrahlen, um den gewünschten Datenmengentransfer zu gewährleisten. Denn mit 5G und dem dazugehörigen Leistungsspektrum von 3,6 bis später sogar möglicherweise 28 GHz könnte man Mauern fast nicht mehr durchdringen, will aber wirtschaftliche und zivile Nutzer nicht enttäuschen.

Das bedeutet wiederum, es braucht fast alle 100 bis 250 Meter möglichst weit unten in Bodennähe eine Mobilfunkantenne, um 100 Mal mehr Daten in 100 Mal höherer Geschwindigkeit in all unsere Wohnräume zu senden, einschließlich bis zum dann voll automatischen, selbstschließenden chip-versehenen Toilettendeckel.

Telekommunikationsantennen (Quelle: www.depositphotos.com)

Das wird erreicht, indem man einerseits hohe Sendestationen (Mobilfunkmasten) mit neuen Anlagen aufrüstet, diese mit zuvor beschriebenen Glasfasernetzkabel verknüpft, tausende neue hohe Mobilfunkmasten baut und einzelne kleine leistungsstarke

Anlagen/Sender auf bis zu 64 Mikrowellensender erhöht, je acht nebeneinander und acht übereinander. Die elektrische Feldstärke beträgt nach 25 Metern etwa 61 Volt pro Meter.

Zusätzlich zu den mit Hochleistungsglasfaserkabeln verstärkten und vernetzten, schon bestehenden Mobilfunkmasten, benötigen wir also **außerdem** ein flächendeckendes Netz neuer Mobilfunkmasten und tausender kleiner Sendestationen, die an jedem Ort und – idealerweise in jedem kleinen abgelegenen Dorf oder auch auf Ackerflächen – reibungslosen Empfang ermöglichen. Niemand möchte zukünftig schließlich in einem Funkloch mit seinem „smarten Netz" im selbstfahrenden teuren Roboter-Auto liegenbleiben oder Probleme mit einer App auf dem Smartphone haben, das die zentrale Steuerungsstelle für all die technischen Spiele und Wunder in unserem trauten Smart-Home ist. Ohne Smartphone und biometrische oder „normale" Chips künftig am öffentlichen Leben teilzunehmen, wird nach den Idealen der komplett digitalisierten Welt fast nicht mehr möglich sein.

Das dichte Funknetz wird erreicht, indem man zum Beispiel – wie in den USA – an Straßenlaternen, Strommasten oder Straßenschilder und Häuserwände in Ballungszentren, kleineren Ortschaften – oder außerhalb davon – alle 250 Meter leistungsstarke Mini-Sendeanlagen montiert. Weshalb Bitkom-Präsident Achim Berg mit seiner Aufsehen erregenden Äußerung im Februar 2019 nicht ganz Unrecht haben dürfte. Nur, dass dafür dann vielleicht nicht die Erde jeden Kilometer rastermäßig aufgerissen und mit Mobilfunkmasten „gepflastert" wird, sondern alle 250 Meter Straßenlaternen, Verkehrsschilder, Strommasten usw. mit Sendeanlagen gespickt werden. Die dann natürlich auch vor Ihrem Fenster oder an der nächsten Straßenecke oder Hauswand in Ihre Wohnung strahlen.

Was man für den Luxus eines selbstschließenden Toilettendeckels, Roboterautos oder „intelligenten Druckers" – der selbständig neue Patronen bestellt – nicht alles tut.

Ein Feldversuch an der Bevölkerung

Nun, guten Empfang und superschnellen Service wollen wir – insofern wir noch nicht zu den Elektrosensiblen gehören – womöglich fast alle. Nur Mobilfunkmasten, von denen „man“ so viel hört, dass sie gefährlich sein sollen, will keiner in seiner Nähe haben. Und so tobt in den Gemeinden seit langem ein heißer Kampf um die Standorte. Bürgermeister in den ländlichen Kommunen sitzen dann oft zwischen den Stühlen. Sie sind hin und her gerissen zwischen verführerischem, oft auch lukrativem Fortschritt und den bedenklichen Fakten oder Argumenten, die wir im Kapitel „Macht Mobilfunk krank?“ noch genau betrachten wollen.

Offiziell heißt es häufig, dass über die Entwicklung (nur) einige „wenige“ Bürger besorgt seien. Doch die intensive Auseinandersetzung mit dem wachsenden Aufbegehren vieler Bürger oder kommunaler Politiker – wie zum Beispiel 2020 in Tutzing am Starnberger See – wo der 5G-Mobilfunkausbau mit **10:8 Stimmen gegen die noch nicht erwiesenen 5G-Langzeitwirkungen** gestoppt wurde, zeigt schnell, dass es nicht nur einige „wenige besorgte Bürger“ sind, die sich nun gegen eine **massive Verstrahlung** ihrer Wohnlandschaft und Aufenthaltsorte zu wehren beginnen. Sondern tatsächlich bereits ein heftiger Kampf mit wachsendem Widerstand aus der Bevölkerung rund um 5G tobt. Politische Gegenstimmen aus dem 5G-Befürworterbereich verurteilen den Ausbaustopp scharf als „rückschrittlich“. Sie sehen die ernsthaften Bedenken und die besorgniserregenden Studienergebnisse welche immer wieder „auftauchen wollen“ eher gelassen:

> *„Doch das Bundesamt für Strahlenschutz gibt Entwarnung: „Die Welle 5G nutzt Frequenzen, die auch schon bei den bisherigen Mobilfunkgenerationen eingesetzt*

worden sind", sagt die Sprecherin der Behörde, Nicole Meßmer. 5G soll also zunächst in Frequenzbereichen eingesetzt werden, bei der die Wirkung auf den Körper schon länger bekannt ist, etwa von LTE oder dem noch älteren 3G-Standard. Diese eher niedrigen Frequenzen bezeichnet man als „Bereich 1" für 5G. Die Frequenzen in diesem Bereich erwärmen den Körper. Sprich: Wer länger mit seinem Smartphone telefoniert hat irgendwann ein heißes Ohr. ‚Viel wichtiger als die Frage, was der Sender letztendlich aussendet, ist die Frage, wie ich selbst mein Handy nutze', sagt etwa Carolin Herr, Umweltmedizinerin am Landesamt für Gesundheit in München."[16]

Einfach ausgedrückt werden wir erst an den neuen Standard gewöhnt, indem wir (noch) mit den jetzigen Frequenzen arbeiten – und dann kommen schrittweise immer höhere Frequenzen. Wobei man noch nicht weiß, was dann genau passiert, da ein so hochgradig leistungsfähiges Netz wie 5G noch nie in seiner Langzeitwirkung untersucht wurde.

Nun, wenn angeblich nur das bisherige Netz genutzt wird und die Lage daher völlig unbedenklich ist (krankmachende Studien klammern wir dabei einmal aus), weshalb dann überhaupt dieser Hype um 5G als neues leistungsfähiges „Alleskönnernetz", dass uns das elektronische Laufen von Neuem lehrt, oder eine völlig neue Technologieära einläuten wird? Es bleibt doch (erst einmal) alles beim Alten, oder?

Aber die Netzleistung, die dann genutzt werden kann, bleibt natürlich nicht immer so. Denn – wie wir gesehen haben – wird hier intensiv investiert, um es recht bald enorm leistungsfähiger zu machen. Was bedeutet, dass es am Anfang niedrig bleibt, während das Funknetz ständig verstärkt und mit allen Mitteln kontinuierlich und zielstrebig mit immer mehr Leistung versehen und aufgestockt wird. Und wie das dann auf Mensch und Natur einwirkt? Nun, da haben wir – genauer betrachtet – leider noch keine Ahnung:

> *„Und für 5G sind noch nicht alle Fragen abschließend beantwortet.* ***In den nächsten Jahren sollen höhere Frequenzen genutzt werden, die bislang noch nie für Mobilfunk verwendet wurden und über deren Wirkung man wenig weiß.*** *Trotzdem geht die Umweltmedizinerin Carolin Herr davon aus, dass sich die gesundheitliche Situation nicht verschlechtern wird: ‚Bei diesen Feldern kann man dann davon ausgehen, dass sie aufgrund ihrer physikalischen Eigenschaften noch weniger tief in den menschlichen Körper eindringen können, als das die jetzigen Felder können,' so Herr. Betroffen sind dann wohl nur die Haut und die Augen.* ***Wie genau sich die hochfrequente Strahlung auswirkt, müssen Forscher allerdings noch klären.***“[17]

Versuchen Sie einmal mit dieser Vorgehensweise ein Medikament auf den Markt zu bringen, dessen Risiken noch nicht abzuschätzen sind:

Es wird Ihnen **NICHT** gelingen! Doch die (ALL-)mächtige Mobilfunkindustrie macht es durch den Schulterschluss mit der Politik praktisch möglich! Kritiker nennen das also nicht zu Unrecht einen „Feldversuch an der Bevölkerung“. Nicht nur an einer Nation, sondern an der ganzen Weltbevölkerung, denn die Staaten wetteifern derzeit ja darum, sich hier möglichst bald an das 5G-Netz anzuschließen. Mensch, Tier und Umwelt werden dann einem enorm hohen Strahlenfeuerwerk ausgesetzt sein, so wie wir es noch nie zuvor in der Geschichte erlebt haben. Dabei bleibt abzuwarten, was dann mit uns als Gesellschaft geschieht. Studien dazu gibt es bisher noch nicht.

Wenn wir nur die thermischen Wirkungen betrachten, kann man vielleicht von einem geringen Gesundheitsrisiko ausgehen. Aber die nichtthermischen Wirkungen verursachen bereits bei einem Bruchteil der heute zugelassenen Belastungen Zellschäden, Gendefekte, Blutverklumpungen und vieles andere mehr. Weil außerdem keine Versicherung bereit ist, für mögliche (nicht ganz ausgeschlossene) Schäden durch Mobilfunk aufzukommen, da das Risiko schlichtweg nicht kalkulierbar ist, versucht zum Beispiel die „Bürgerinitiative 5Gfrei", den Druck auf die hier untätigen und recht blauäugigen Politiker, die sich nur auf thermische Messungen berufen, durch mutige Vorgehensweisen zu erhöhen. So setzt die Initiative den für den Ausbau jeweils zuständigen Bürgermeister mit einem ausführlichen Brief über die Gefahren von 5G in Kenntnis und fordert diesen dann mit einer verbindlichen Fristsetzung auf:

- zu klären, wer für die Schäden, die durch 5G in seinem Verwaltungsbezirk entstehen, haftet.
- mitzuteilen, ob er oder bis wann er die politisch geforderte Umsetzung durch 5G verbieten oder stoppen wird.

Danach wird auf der Webseite der Bürgerinitiative auf https://5Gfrei.de/ veröffentlicht, dass der betreffende Bürgermeister durch den Brief in Kenntnis gesetzt wurde.

So wird dokumentiert, dass Politiker – ungeachtet der aktuellen dürftigen Rechtsprechung – informiert wurden und damit in der Verantwortung stehen, eine mögliche Gefahr durch 5G abzuwehren. Falls sie nichts tun oder 5G trotz Kenntnis der möglichen Gefahren einführen, können sie später so zur Rechenschaft gezogen werden.

Einem aktuellen Artikel in Raum & Zeit zufolge[18] unterstützt zum Beispiel der Bürgermeister Peter Höß (Gemeinde Bad Wiessen) die Initiative und verweigert die vorbehaltlose Einführung von 5G, wie sie Bayerns Wirtschaftsminister Aiwanger und andere Politiker fordern. Grund hierfür ist, so Peter Höß, dass die Technologie einfach in ihrer Langzeitwirkung oder den abzuschätzenden Folgen als zu unsicher gilt.

Solche Politiker nehmen ihre Verantwortung gegenüber der Bevölkerung ernst und setzen die Bürger nicht einem Großversuch an noch nicht erforschten Langzeitfolgen aus.

Wenn 5G oder Mobilfunk wirklich so unbedenklich und ungefährlich wären, dann müsste sich niemand vor einer möglichen Haftung fürchten, oder?

Dennoch will kein Versicherungsunternehmen (mögliche) Mobilfunkschäden versichern. Wenn doch, dann nur in Einzelfällen und unter extrem erschwerten Bedingungen. Autofahren, den Hausrat oder die Beine eines Fußballers kann man problemlos versichern, aber den täglich genutzten Mobilfunk, da hört es bei den Versicherungsunternehmen auf. Finden Sie es nicht auch sehr seltsam, dass ein Smartphone praktisch zum täglichen Leben gehört, aber Schäden durch Handystrahlung und Nutzung nicht versicherbar sind? Und wenn doch, dann muss der Geschädigte anhand von Strahlenmessungen und Schäden selbst nachweisen, dass er durch Mobilfunk geschädigt wurde. Irgendetwas stimmt hier also mit dem angeblich so „ungefährlichen“ Mobilfunk nicht.

Wir haben also:

1. Ein nicht kalkulierbares Risiko durch nicht vorhandene Messungen der Langzeitauswirkungen einer noch nie erprobten Technologie wie 5G.
2. Versicherungen, die schon bei 2G, 3G, 4G nicht gewillt sind, die weltweit immer mehr werdenden Nutzer zu versichern.

Im Klartext: Telefonieren auf eigenes Risiko – mit allen Konsequenzen.

Was kostet uns 5G?

Die andere Seite des massiven Ausbaus, der mit 5G einhergeht, ist der Kostenfaktor. Dass das flächendeckend geplante Netz ein Riesenprojekt und ein sehr teurer Spaß wird, können Sie sich sicher an ihren zehn Fingern ausrechnen oder aber in der Presse nachlesen:

> *„Scheuers Staatssekretär Steffen Bilger (CDU) kündigte die Bereitstellung von mehr als einer Milliarde Euro an. ‚Wir stellen jetzt über das Sondervermögen Digitale Infrastruktur bis 2024 die benötigten 1,1 Milliarden Euro zur Verfügung, um so gut wie alle Funklöcher in Deutschland zu schließen', sagte er der Stuttgarter Zeitung und den Stuttgarter Nachrichten."*[19]

Dem Artikel zufolge will die Bundesregierung zusätzlich eine Mobilfunkinfrastrukturgesellschaft gründen, um den Ausbau des flächendeckenden Netzes und die Schließung von derzeit noch 5000 Funklöchern vor allem in ländlichen Gebieten zu unterstützen.

Die 1,1 Milliarden Euro sind jedoch nur die Spitze des Eisbergs: Das Handelsblatt beziffert die wahren Kosten für den kompletten flächendeckenden Ausbau von 5G mit 60 Milliarden Euro.[20]

Bei all dem, was Deutschland derzeit an Kosten auf seine Schultern hebt, hoffe ich, dass wir uns letztlich damit nicht übernehmen werden. Denken wir hierbei nur an die Energiewende, die voraussichtlich 500.000.000.000 € (Milliarden) kosten wird, an die Flüchtlingswelle und die Aufnahme von 2.013.689 Flüchtlingen allein von 2014 bis Mitte Februar 2020,[21] die sich laut Tagesschau allein im Jahr 2018 auf etwa 23 Milliarden Euro belief. Eine neue Rekordsumme, die die 21 Milliarden Euro von 2017 noch übertraf.[22] Und an die derzeitigen riesigen Ausgaben im Verlauf der Coronapandemie 2020, die weltweit mehrere Billionen Dollar bzw. Euro umfassen und alle Länder in eine gewaltige Neuverschuldung treiben.

Baumkahlschlag für 5G?

Die Kostenfrage bleibt für Deutschland und die Welt jedoch beim Ausbau der 5G Technologie nicht das einzige Problem. Damit die ununterbrochene Sendeleistung im Sekundentakt 24 Stunden am Tag nicht doch irgendwie unterbrochen wird, werden derzeit Baumbestände an Autobahnen oder Bahnstrecken, die Mobilfunk abschirmen könnten, weiträumig „bereinigt" (abgeholzt).

Das ist so ähnlich, wie wir es während der Flurbereinigung in der Landwirtschaft gemacht haben, was heute als großer Fehler gilt. Von der Öffentlichkeit wenig beachtet wird auch in vielen weiteren Städten und Gebieten Europas Kahlschlag für den Ausbau von 5G betrieben. Bäume und Wälder schirmen nämlich Strahlung ab und stellen so eine natürliche Barriere für Mobilfunk und 5G-Empfang dar.

Unter dem Vorwand der Gefährdung der öffentlichen Sicherheit wird daher für 5G in manchen Gebieten Europas – wie in Italien -tatsächlich Baumkahlschlag praktiziert. Da die Holzfällerbetriebe für ihre Arbeit das anfallende Holz kostenlos erhalten und dann auch *einmal* großzügiger rechnen und die Motorsäge ansetzen, sprechen manche Kritiker dieser Praktiken bereits von einem Skandal. Im Netz gibt es gute Filme, die das Ausmaß der Abholzung mit der Kamera dokumentieren.[23]

Diese Praktiken waren bei den bisherigen Mobilfunkstandards nicht nötig und sind eine verheerende Begleiterscheinung von 5G.

Tausende Satelliten für 5G

Was die alten Mobilfunkstandards vom neuen Standard und dem damit einhergehen Sprung in ein „neues technologisches Superzeitalter" zusätzlich unterscheidet, ist, dass für 5G gerade auch ein neues dichtes Netz von tausenden Satelliten rund um die Erde in Position gebracht wird. So will man noch im tiefsten Regenwald oder auf dem entlegensten Berggipfel sowie in eisigen Polarregionen einen lückenlosen Empfang gewährleisten. Polarbewohner – wie die Inuit – sollen eben auch Empfang bekommen. In einem Online-Beitrag vom 03.04.2018 können wir dazu lesen:

> *„Funklöcher? Roaming? Ausländische Sim-Karten? Nicht mit Elon Musk. Der visionäre Unternehmer startet mit SpaceX jetzt in sein neuestes Großprojekt: 4.425 Satelliten sollen die ganze Erde von den Polen bis zum Äquator mit superschnellem Internet versorgen."*[24]

Dem Artikel zufolge hat Elon Musk dafür bereits die Erlaubnis der US-Aufsichtsbehörde Federal Communications Commission (FCC) bekommen. Weiterhin wird erwähnt, dass zum Zeitpunkt des Artikels, also Anfang 2018, bereits 1.419 aktive und 2.600 außer Dienst gestellte Satelliten die Erde umkreisten. Die ersten 800 Satelliten von SpaceX sollen die komplette USA und auch einige andere Länder mit mobilem Internet versorgen und die Erde in einer Höhe von 1.150 bis 1.275 Kilometern umkreisen. Wobei die 2.825 folgenden Satelliten dann in der Tat den kompletten Planeten mit Handyempfang abdecken sollen.[25]

Die 386 Kilogramm schweren und relativ niedrig fliegenden Satelliten in der Größe eines BMW MINIs können dann jeweils *nur* eine Fläche von 2.120 Kilometer abdecken (also etwa von

Berlin bis Porto, Portugal), weshalb diese Menge an Satelliten benötigt wird, um die ganze Welt zu vernetzen, so der Artikel.

Zur Lebensdauer der mehreren tausend Satelliten heißt es:

> *„Zudem haben sie keine allzu lange Lebensdauer: SpaceX rechnet damit, dass jeder Satellit etwa fünf bis sieben Jahre im Orbit bleibt und dann binnen eines Jahres auf die Erde fällt und in der Atmosphäre verglüht. Das würde sich aber wahrscheinlich mit der Entwicklung des Mobilfunks decken. In fünf Jahren etwa dürften die ersten Gebiete auf der Erde schon mit dem LTE-Nachfolger 5G versorgt werden, der Geschwindigkeiten von bis zu 10 Gbit/s verspricht, also noch einmal zehn Mal so viel wie Musks Satelliten – aber eben nicht weltweit."*[26]

Offensichtlich tut man alles und scheut keine Kosten, sogar aus dem privaten Sektor, um 5G, die Industrie 4.0 und die smarten Netze weltweit und an jedem Ort nutzbar zu machen. Auch wenn das bedeutet, dass wir – wie mit den Satelliten von Elon Musk – damit nur eine Zwischenlösung haben. Die Milliarden an Investitionen müssen sich mit den zu erwartenden Einnahmen aus dem Erfassen aller weltweiter Daten also mehr als verrechnen lassen. Hoffen wir nur, dass die Vielzahl an Satelliten dann auch ordentlich verglüht, wenn sie zur Erde fallen, und nicht in unserem Hinterhof landen, während wir gerade unseren Rasenroboter einschalten und programmieren, unseren Rasen auf sechs Zentimeter Höhe zu mähen, oder mit Tante Emma beim Kaffeekränzchen auf unserer sauber gepflegten, durch elektronische Wassersprenkler saftig gehaltenen Grünfläche sitzen.

Die Sache mit den Grenzwerten

Jedem Menschen dürfte es absolut einleuchtend sein, dass mehr Leistung mehr Energie bedeutet und umgekehrt. Und so ist es unerlässlich für einen neuen, leistungsfähigeren Mobilfunkstandard wie 5G, höhere Frequenzbereiche einzuführen. Das Bundesministerium für Umwelt, Naturschutz und nukleare Sicherheit in Deutschland (BMU) definiert den Unterschied auf seiner Webseite unter www.bmu.de wie folgt:

> *„Alle bereits für den Mobilfunk der dritten und vierten Generation (zum Beispiel UMTS, LTE) verfügbaren Frequenzbereiche zwischen 700 Megahertz und 2,6 Gigahertz können grundsätzlich auch für 5G genutzt werden. Aufgrund der erforderlichen hohen Bandbreiten für einige 5G-Anwendungen sind weitere Frequenzen notwendig. Daher wurde im Frühjahr/Sommer 2019 das Frequenzband von 3,4 bis 3,7 Gigahertz für bundesweite Nutzungen durch öffentliche Mobilfunknetze versteigert, in dem der 5G-Aufbau beginnen wird. Daneben kann seit November 2019 das Frequenzband von 3,7 bis 3,8 Gigahertz ohne Versteigerung (im sogenannten Antragsverfahren) vergeben werden, das für örtliche nichtöffentliche Mobilfunknetze („Campusnetze“) mit Anwendungen in Land- und Forstwirtschaft, Wirtschaft und Industrie vorgesehen ist. Darüber hinaus ist die Nutzung von Bändern im höheren Frequenzbereich („Millimeterwellen“) geplant und international und europäisch koordiniert. In Deutschland erfolgt die Frequenzvergabe im Bereich von 24,25 bis 27,5 Gigahertz, ebenfalls im Antragsverfahren. Dieser Bereich ist für Kleinzellennetze oder für die Anbindungen*

von Basisstationen mit Richtfunkstrecken, also stark gerichteten Funkverbindungen zwischen zwei Stationen, vorgesehen. Mit einer breiten Nutzung im öffentlichen Mobilfunk ist erst in einigen Jahren zu rechnen."[27]

Dem können wir also entnehmen, dass eine Anhebung von bisher 700 MHz und 2,6 Gigahertz und 3,4 bis 3,7 Gigahertz auf bis zu 24,25 bis 27,5 Gigahertz stattfinden wird, welche sich bereits im Antragsverfahren befindet. Eine Erhöhung bis zum **Zehnfachen des ursprünglichen Wertes.** Was bedeutet das nun für die bisher zulässigen und als unbedenklich geltenden Werte, wie der Voltzahl pro Meter?

Um die Strahlenbelastung von 5G besser zu verstehen, welche weltweit etwa die gleiche koordinierte Leistungsanpeilung der verschiedenen Anbieter finden wird, schauen wir einmal hinüber zu einem Bericht unseres Nachbarn, der Schweiz.

Vor Einführung von 5G waren in der Schweiz 5 bis 6 Volt pro Meter gesetzlich erlaubt. Dabei muss man beachten, dass je näher man der gebündelten Sendeanlage kommt, egal welchen Standard sie nun hat, umso mehr erhöht sich logischerweise auch die Strahlenbelastung. 5G sieht hier einen Abstand von 11,1 Metern vor, der auch als rote Zone oder Sicherheitsabstand bekannt ist, worin sich niemand länger als sieben Minuten aufhalten sollte, um seine Sicherheit nicht zu gefährden. Bei diesen 11,1 Metern Abstand erhält man dann zum Beispiel einen Wert von 120 Volt pro Meter. Früher, bei 2G bis 4G, waren es etwa 61 Volt pro Meter bei vier bis zehn Metern Abstand, je nach Sendeleistung oder Anbieter. Das bedeutet, dass sich der Strahlenwert mit 5G etwa verdoppelt!

Die bisherigen Richtlinien von sechs Volt pro Meter mit einem Sicherheitsabstand von 61 Metern werden aufgehoben und auf

200 Volt pro Meter angehoben. Mit diesen Grenzwerten wird aber auch etwas gespielt:

In einem Artikel von Hans Ulrich Jacob vom 25.07.2018 – Präsident von www.Gigaherz.ch[28], wird laut einem Standardblatt der Swisscom ein Messwert bei 25 Metern Abstand zur Sendeanlage von 2,65 Volt pro Meter angegeben. Und in einer Distanz von 50 Metern mit 1,32 Volt pro Meter.

Der Mobilfunkriese ERICSSON gibt jedoch einen anderen Wert, nämlich 61 Volt pro Meter bei 25 Metern Abstand und 30,5 Volt pro Meter bei 50 Metern Abstand an. Also eine Grenzwertüberschreitung um das Fünffache. Wie geht das?

Swisscom drückt diesen Wert, so Hans Ulrich Jacob, indem sie den gebündelten Sender von 8 x 8 integrierten Anlagen (**64 Sender) als nur eine Sendeanlage** mit 100 Watt Leistung angibt. In der sich jedoch dann tatsächlich 64 gebündelte Sendeanlagen befinden, die bei UMTS (3G-Standard) mit 1000 Watt Leistung deklariert waren. So findet im wahrsten Sinne des Wortes eine Augenwischerei rund um die Grenzwerte und die tatsächliche Leistung statt.

Die Internationale Strahlenschutzkommission (ICNRIP) – eine private Institution mit Einfluss bei der WHO und vielen Regierungen, darunter der Regierung Deutschlands – hat die Grenzwertempfehlungen schon 5G-fähig gemacht, wobei diese dann neu so aussehen:

- 200 Volt pro Meter für Arbeitsplätze
- 90 Volt pro Meter für die Allgemeinbevölkerung.

Dass diese erhöhten Werte vielen Menschen Angst bereiten, darunter auch zahlreichen hoch dekorierten Wissenschaftlern und Experten, ist nur verständlich. Wobei wissenschaftliche Berichte und Aussagen auf wissenschaftliche Gegenberichte der Betreiber und Befürworter stoßen. Jede Seite hat hier Gründe, warum sie ihre Studienergebnisse hochhält. Und der unbescholtene, etwas „verwirrte“ Bürger – wie auch ich – soll sich offenbar aussuchen, was er gerne glauben will. Nach dem Motto: Wenn ich ruhig leben will, glaube ich einfach den Mobilfunkbetreibern und ihren in Auftrag gegebenen, oft womöglich etwas „geschönten“ Studien, und wenn ich Actionfilme und Horrorszenarien liebe und die Sache lieber gefährlicher und hysterischer will, gehe ich zu den Studien und Messergebnissen von Wissenschaftlern, die zu kritischen Ergebnissen kommen.

Nur dass sich mit dem Horrorszenario der Mobilfunkgegner wohl der treue Steuern zahlende Staatsbürger, der einfach nur seine Actionfilme nach einem langen oder langweiligen Arbeitstag auf einer Waldwiese sitzend herunterladen will, sicher nicht gern auseinandersetzt. Wer gern Zucker isst, wird über die Schädlichkeit von Zucker sicher nichts wissen wollen, oder? Daher hat um den neuen Mobilfunkstandard eine äußerst heiße Diskussion eingesetzt. Das Bundesministerium für Umwelt, Naturschutz und nukleare Sicherheit (BMU) äußert sich dazu schon auf der ersten Seite ganz oben:

> *„Mit 5G verbindet sich allerdings bei einigen Menschen auch Besorgnis wegen der mit jeder Funkkommunikation unweigerlich verbundenen elektromagnetischen Felder und deren möglichen gesundheitlichen Auswirkungen. Das Bundesumweltministerium nimmt diese Sorgen und Ängste sehr ernst und wirkt mit einer transparenten und wissenschaftsbasierten Kommunikation gegenüber Medien, Verbänden und Bürgern auf eine faktenbasierte gesellschaftliche Diskussion hin.“*[29]

Die „transparente, wissenschaftsbasierte Kommunikation“ der Bundesregierung beruht dabei auf den von der internationalen Strahlenschutzkommission ICNIRP festgelegten **Richtwerten, die auf thermischen Messungen beruhen,** denen Deutschland und verschiedene andere Länder folgen. Laut www.informationszentrum-mobilfunk.de hat sich auch die Europäische Union der Ratsempfehlung von 1999 angeschlossen, und die meisten Mitgliedstaaten haben folgende empfohlene Richtwerte übernommen[30]:

- eine Feldstärke von 38 Volt/Meter (V/m) bei 800 Megahertz (MHz)-Sendern (LTE 800)
- 41 V/m bei 900 MHz (GSM 900)
- 58 V/m bei 1800 MHz (GSM 1800, LTE 1800)
- 61 V/m ab 2000 MHz (UMTS, LTE 2600)

Das sind, wie wir dem Text entnehmen können, Empfehlungen, wobei nach den zugrundeliegenden thermischen Messungen keine gesundheitlichen Folgen oder irgendein anderer Grund zur Besorgnis zu erwarten sind. Auf diesen Messungen beruht die gesamte politische und wirtschaftliche Akzeptanz und Argumentation.

Besorgniserregend sind im Gegensatz dazu die Forschungsergebnisse der **nichtthermischen Messungen,** die seit sehr langer Zeit – praktisch seit der globalen Einführung des Mobilfunks – vielen Wissenschaftlern Grund zur Sorge bereiten. Als Beispiel dafür ein Zitat von vor etwa 20 Jahren (!), das bis heute und jetzt seine Gültigkeit nicht verloren hat:

> *„Neueste Erkenntnisse [im Jahr 2000] des Medizinphysikers Dr. Lebrecht von Klitzling (Universität Lübeck) belegen, daß Menschen*

durch gepulste Hochfrequenzen (z.B. durch DECT-Telefone) schon bei 1 nW/cm² erkranken. Ein Nanowatt (nW) ist ein Milliardstel Watt, das auf einen Quadratzentimeter auftrifft. Von Klitzing bestätigt, daß zu Beginn im Allgemeinen Schlafstörungen und Konzentrationsschwäche auftreten, dann mit individueller Charakteristik Herzrhythmusstörungen, Ohrensausen, allergische Reaktionen bis hin zu einem veränderten Blutbild. Letzteres insbesondere bei Kindern beobachtete Krankheitsbild der nicht ausgereiften roten Blutkörperchen ist bei einer Entfernung aus dem Expositionsbereich, z.B. durch Abschalten der Telefonanlage, innerhalb weniger Tage reversibel."[31]

Hinzu kommt, dass die Internationale Strahlenschutzkommission ICNIRP ein recht seltsamer Verein ist: Dr. Wolf Bergmann erwähnt in seinem sehr lesenswerten Beitrag vom April 2003 „Zum Sachstand wissenschaftlicher Erkenntnisse Mobilfunk und Gesundheit" zu den Grenzwerten des ICNIRP folgendes:

„Die Grenzwerte der ICNIRP sind im Auftrag der neuseeländischen Regierung von dem Wissenschaftler Dr. Neil Cherry überprüft worden, der zu einer massiven Kritik an der tendenziösen wissenschaftlichen Einseitigkeit, der Nichtberücksichtigung wichtiger wissenschaftlicher Erkenntnisse und an dem Außerachtlassen biologischer Wirkungen von Seiten der ICNIRP gekommen ist. Entgegen dem von der **ICNIRP** *und von der Strahlenschutzkommission erweckten Eindruck, die ICNIRP handele im Auftrag der UNO / WHO oder sei eine ihrer Kommissionen, handelt es sich dabei* **um eine selbst ernannte Gruppe**, *sie ist ein eingetragener Verein*

mit Sitz in München ohne irgendeinen demokratischen, politischen oder wissenschaftlichen Auftrag und **ohne jede politische oder wissenschaftliche Kontrolle**. *Sie ernennt ihre Mitglieder selbst, bei denen übrigens* **kein einziger Mediziner** *dabei ist. Nach Auskunft von Kofi Annan hat sie nichts mit der UNO zu tun und auch keinen Auftrag von dieser bekommen."*[62]

Wie kann eine selbsternannte Gruppe so viel Einfluss gewinnen, dass sie den Regierungen, der UNO, der EU oder womöglich weltweit Empfehlungen zu den Grenzwerten beim Mobilfunk geben kann? Wobei Regierungen wie Deutschland diese dann auch gern übernehmen? Das muss dann doch eine sehr mächtige *selbsternannte Gruppe* sein, die Staaten oder Kontinente beeinflussen kann, oder?

Der Kern der öffentlichen Diskussion

Und so haben wir also von politischer und wirtschaftlicher Seite unbedenkliche Werte im Megahertz- oder Gigahertz-Bereich, die vom ICNIRP als ungefährlich eingestuft und für die Weltbevölkerung festgelegt werden, und zahllose Messungen nichtthermischer Art, die seit Jahrzehnten im Nanowatt-Bereich bedenkliche Werte aufzeigen und durch Messung ergeben.

Und hier liegt genau das Kernstück der öffentlichen seit Jahrzehnten anhaltenden Diskussion, um die *sicheren Grenzwerte*. Sowohl Betreiber als auch Politiker sträuben sich, die nichtthermischen Wirkungen zu berücksichtigen und pochen auf ihre unbedenklichen erwärmenden (thermischen) Wirkungen. Und nun kommt 5G mit noch höheren zulässigen *sicheren Grenzwerten*.

Ich überlasse es dem Leser, sich wohl oder unwohl zu fühlen und all das als Spinnerei abzutun, oder vielleicht zu beginnen, es doch etwas ernster zu nehmen, was hier mit dem noch nicht ausreichend erforschten neuen Mobilfunkstandard der *revolutionären* 5. Generation auf uns zurollt.

Interessant bei dieser Suche nach Fakten und Belegen zu den *sicheren* Grenzwerten ist für mich auch, dass trotz massivem Ausbau der Mobilfunknetze und damit einhergehender ständiger Leistungssteigerung die *erträglichen Strahlenwerte* faktisch ständig nach oben gesetzt oder *den neuen Normen angepasst* werden, diese dann neu genehmigten und höheren Werte seltsamerweise dabei aber immer *gesundheitlich unbedenklich* bleiben.

Das Anheben der Grenzwerte und die damit einhergehende *Unbedenklichkeit* sehen wir nicht nur beim Mobilfunk, sondern auch bei den radioaktiven Grenzwerten, die nach Fukushima in Deutschland und Europa am 25. März 2011 für Lebens- und Futtermittel aus Japan, z.B. bei Milchprodukten von **370 Bq/kg** (Becquerel pro Kilogramm) **auf 1000Bq/kg** angehoben wurden.[33]

Ebenfalls wurde diese Tendenz bei der umstrittenen Erhöhung der Feinstaubgrenzwerte für Stickoxid in Deutschland erkennbar. Nachdem die Bundesregierung eingestehen musste, die Klimaziele für die Kohlendioxid-Begrenzung nicht einhalten zu können, wurde die geplante Erhöhung der Werte rückgängig gemacht. Angesichts des weltweiten Anstiegs in der Automobilproduktion und der Inbetriebnahme von immer mehr Kohlekraft- und Erdölanlagen ist eine Grenzwerterhöhung hier langfristig wohl nur eine Frage der Zeit (siehe auch www.Focusonline.de vom 13.02.2019 „Deutschland darf Grenzwerte für Stickoxid doch nicht erhöhen“[34]).

Dieses seltsame Verhalten der Politik rund um die Erhöhung oder Diskussion verschiedener Grenzwerte in verschiedenen Lebensbereichen erweckt den Anschein, als ginge es uns mit stetig wachsender Zahl an elektrischen Geräten, Möglichkeiten und ständig zunehmendem Elektrosmog und Mobilfunkstrahlung immer „besser" und alles sei weiterhin gut, risikolos und unbedenklich. Was aber nur so lange *korrekt* ist und sich nicht als Trugschluss entpuppt, wie wir uns nicht dem Thema der ebenfalls wachsenden Zahl der chronisch Kranken widmen: So veröffentlichte die Pharmazeutische Zeitung online am 12.03.2019 eine aktuelle Studie Mainzer Wissenschaftler, in der es heißt:

> *„Luftschadstoffe führen zu mehr vorzeitigen Todesfällen als das Rauchen. Zu diesem Schluss kommt eine Studie Mainzer Wissenschaftler. Weltweit verursache vor allem mit Feinstaub belastete Luft 8,8 Millionen Sterbefälle pro Jahr, berichtet das Team um den Atmosphärenforscher Professor Dr. Jos Lelieveld und den Kardiologen Professor Dr. Thomas Münzel im »European Heart Journal«. Etwa 120 Menschen pro 100.000 Einwohner sterben demnach weltweit jährlich vorzeitig an den Folgen verschmutzter Luft, in Europa etwa 133. In Deutschland sind es den vorgestellten Daten zufolge sogar 154 je 100.000 Einwohner jährlich – mehr als etwa in Polen, Italien oder Frankreich."*[85]

Gleichzeitig ist es interessant zu hören/lesen, dass wir angeblich zwar offiziell immer älter werden und altersbedingt immer mehr chronische Krankheiten bekämen, andererseits durch aktuelle Studien belegt, dass die Menschen jedoch immer öfter in jüngeren Jahren krank werden und sogar wieder früher sterben. So veröffentlichte www.t.online.de am 29.12.2019 eine aktuelle

Studie der US-amerikanischen Krebsgesellschaft mit Daten aus 43 Ländern, in der das Vorkommen von Darmkrebs bei 20- bis 49-Jährigen, sowie bei ab 50-Jährigen im Vergleich erfasst wurde:

> *„Die neue Untersuchung liefert jetzt einen globalen Überblick: In Südkorea trat Darmkrebs demnach zwischen 2008 und 2012 jährlich bei 12,9 von 100.000* ***unter 50-jährigen*** *Einwohnern auf. Das Land liegt damit an der Spitze bei den Erkrankungsraten jüngerer Erwachsener. Die wenigsten Erkrankungen hat die Stadt Chennai in Indien mit nur 3,5 jüngeren Erkrankten pro 100.000 Einwohner. Deutschland liegt mit 7,7 Erkrankten im oberen Mittelfeld."*[36]

Das Risiko jüngerer Menschen an Darmkrebs zu erkranken, sei der Studie zufolge also gegenüber älteren Menschen zwar immer noch geringer, doch die Zahlen seien bei den jüngeren Erwachsenen bereits sehr alarmierend. Chennai, im „Schwellenland Indien", hat demnach die geringste Krebsrate bei den **über 50-Jährigen** mit 27,5 Fällen pro 100.000 Einwohner und die „wirtschaftlich entwickelte" Slowakei, die höchste mit 192,5 Fällen gemessen an 100.000 Einwohnern:

> *„Aufhorchen lässt vor allem die Entwicklung innerhalb eines Jahrzehntes, die in der Studie für 36 Länder gezeigt wurde. In 14 Ländern blieb die Darmkrebsrate bei unter 50-Jährigen stabil, in drei Ländern ging sie zurück und in 19 Ländern stieg sie an. Neun dieser 19 Länder – allesamt Staaten mit vergleichsweise hohen Einkommen – verzeichnen gleichzeitig mit dem* ***Anstieg bei jüngeren Patienten*** *sinkende oder konstante Fallzahlen bei älteren: Australien,*

> *Dänemark, Deutschland, Großbritannien, Kanada, Neuseeland, Schweden, Slowenien und die USA.“*[67]

Bei den Ursachen stehen die Forscher vor einem Rätsel: Angefangen von Luftverschmutzung bis hin zu Trinkwasserverunreinigungen (Plastik im Blut?) oder ungesunder Ernährung, aber auch vielleicht einem wachsenden Ausbau von Mobilfunk und seinen negativen Auswirkungen auf die Gesundheit scheint hier alles möglich. Wobei im Ländervergleich stark auffällt, dass industriell entwickelte Länder die höchste Krebsrate haben. So ist Südkorea zum Beispiel stolz darauf, als erstes Land flächendeckend den 5G-Standard bereits 2019 eingeführt zu haben, und Deutschland möchte in Europa gern als Vorreiter der Industrie 4.0 mit Milliarden-Investitionen dem hohen Ziel – flächendeckend 5G anbieten zu können – nacheifern. Südkorea belegt aber laut der erwähnten US-amerikanischen Studie gleichzeitig die Spitze bei den Krebserkrankungen bei jungen Menschen unter fünfzig. Was wir bei der täglichen Nutzung von Mobilfunk, der laut WHO im Verdacht steht, krebserregend zu sein, aber lieber ausblenden.

Wenn wir diese Berichte aus vielen Forschungsbereichen – neben 5G auch Studien zu erhöhten Herzinfarktraten bei jüngeren Menschen – zusammenfassen und sich dieser Trend fortsetzt, so ist eigentlich deutlich absehbar, dass sogar jüngere Menschen wieder früher sterben. Die Gesellschaft damit – wenn sich dieser Trend fortsetzt – nicht älter wird, sondern trotz technologischer Errungenschaften der Prozess umkehrt und junge Menschen wieder vor erreichen des ständig von der Politik nach oben korrigierten Rentenalters sterben. Ein „umstritten-weiser“ Schachzug der Politik.

Die Milliardengewinne der Mobilfunkbranche

Wenn auch bei den Wählern groß vermarktet und viel umworben oder politisch durchgesetzt, so ist im Kleingedruckten jedoch zu erkennen, dass der Hauptnutznießer von 5G letztlich nicht der sogenannte „kleine Mann“, sondern die Industrie sein wird:

> *„Es ist zwar schön, auch mobil 4K-Filme zu streamen, aber in erster Linie profitiert die Industrie von 5G. Es geht dabei beispielsweise um vernetzte Maschinen in der industriellen Fertigung, Anwendungen in der Medizin (E-Health) oder um die schnelle und stabile Datenverbindung für autonomes Fahren.“*[68]

2019 verzeichneten Mobilfunknetzbetreiber einen bisher nicht erreichten Milliardengewinn am Geschäft mit dem Mobilfunk, wobei als Hauptgrund angegeben wurde, dass hauptsächlich junge Menschen für den erreichten und noch prognostizierten Gewinn verantwortlich seien. Weil vor allem junge Menschen mit der Technologie aufwachsen und sie bereits in ihren Alltag von klein auf integrieren. In der Südwestpresse vom 23.01.2020 heißt es dazu:

> *„In den deutschen Mobilfunknetzen sind 2019 erneut mehr Daten verbraucht worden als je zuvor. Telefónica überschritt im O2-Netz nach eigenen Angaben vom Donnerstag erstmals die Schwelle von einem Exabyte – das entspricht einer Milliarde Gigabyte. So viel haben auch die Konkurrenten Telekom und Vodafone nach eigener Darstellung noch nie erreicht. Würde ein einzelner Mensch diese Menge an Daten aufbrauchen, könnte er damit beispielsweise 1,5 Millionen Jahre am*

> *Stück Musik streamen. 2018 lag der Datenverbrauch im O2-Netz noch bei 662 Millionen Gigabyte."*[39]

Anderen Mobilfunkanbietern erging es ähnlich gut und sie erzielten Milliarden Umsatzzuwächse. Auch der Grund dafür war schnell ausgemacht:

> *„Jens-Uwe Theumer vom Vergleichsportal Verivox hat eine Erklärung dafür, weshalb der Datenverbrauch im O2-Netz besonders hoch ist: „Telefónica richtet sich mit seinen Marken eher an ein jüngeres Klientel, dessen Internetnutzung geprägt davon ist, wie junge Menschen heute Medien konsumieren: ständig, überall und sofort." Außerdem sei die Verbreitung von stationären Internetanschlüssen in dieser Zielgruppe niedriger."*[40]

Während der Mobilfunkausbau also weiter voranschreitet und ein Milliardengeschäft geworden ist, wetteifern die verschiedenen Länder um die Vorreiterrolle im flächendeckenden 5G-Netz und gelten als unterlegen, wenn sie das 5G-Netz nicht bieten können. Einzelne Länder hätten es in ihrer Argumentation bereits *geschafft*, siehe das Beispiel Südkorea, aber auch in einigen Städten der USA ist das flächendeckende 5G-Netz bereits gestartet.[41] Während der Coronakrise trieb auch Österreich den Ausbau weiter voran.

Könnte es sein, dass es hier einen Zusammenhang gibt und wir weltweit bald mehr Krankheitsfälle durch ein parallel ausgebautes flächendeckendes Mobilfunknetz mit 5G haben werden? Nun, Mobilfunkkritiker, Gegner und Forscher auf dem Gebiet nichtthermischer Wirkungen schlagen Alarm und meinen, dass Mobilfunk ein erhöhtes Krebsrisiko birgt. Der Nachweis sei – zum Beispiel laut www.Bürgerwelle.de – durch Praxisforschung, Umweltmedizin und unabhängige Forschung längst erbracht. Dieser werde jedoch durch eine Interessenverflechtung aus Wirtschaft, Staat und Wissenschaftsbetrieb unterdrückt und als *nicht nachgewiesen* deklariert. Wobei durch zweifelhafte oder einseitige Positivstudien, die alles Kritische ausblenden, Zweifel gesät oder von den Strahlenschutzbehörden publizierte bedenkliche Studien namhafter kritischer Forscher verharmlost werden.

Wirtschaft und Politik meinen einvernehmlich, sich auf ihre Unbedenklichkeitsstudien berufend, dass es keine solchen Verdachtsfälle gebe.

Im Folgenden möchte ich nun die verschiedenen Sichtweisen abbilden und es dem Leser überlassen, sich selbst eine Meinung zu bilden.

Kapitel 3

Macht Mobilfunk krank?

„Künstliche elektromagnetische Felder des Mobilfunks liegen genau im Frequenzbereich der natürlichen, die Lebensvorgänge steuernden elektromagnetischen Schwingungen. U.a. aufgrund von Resonanzphänomenen sind die künstlichen elektromagnetischen Schwingungen v.a. des Mobilfunks damit permanente Störsender für unsere biologische Lebenssteuerung. Sie zwingen den natürlichen Schwingungen der Zellen und Organe unnatürliche Schwingungen auf und veranlassen den Organismus zu Stress- und Falschreaktionen. Das hat Folgen für die Zellreifung, die Fließeigenschaft des Blutes, den Säure-Basehaushalt, das „antioxydative Konzert", erhöht die freien Radikale, führt zu Energiemangel in den Zellen, stört z.B. Hormone, die für Schlafrhythmus und Krebsabwehr zuständig sind, befördert das Eindringen von Umweltgiften in den Gehirnkreislauf, veranlasst Brüche in der Erbsubstanz, usw. Dies betrifft – in unterschiedlichem Ausmaß – jeden Menschen und alle Lebewesen und kann alle erdenkbaren Krankheitszustände verursachen bis zur Krebsförderung und –entstehung."[42]

> *„Es gibt gewichtige Hinweise auf Schäden durch Mobilfunkstrahlung. Ich halte es für sorglos, wenn man an den bestehenden Grenzwerten festhält. Die zuständigen Behörden werden von uns dringend aufgefordert, sich mit den wissenschaftlichen Ergebnissen, und es handelt sich um viele seriöse Forschungen, das sei deutlich betont, auseinanderzusetzen.*
> Prof. Dr. Heyo Eckel, Bundesärztekammer“[43]

Die Frage und Diskussion, ob Mobilfunk krank macht oder nicht, ist so alt wie der Mobilfunk selbst. Heute, wo Milliarden Menschen ein Handy, Smartphone, eine Mikrowelle, Laptop oder ein schnurloses DECT-Telefon benutzen, stellt sich diese Frage umso mehr, da die Netze mit wachsendem Ausbau immer dichter und mit 5G noch leistungsfähiger und lückenloser werden. Die aktuell gültige politische Meinung ist diese:

> *„Für die vorgesehenen Frequenzbereiche, die heute schon für den Mobilfunk genutzt werden oder die unmittelbar angrenzen, gilt nach Angaben des Bundesamts für Strahlenschutz (BfS) der bisherige Forschungsstand zur Belastung durch elektromagnetische Felder. Der besagt: „Bei Einhaltung der Grenzwerte und empfohlenen Begrenzungen nach dem aktuellen wissenschaftlichen Kenntnisstand sind keine nachteiligen Gesundheitswirkungen zu erwarten.“ Für die höheren Frequenzbereiche gibt es laut BfS ebenfalls „Grenzwerte, die nach dem aktuellen wissenschaftlichen Kenntnisstand vor gesundheitlichen Risiken schützen“.* ***Zu ihnen jedoch gebe es schlicht noch nicht so viele Studien.***“[44]

Das ist insofern korrekt, da der Ausbau und die Einführung von 5G in Deutschland erst beginnen. Was wir jedoch haben, ist eine Fülle an Forschung zu den früheren Standards bis zum derzeitigen, die eine gute und recht klare Prognose für die neue Generation des Mobilfunks 5G erlaubt, wenn die Werte wie in Kapitel 2 beschrieben um das evaluierte und abgebildete Maß steigen.

Dabei ist besonders interessant und auffallend, dass bedenkliche Mobilfunk-Studien bei näherem Hinsehen doch wohl schon seit Jahrzehnten vorliegen. Politik, Mobilfunkbetreiber und Wirtschaftskonklaven sich jedoch ebenso seit Jahrzehnten sträuben, diese in ihre Überlegungen, öffentlichen Debatten und Argumentationen miteinzubeziehen. Aber gerade das wäre nötig, um einen umfassenden Überblick über alle positiven und negativen Aspekte beim Umgang mit dem Mobilfunk zu bekommen! Deshalb werde ich vermehrt auf diese wenig bekannten und teilweise unterdrückten Studien eingehen und diese nachfolgend auszugsweise abbilden. Sie sollen dem interessierten Laien (wie auch ich einer bin) bei der vertiefenden Auseinandersetzung mit dem Thema helfen. Dabei bleibt aber die Möglichkeit, ja die Notwendigkeit bestehen, Aussagen mit Gegenaussagen selbst nachzuprüfen und mit anderen Materialien zu vergleichen.

Wer hat denn nun Recht?

Beginnen wir mit einem kleinen aktuellen Beispiel:

> *„Im Rahmen einer von Kaiser Permanente durchgeführten kontrollierten Studie, deren Ergebnisse im Dezember 2017 in Scientific Reports veröffentlicht wurden, untersuchte man hunderte schwangere Frauen aus dem Gebiet*

um die San Francisco Bay. Es stellte sich heraus, dass jene, die stärker nichtionisierter Magnetfeldstrahlung im Umfeld von Handys und WLAN ausgesetzt waren, ein 2,72-mal höheres Risiko einer Fehlgeburt hatten als Frauen, die wenig Kontakt mit der Strahlung hatten. [...] Im März 2018 brachten die Nachforschungen von Mark Hertsgaard und Mark Dowie für „The National" ans Licht, dass die Presse nur unzureichend über das Ausmaß dieses Problems für die öffentliche Gesundheit berichtet hatte und es daher von der Öffentlichkeit unterschätzt wurde. Die Telekommunikationsbranche setzte dafür PR-Taktiken ein, die erstmals in den 1960er Jahren von den Tabakkonzernen angewandt worden waren. In den 1980er Jahren nutzten die Erdölriesen solche PR-Taktiken ebenfalls. Die PR-Aktionen beeinflussten die öffentliche Auffassung von Drahtlostechnologien und Regulierungsdebatten deutlich."[45]

Zu den üblichen Propagandatechniken und Vorgehensweisen milliardenschwerer Unternehmen, zu denen auch die Mobilfunkbranche zählt, gehören laut dem NEXUS-Artikel offensive und defensive Taktiken, die gleichzeitig eingesetzt werden. So werden zum Beispiel Studien gesponsert, die der Branche helfen und gleichzeitig gegenteilige Studien diskreditiert, die bedenkliche Fragen zum Umgang mit Handys oder WLAN aufwerfen könnten: Wenn mobilfunkkritische Studien Krebs oder Gendefekte feststellen, weisen die Pressesprecher der Unternehmen darauf hin, dass die Ergebnisse von anderen Wissenschaftlern angezweifelt würden. Dieses Vorgehen ist sehr wirkungsvoll, weil durch das Fehlen gesicherter Beweise für eine Schädlichkeit der Technologie die Kunden beruhigt werden, selbst wenn später Gerichtsprozesse geführt werden müssen, die die Profite etwas schmälern:

> *„Nur weil Beweise für die schädliche Wirkung einer Technologie fehlen, bedeutet das nicht, dass es sich um eine sichere Technologie handelt. Die Mobilfunkbranche verkauft jedoch genau diesen logischen Trugschluss der gesamten Welt [...] Mit dem Ergebnis, dass in den vergangenen 30 Jahren Milliarden Menschen auf unserem Planeten Teil eines gigantischen Feldversuchs waren: Nutze dein Handy jetzt und stelle später fest, ob die Strahlung später Krebs oder Gendefekte verursacht.“*[46]

Meine Neugier war durch solche Aussagen geweckt! Ich hatte auch nicht mit einem solchen Szenario gerechnet, als ich mich aufmachte um herauszufinden, wer nun Recht hat oder wer nicht. Neben den öffentlichen Dementis gab es noch andere Widersprüche:

Das Bundesministerium für Strahlenschutz widerspricht sich beispielsweise selbst, wenn es auf eine aktuelle Studie hinweist, in der bei Ratten durch Mobilfunk Krebs ausgelöst wurde und diese Möglichkeit gleich wieder anzweifelt und verwirft:

> *„Nach Einschätzung des Bundesamts für Strahlenschutz (BfS) liefert die kürzlich veröffentlichte Studie des US-amerikanischen National Toxicology Program (NTP) keine aussagekräftigen Belege, dass Handystrahlung das Krebsrisiko beim Menschen erhöht. Das liegt insbesondere daran,* ***dass die Ratten und Mäuse im Tierversuch am gesamten Körper deutlich höheren Strahlungsintensitäten ausgesetzt waren,*** *als dies im Alltag beim Menschen der Fall ist. Das BfS geht daher weiter davon aus, dass bei Einhaltung der gesetzlichen Grenzwerte keine negativen*

gesundheitlichen Auswirkungen durch hochfrequente elektromagnetische Felder von Mobiltelefonen zu erwarten sind.[47]

Was viele Menschen beim Lesen nicht wissen: Dass die Einhaltung der zulässigen Grenzwerte darauf basiert, dass Mobilfunkgeräte wie Handys nicht direkt am Körper getragen werden (sollen), wie beispielsweise in der Brusttasche, Hosentasche, oder ständig in der Hand gehalten werden sollen. Wenn Sie durch die Stadt gehen und sich umschauen, wer sein Smartphone alles in der Gesäßtasche, ständig in der Hand oder in der Brusttasche, Jackentasche, Hemdtasche usw. – also sehr nah am Körper – bei sich trägt, werden Sie schnell feststellen, dass hier die zulässigen Grenzwerte sehr oft überschritten werden. Hinzu kommt, dass das BfS seine Grenzwerte an thermischen Messungen ausrichtet. Und nicht auf die Wirkungen und Prozesse in den Zellen oder innerhalb des Körpers (nichtthermische Wirkungen), wie sie durch Kontakt mit Funkstrahlung und Elektrosmog entstehen. Und was passiert, wenn der Nachbar im Zug neben Ihnen telefoniert? Wie wirken diese elektromagnetischen Felder dann auch auf uns?

Thermische und nichtthermische Wirkungen

Das wirft außerdem die Frage nach den sicheren Grenzwerten auf. Denn bereits bei der Ermittlung, Einhaltung oder Festlegung dieser *sicheren* Grenzwerte kommt es schon zu ersten gravierenden Missverständnissen. Für die Festlegung dieser Grenzwerte wird dabei zum Beispiel gemessen, inwieweit sich der Körper in einer gewissen Zeit und Entfernung vom Sender erwärmt, wenn mit einem Mobiltelefon telefoniert wird oder der Mensch einer DECT-Anlage oder einem Mobilfunkmasten ausgesetzt ist. Und ob durch diese

Erwärmung kritische Überhitzungen des Gewebes – sogenannte monokausale Effekte – entstehen, die dann Gesundheitsrisiken bergen (**thermische Wirkung**). Die Wattzahl und Leistung der Geräte spielt bei diesen Kurzzeitwirkungen oft eine maßgebliche Rolle. Die Vorgehensweise der Netzbetreiber ist seit vielen Jahren wie folgt:

> *„Die Betreiber melden der zuständigen Regierungsbehörde, dass sie eine Anlage bauen möchten und übermitteln die technischen Daten. Die Behörden errechnen, in welcher Entfernung von der Antenne der* ***Hitzestreß-Schutz*** *erreicht ist und stellen folgende Bescheinigung aus: „Nach den derzeit anerkannten wissenschaftlichen Grenzwerten, die den heutigen Stand von Forschung und Technik darstellen, kann von keiner Gesundheitsgefährdung ausgegangen werden.“*[48]

Bei den Kritikern der thermischen Messungen ist die Vorgehensweise anders: Hier haben auch die **nichtthermischen Langzeitwirkungen** eine wichtige und zentrale Rolle, also die Wirkung des Mobilfunks auf Zellen, Zellteilung, Zellkommunikation, Energieaustausch oder die Produktion von ATP. ATP ist eine energiereiche Verbindung, die in den Mitochondrien der Zellen hergestellt wird. Andere betrachten die Wirkungen auf das Gehirn, die Herzfrequenz etc. Unter Hochfrequenz wie beim Mobilfunk oder bei DECT-Telefonen wird diesen kritischen Forschungsergebnissen zufolge zum Beispiel weniger ATP produziert, was zu einem pathologischen Energiedefizit in den Zellen führt. Dadurch fühlen sich Menschen angeschlagen und schlaff und sind chronisch erschöpft. Hier können wir dann leicht einen Zusammenhang mit dem Burnout herstellen. Da diese Studien aber nicht einbezogen und sogar – wie wir gesehen haben – unterdrückt bzw. diffamiert werden – wird dieser Zusammenhang nicht gezogen.

Außerdem untersuchten und beobachteten kritische Forscher seit langem, dass Mobilfunk die Zellteilung und das Erbgut negativ beeinflusst:

> *„Wenn eine Zelle sich teilt, öffnet sich die DNS wie ein Reißverschluss, und der linke und der rechte Strang werden wieder entsprechend ergänzt, so dass daraus zwei neue DNS-Stränge entstehen. Während dieses Prozesses ist die Zelle sehr empfindlich, und ein Neunhundertstel des zulässigen Grenzwertes [von 1999 / Anm. des Autors] reicht, um Störungen bei der Zellbildung hervorzurufen. So kommt es zu Missbildungen und Erbkrankheiten.“*[49]

In diesem Zusammenhang – so führt der Artikel aus dem Jahr 2000 aus – wurden durch verschiedene Forschungen schon komplette Zellzerstörungen und DNS-Brüche festgestellt.

Aber auch die Zellkommunikation der Zelle selbst wird laut nichtthermischen Studienergebnisse massiv durch Mobilfunk gestört. Grund hierfür ist einfach immer wieder, dass die Natur sich an statische Felder angepasst hat und mit künstlichen elektromagnetischen scharf gepulsten Feldern, wie sie der Mobilfunk erzeugt, nichts anfangen kann. Nicht einmal im minimalistischen Bereich auf der behördlich noch genehmigten unbedenklichen Grenzwertskala!

> *„Der deutsche Physiker Albert Popp konnte nachweisen, dass Körperzellen mittels ultraschwachen Biophotonenstrahlung kommunizieren. Die Zellen kommunizieren demnach mit ultraschwachen Laserstrahlen. Durch diese biologischen Laserstrahlen werden die Zellteilung, die Hormonproduktion, die*

Produktion weißer Blutkörperchen zur Abwehr bei Krebs etc. blitzartig gesteuert. Diese kohärenten Lichtstrahlen sind gleichgeformt, wie z.B. auch der Strahl eines Laserpointers ein gerichteter Strahl ist. Wenn nun auf diese Informationen der Biophotonen externe Hochfrequenz kommt, wie beim Mobilfunk, wird das kohärente Licht zerstört und es entsteht ein Chaos. In dieser Situation verlieren die Biophotonen ihre Informationen. Der Körper des Menschen ist wie eine perfekte Antenne, und er ist fähig, einen sehr großen Frequenzbereich zu empfangen."[50]

Im Grunde geht es also bei der öffentlichen Diskussion um Mobilfunk und seinen Wirkungen um einen tiefgründigen, leider von den Befürwortern, Betreibern oder sogar Politikern übersehenen oder absichtlich ignorierten Fakt: Dass eben die Natur auf statischen Feldern seit Millionen von Jahren aufgebaut ist und unsere gesamte Zellkommunikation darauf beruht. Wir erzeugen jedoch mit der modernen Technik Wechselstrom, der in der Natur nicht vorkommt, und daher mit sämtlichen biologischen Systemen – Mensch, Tier und Pflanzen – kollidiert.

„Wie Dr. von Klitzling festgestellt hat, reagiert der Körper bereits bei 1 nW/cm² mit Krankheit. Wo wird dieser Wert von 1 nW/cm² noch erreicht? Bei einer Sendeanlage mit mehreren Sendern reicht die Strahlung, wenn keine Häuser oder Bäume im Weg sind, noch bis zu 5 km Entfernung. Bei Messungen in den Häusern ergeben sich auch bei nur einem Sender in mehreren 100 m Entfernung noch 1 nW/cm², obwohl die Hausmauern die Strahlung abdämpfen. Baubiologen, die in Zusammenarbeit mit Ärzten 7.000 Wohnungen

> *untersuchten, stellten fest, dass bereits bei 0,02 nW / cm² Menschen erkrankt sind. Dieser Wert liegt fünfzigmillionenfach unter den gültigen Grenzwerten [aus dem Jahr 2000 Anm. d. Autors]. Was sollen also diese Grenzwerte? Und warum haben wir diese Grenzwerte?“*[61]

Diese Aussagen wurden vor 20 Jahren gemacht, als Mobilfunk mit 1,8 Mhz noch weit unter den heutigen Leistungsdaten lag. Die damals wie heute – thermisch/erwärmend – als unbedenklich galten, aber auf molekularer nicht-thermischer Ebene schon ihre krankmachende Wirkung entfalteten. Mobilfunk pfuscht der Natur also sozusagen ins Handwerk, auch wenn wir das nicht immer gleich sofort, sondern erst nach einem längeren Bestrahlungs-Zeitraum spüren. Oder es, eingebettet in gepulste Medien und Technologien, auf die wir auch gesellschaftlich nicht mehr verzichten wollen, nicht wahrhaben wollen.

Interessant bei der derzeitigen Situation und Diskussion ist, dass diese schon recht alten Studien immer noch top-aktuell sind, da es seit Einführung des Mobilfunks immer um dieselbe Konstellation geht: thermische Studienergebnissen gegen nichtthermische Studienergebnisse.

Offiziell heute angeblich noch verträgliche Grenzwerte

- Elektrische Zähler, wie sie bei smarten Netzen zum Einsatz kommen, strahlen bereits mit etwa 7,93 – 8 Mikrowatt/cm².
- Die Schweiz, Luxemburg und Lichtenstein haben die „verträglichen“ Grenzwerte auf 9,5 Mikrowatt/cm² festgelegt.
- China, Polen und Russland haben ihre Grenzwerte auf 10,0 Mikrowatt/cm² festgelegt. Bei diesem Wert treten nach 30-minütiger Exposition Vermeidungsreflexe auf.

- Kanada und die USA haben ihren sicheren, verträglichen Wert auf etwa 600-1000 Mikrowatt/cm² festgelegt.
- In kleinen Wohnblocks mit nur etwa 12 intelligenten Zählern hat man etwa 19,8 Mikrowatt/cm² gemessen

Gesundheitliche Wirkungen von Mobilfunk

Meine aktuelle Suche nach Belegen für wenig beachtete nicht-thermische Wirkungen führte mich dabei unter anderem zu folgenden weiteren Aussagen im Netz[52]:

- Um ein Handy zu nutzen, benötigen wir eigentlich nur: 0,0000000002 Mikrowatt/cm².
- Kiefernnadeln altern bereits frühzeitig bei 0,000027 Mikrowatt/cm².
- Unter Kurzzeitexposition litten Kinder von 8-17 Jahren bei 0,05 Mikrowatt/cm² unter Kopfschmerzen, Irritationen, Konzentrationsschwäche und Verhaltensstörungen.
- Baubiologen in Deutschland halten 0,1 Mikrowatt/cm² bereits für extrem besorgniserregend.
- 1,0 Mikrowatt/cm² verursacht Studien zufolge das Absterben von Spermien. Außerdem können ab diesem Wert folgende Beschwerden auftreten: Kopfschmerzen, Schwindel, Müdigkeit, Schlaflosigkeit, Brustschmerzen, Atemnot, Verdauungsstörungen.
- 2,5 Mikrowatt/cm² verursacht eine Veränderung des Kalziummetabolismus in Herzmuskelzellen.
- 4,0 Mikrowatt/cm² verursachen Veränderungen am Hippocampus des Gehirns und beeinträchtigen Gedächtnis und Lernfähigkeit.
- Bei 6,0 Mikrowatt/cm² erfolgen Schäden in der DNS von Zellen, womöglich auch schon bei weit niedrigeren Werten.

Studienlisten zum Mobilfunk[53]

- www.EMF-Portal.org hat Ende 2016 etwa 23.840 Studien zum Mobilfunk katalogisiert: Am 02.02.2020 waren es 30.439 Publikationen und 6.634 Zusammenfassungen zu den Wirkungen elektromagnetischer Felder.
- www.powerwatch.org.uk listet 1.659 Studien, **wobei davon 1.032 Effekte fanden**, **370** davon **fanden wichtige Einsichten** und Resultate. Nur **257 Studien davon fanden keine Resultate**.

Nachdem ich diese Masse an gelisteten Studien in reinen Zahlen vor Augen hatte und sogar die Webseiten besuchte, um mir ein eigenes Bild zu machen, führte ich ein kleines Gedankenexperiment mit www.powerwatch.org durch:

Dabei nahm ich imaginär 1.659 Blatt Papier, die ich in drei Haufen mit jeweils 1.032 Blatt, 370 Blatt und 257 Blatt teilte. Diese legte ich geistig jeweils auf eine Waage mit zwei Schalen, wie man sie bei der Göttin Justitia, der Göttin der Rechtsprechung, sieht. Ich wollte sehen, wohin sich die Waage neigt. Das erschreckende Resultat von offiziell keinen oder nur wenigen unbedenklichen Effekten oder wichtigen und gefundenen Effekten in einer Gegenüberstellung auf der Waagschale machte mich sehr nachdenklich. Um nicht zu sagen, diese Gegenüberstellung jagte mir einen großen Schrecken ein. Ich verstand nicht, wie man diese Masse an bedenklichen Hinweisen ignorieren konnte.

Wer sucht, der findet also sogar massenhaft bedenkliche Studien, die bereits seit mindestens 1995 den Schluss nahelegen, dass Mobilfunk gefährlich ist. So wie jene von Prof. Dr. Peter Semm, der jahrelang für die Telekom den Mobilfunk erforschte:

„Bereits 1995 stellte er fest, dass bei Bestrahlung mit gepulster Hochfrequenz 60% der Nervenzellen weit unterhalb der Grenzwerte falsch reagieren. Die Nervenzellen geben falsche Signale ab, der Körper reagiert falsch. Prof. Semm kam zu dem Schluss, dass ein Tier nicht überlebensfähig ist, wenn es dauerbestrahlt wird. Er wiederholte seine Versuche ca. zehnmal, um alle denkbaren Fehler auszuschließen. Daraufhin gab er sein Handy weg."[64]

Prof. Semm soll nach seinen Forschungen zur Wirkung von Mobilfunk angeblich immer 5 Meter von Handytelefonierern weg gegangen sein und riet Menschen, ihre Kinder nicht in Kindergärten zu schicken, wenn dort in einem Umkreis von 250 Metern eine Mobilfunkanlage steht. Das war 1995!!! Heutige Mobilfunkmasten sind bereits und werden für 5G noch viel leistungsstärker.

Die Telekom wollte dem Bericht zufolge Semms Forschungsergebnisse abändern, was er aber nicht zuließ, weshalb es zu einer eineinhalbjährigen Auseinandersetzung kam. Letztlich wurde er dann von der Telekom entlassen.

Hohe Strahlendosis = kleinere Wirkung, geringe Strahlendosis = hohe schädliche Wirkung!

Weitere mobilfunkkritische Studienergebnisse wie von der Universität Lund in Schweden – ebenfalls bereits im Jahr 2000 erstellt – zeigen auch, dass wahrscheinlich Mobilfunkstrahlung Giften den Weg ins Gehirn ebnen: Nachdem 481 Ratten bis zu 16 Stunden gepulsten Wellen unterschiedlicher Intensität ausgesetzt wurden, zeigte sich, dass Mobilfunk die Blut-Hirn-Schranke öffnen kann: Bei 30% der Tiere gelangte Albumin, ein Eiweiß, welches normal im Blutkreislauf zirkuliert, ins Gehirn. Wenn Albumin das kann, so schlussfolgerten die Forscher, könnten es womöglich im Blutkreislauf befindliche Gifte auch. Dabei muss noch beachtet werden, dass Babys, Kleinkinder oder junge Erwachsene noch empfindlicher auf gepulste Mikrowellentechnologie reagieren, da ihre Schädeldecke noch weicher und durchlässiger für Strahlung als die eines Erwachsenen ist.

Außerordentlich interessant bei dieser Studie ist, dass, je niedriger die Strahlungsstärken waren, umso mehr wird das Gehirn beeinträchtigt. Dieser umgekehrte schon lange bekannte Effekt von niedriger Strahlung und höherer Wirkung stellt die Diskussion und Handhabung mit den Grenzwerten in ein völlig neues Licht! Bis dahin ging man nämlich immer davon aus: Je höher die Strahlung, umso höhere Wirkungen für den Organismus. Bei thermischen Messungen wird ja gerade dies von den Mobilfunkbetreibern und Behörden angenommen und bescheinigt.

Nachdem man normale Handystrahlung von 2 Watt auf 0,0001 Watt verringerte, zeigten sich sogar bei 50% der getesteten Ratten Störungen der Blut-Hirn-Schranke. Auf den Menschen übertragen bedeutet dies: Wenn in zehn Metern Entfernung jemand telefoniert – so die Forscher – würde das reichen, um die Blut-Hirn-Schranke bei uns zu öffnen.

Die Gründe dafür sind, dass der Körper bei höherer Strahlung mehr Abwehrreaktionen zeigt, da das Immunsystem die Gefahr erkennt. Während bei geringeren Strahlendosen der Körper die Gefahr nicht erkennt und dadurch die Strahlung tiefer ins Gewebe eindringen und vor allem Langzeitwirkungen auslösen können. Das macht sich auch das Militär zunutze, das diese Wirkungen seit Jahrzehnten erforscht und gezielt als Waffe einsetzt, um feindliche Soldaten handlungsunfähig zu machen oder sogar zu töten, wie der Mikrowellenspezialist und Ex-Militär und Offizier im

Ruhestand, Dr. Barrie Trower, berichtet. Was ich im Kapitel 6 zur militärischen Nutzung noch näher zeigen werde.

Mobilfunk und Krebs

Wir haben bereits in Kapitel 2 über verschiedene Studien gesprochen, die ein erhöhtes Krebsrisiko, Krebs oder Tumore bestätigen, weshalb sich die WHO sogar veranlasst sah, Mobilfunk als möglicherweise krebserregend einzustufen. Die Wortwahl ist hierbei immer recht interessant: „möglicherweise", „kaum oder zu wenig erforscht", über „nicht erwiesen" oder „nicht bestätigt". Es gibt hier Möglichkeiten, Wortzähler einzubauen, um bei allen Aussagen der Mobilfunk-Betreiber und 5G-Befürworter zu prüfen, wie kritische Stimmen gegen den Mobilfunk damit verharmlost, dementiert oder abgestritten werden. Ich habe solch einen Zählmodus nicht, aber schauen Sie sich das in der öffentlichen Diskussion ruhig näher an.

Wissenschaftler sagen, wir haben seit Jahren eindeutige Beweise, dass Krebs mit Handynutzung im Zusammenhang steht:

> *„Seit der massenhaften Verbreitung des Mobilfunks mit Beginn der 90er Jahre sind die genannten und schon zuvor bekannten Störwirkungen von Mobilfunkfrequenzen bei den jetzt benutzen Frequenzen in zahlreichen* **experimentellen Kurzzeitstudien und einigen epidemiologischen Langzeitstudien** *bei Menschen und Tieren erneut bestätigt und weitere schädliche Wirkungen ermittelt worden."*[65]

Und Gegenargumente der Befürworter sagen gleichzeitig, dass es keine akute Gefährdung durch Mobilfunk gebe:

> *„Noch vor wenigen Jahren machten sich viele Menschen Sorgen um Krebs durch elektromagnetische Strahlung, den „Elektrosmog". In der Diskussion waren Leukämien durch Hochspannungsleitungen oder auch Hirntumoren durch Handys. Die Internationale Krebsforschungsagentur IARC stufte elektromagnetische Felder innerhalb bestimmter Frequenzbereiche als **„möglicherweise krebserregend**" ein. Heute gehen viele Wissenschaftler **nicht mehr** von einem messbaren Krebsrisiko aus. Die Mehrzahl der Menschen nutzt bedenkenlos Smartphones, fährt mit elektrischen Straßenbahnen, radelt entlang von Stromtrassen oder erwärmt Essen mit der Mikrowelle."*[56]

Mikrowellen - Nutzen und Wirkungen

Schauen wir uns die vom Krebsinformationsdienst als unbedenklich eingestufte weit verbreitete Mikrowelle doch einmal näher in ihrer Wirkung an. Percy Spencer (1894 – 1970) gilt offiziell als Vater der Mikrowellengeräte für den Hausgebrauch, obwohl schon während des 2. Weltkrieges in Deutschland oder auch in Russland mit den Möglichkeiten, Nahrung durch Mikrowellen zu erhitzen, experimentiert wurde. Spencer entdeckte bei Montagetätigkeiten mit Radargeräten, dass Schokolade durch Hochfrequenz zu schmelzen begann, woraufhin ihm die Idee zum Erhitzen von Nahrung kam. 1946 stellte er dann das erste Exemplar eines 1,80 m hohen und 340 kg schweren Radarherdes (Mikrowellenherdes) mit einer Leistung von 3000 Watt vor. Dem Dreifachen heutiger Mikrowellenherde.

Der erste kommerzielle Herd kam dann in den USA 1956 mit 1.600 Watt Leistung auf den Markt und kostete zwischen 2.000 und 3.000 US-Dollar. In die Haushalte kam das Gerät in handlicheren Abmessungen etwa 1955 und wurde bis 1964 für 1.300 US-Dollar fast 1.400 Mal verkauft. 1965 kosteten Mikrowellenöfen nur noch 465 US-Dollar und fanden mehr Käufer. In den 70er Jahren sanken die Preise für Mikrowellenherde rapide und es wurden in den USA etwa 40.000 Stück verkauft. 1975 waren es bereits eine Million und 1997 95% der Haushalte in den USA, die eine Mikrowelle besaßen. In Deutschland waren es 2019 73,2 % der Haushalte[57], die es praktisch fanden, innerhalb kurzer Zeit Nahrung mit Hochfrequenz zu erhitzen.[58]

Beim Bundesamt für Strahlenschutz (BfS) können wir zum Thema Mikrowellenherde lesen:

> *„Hochfrequente elektromagnetische Felder mit einer Frequenz von 2,45 Gigahertz werden in Mikrowellenherden zum schnellen Erwärmen von Speisen verwendet. Die hochfrequenten Felder werden im Inneren der Geräte erzeugt. Durch Abschirmmaßnahmen ist gewährleistet, dass im Betrieb nur sehr wenig Strahlung nach außen gelangt. Trotz guter Abschirmung tritt in der Umgebung der Sichtblende und der Türen eine geringe Leckstrahlung auf.Das BfS hat umfangreiche Messungen an Mikrowellenkochgeräten durchgeführt. Im Mittel lag die Leckstrahlung bei 1 % des festgelegten Grenzwertes an der Geräteoberfläche. Mit zunehmendem Abstand vom Gerät nimmt die Intensität der hochfrequenten Felder rasch ab. Bei technisch einwandfreien Geräten besteht daher keine gesundheitliche Gefahr, auch nicht für besonders schutzbedürftige Personen wie Schwangere oder Kleinkinder. Bei beobachteten Mängeln, zum Beispiel sichtbaren mechanischen Veränderungen an der Tür oder Verschleißerscheinungen durch intensive Benutzung, ist eine Überprüfung der Geräte durch den*

Kundendienst sowie gegebenenfalls die Beseitigung der Mängel oder der Ersatz defekter Geräte zu empfehlen.“[59]

Wie wir also auf der Seite des Bundesamtes für Strahlenschutz lesen können, operieren Mikrowellenöfen im Bereich von 2,45 Gigahertz. Durch die Scheibe, die uns vor der Strahlung schützt, können wir dabei sehen, wie das Hähnchen oder Popcorn usw. darin gebrutzelt werden. Interessanterweise senden und arbeiten moderne Mobilfunkmasten mit derselben Frequenz um 2,5 GHz, oder mit den neuen Mobilfunkstandards sogar noch mit sehr viel höheren Frequenzen, ohne dass dabei etwas wie bei der weitverbreiteten Mikrowelle durch irgendwelche Scheiben abgeschirmt wird. Dass diese Frequenzen tödlich sein können und nicht so harmlos sind, wie wir im unbedarften täglichen Umgang damit immer meinen, zeigte bereits vor über 20 Jahren die Obduktion eines Koches, der plötzlich bei der Arbeit tot umfiel.

„Ein englischer Arzt obduzierte vor wenigen Jahren (vor 1999! / Anm. d. Autors) einen angeblich gesunden Koch, der während der Arbeit plötzlich tot umgefallen war. Herzstillstand. Als der Arzt den Körper des Verstorbenen öffnete, erlebte er den Schock seines Lebens: Das Herz des Kochs war in den Worten des Arztes „gar gekocht wie ein Stück Fleisch auf dem Mittagstisch“. Dieses Phänomen konnte sich der Arzt nicht erklären – bis er dann feststellte, dass dieser Koch vor einem Mikrowellenofen gearbeitet hatte. Durch irgendeinen Defekt oder eine Fehlfunktion war die volle Mikrowellenstrahlung ausgetreten und hatte den Koch innerhalb weniger Augenblicke getötet.“[60]

Dieses Beispiel zeigt, dass wir mit Frequenzen hantieren, die eigentlich für biologische Massen – wie Menschen, Tiere oder

Pflanzen – tödlich sind oder sein können. Doch schauen wir uns einmal noch genauer an, was auf molekularer Ebene passiert, wenn biologische Masse mit Hochfrequenz beschossen wird:

Was passiert mit der Nahrung durch Mikrowellen? In einer interessanten und für den Leser sehr empfehlenswerten, auf wissenschaftlichen Studien basierenden achtseitigen Broschüre mit dem Titel „Mikrowellennahrung erzeugt nicht nur Krebs, sie macht auch dick!" – erhältlich bei www.naturalscience.org – können wir folgendes nachlesen:

> *„Mikrowellen dringen mit einer Frequenz von rund 2,5 Milliarden Schwingungen pro Sekunde in die Nahrung ein. Durch die extrem hohe Wechselstromfrequenz und der daraus resultierenden ständigen Umpolung des elektromagnetischen Feldes im Mikrowellenofen werden die Moleküle in der Nahrung in Schwingung versetzt. So wird von innen heraus Reibungswärme erzeugt. […] Gleichzeitig werden durch diese Depolarisation die natürlichen Molekularstrukturen deformiert. Die Harmonie zerfällt und damit auch das ausgeglichene Säure-Base-Verhältnis. Auf beschädigte Molekularstrukturen reagiert das körpereigene Immunsystem wie auf einen Fremdkörper, nämlich mit Abwehr."*[61]

Allgemein ist ja bekannt, dass Nahrung Informationen beinhaltet, die der Körper auch innerhalb seines Informationsaustausches für die zahlreichen Aufgaben der etwa 30 Billionen Zellen und 39 Billionen Bakterien – aus denen er als harmonisch zusammenarbeitendes Wunderwerk besteht – braucht, um eine gesunde Ordnung aufrechtzuerhalten. Vitamine, Mineralien, gesunde Wassermoleküle als Träger und Botenstoff, sie alle sind wichtig, ja überlebensnotwendig, damit wir täglich in einem gesunden Körper all unsere Aufgaben erledigen können. Wäre der Körper eine Großstadt, wäre er – in einem guten Gesundheitszustand – ein Wunderwerk. Ein Paradies, in dem Frieden und harmonische Zusammenarbeit herrschen. Wobei innerhalb des Körpers ständig Information durch elektrische (Licht-)Impulse ausgetauscht wird. Die Wissenschaft nennt das Zellkommunikation.

In einer menschlichen modernen Großstadt mit 5 bis 10 Millionen Einwohnern würde sofort ein schreckliches Chaos ausbrechen, wenn unsere (ähnlichen?) Kommunikationswege fehlerhaft wären. Wobei ein Körper im Verhältnis dazu eine 60 Billionen-Stadt repräsentiert und eine Fünf-Millionenstadt nur einen winzigen Bereich unseres Körpers ausmachen würde.

Und doch bringen wir die natürliche Ordnung dieser 60-Billionenstadt mit elektromagnetischer oder gepulster Mikrowellenstrahlung oder durch Aufnahme von – in seiner natürlichen Information zerstörten – Mikrowellenahrung durcheinander und stören damit die optimale Arbeit der etwa 30 Billionen Zellen und 39 Billionen Bakterien. Wenn die Zellmembranen sich verhärten und Nährstoffe nicht mehr hinein oder Giftstoffe hinausgelangen, verschlechtert sich ihr Zustand. Der Zusammenbruch der ursprünglich gesunden Abläufe führt dann zum biologischen Chaos im gesamten Körper, was wir zuerst als Unwohlsein wahrnehmen, das in seinem Fortlauf zu Krankheiten führt, weil der Körper nicht mehr ausreichend mit Nährstoffen versorgt wird. Wir können das natürlich durch hochwertige Nahrungsergänzungsmittel etwas abfedern und auch unser Körper ist ständig bemüht, mit viel Energieaufwand den Schaden zu reparieren. Da der Prozess des Verfalls mit der aufgenommenen Mikrowellennahrung beginnt, spüren wir den schleichenden Verfall auch nicht sofort. Deshalb sprechen Mobilfunk und Mikrowellentechnologiegegner auch von schleichenden Langzeitfolgen oder Chaos in den Zellen, das durch die Nutzung von elektromagnetischen künstlichen Frequenzen und Feldern, wie Mikrowellen aus Mikrowellenherden oder Mobilfunk, DECT und WIFI usw. entstehen.

Unser Körper ist einige Zeit tatsächlich in der Lage, eine gewisse Frequenz dieser Fehler zu korrigieren und Schäden zu reparieren. Das funktioniert am besten, wenn wir strahlungsfreie Orte – wie die Natur – aufsuchen oder in abgeschirmten Häusern und Räumen schlafen. Doch bei regelmäßigem Verzehr von Mikrowellennahrung, die vom Nährstoffgehalt für den Körper nichts bietet, weil die Inhaltsstoffe unbrauchbar, ja sogar toxisch sind, treten dann immer mehr Schäden auf:

> *„Für die Wissenschaft war bisher immer klar: Wer übergewichtig ist, ernährt sich falsch, isst zu viel und bewegt sich zu wenig. Doch ganz so einfach ist es offensichtlich nicht, wie wir heute erkennen. Der Stoffwechsel des Körpers wird nicht nur durch die Funktion der Organe und die Ernährung beeinflusst, sondern maßgeblich auch von dem, was wir dem Körper zuführen. Dabei spielt die Qualität des Zugeführten die wesentlichste Rolle. Und hier wird der Zusammenhang mit der Mikrowellennahrung deutlich. Denn Lebensmittel, deren Molekularstruktur aufgrund der hochfrequenten Mikrowellenstrahlung depolarisiert und deformiert wurde, weisen keine natürliche Harmonie mehr auf. Stattdessen bilden sich in ihnen chaotische und somit toxische, neue Molekularverbindungen. Fettleibigkeit, welche als Stoffwechselstörung gilt, hängt also nicht nur mit der eigentlichen Ernährung und deren Zusammensetzung und Gehalt an Kohlehydraten, Fetten, Eiweißen und Vitalstoffen zusammen, sondern auch mit der inneren Qualität der Nahrung und deren auffälligen Toxizität, welche den Organismus belastet."*[62]

Wir können unserem Körper also danken, dass er so weise ist, Gifte in Lösung zu halten, weshalb er sie verdünnt und diese nicht brauchbaren Dinge irgendwo einlagert, um seine Funktionen möglichst lange ungestört aufrechtzuerhalten. Er signalisiert „Durst" und lagert diese Gifte als Schlacken ein, was wir dann als Fettleibigkeit kennen. Bis es eben nicht mehr geht, weil er immer mehr Energie für das In-Schach-Halten der Gifte benötigt. Oder aber der Körper bekämpft die Gifte, indem er sich gegen seine eigenen toxisch gewordenen Zellen richtet.

Wenn Mikrowellennahrung dies schon mit unserem Körper machen kann, was wird dann erst das pausenlose Frequenz-Bombardement, das sowohl Politik wie Mobilfunkbetreiber und Industrie forcieren, mit unserem Körper – oder sogar mit allen biologischen Systemen, wie Mensch, Tier, Pflanze und Insekt anrichten? Strahlungsfreie Rückzugsgebiete soll es mit 5G ja nicht mehr geben.

Den Gegnern dieses Szenarios sind die Folgen recht klar. Den Befürwortern wohl nicht, oder sie halten die Technologie als neuen Gott für so mächtig, dass sie meinen, unsere Techniker und Ingenieure werden dann auch für dieses Problem eine Lösung finden. In der Tat gibt es bereits Forschungen und Entwicklungen, die vor allem im alternativen Bereich vor Mobilfunk und seinen Auswirkungen schützen sollen. Und unsere Forscher sind kreativ:

Sie suchen für alles Lösungen, wenn Technologie immer mehr unser Leben bestimmt und Leben sich von uns „fast nur noch" technikbegeisterten Menschen (durch Aussterben) zurückzieht: So haben japanische Forscher bereits Minidrohnen entwickelt und vor einigen Jahren der Öffentlichkeit vorgestellt, die die immer weiter aussterbenden Bienen künftig ersetzen werden.

Roboterbiene
(Quelle: www.pixabay.com)

„Die Robo-Biene ist ein herkömmlicher 4 Zentimeter großer Quadrocopter. Den haben die Forscher des National Institute of Advanced Industrial Science and Technology (AIST) in Tsukuba so modifiziert, dass er wie das natürliche Vorbild eine Pflanze anfliegen kann und dabei Pollen aufnimmt, die er an der nächsten Blüte wieder abstreift.“[63]

Und zum Glück haben wir dann ein weltweit lückenloses 5G-Netzwerk geschaffen, so dass jede Bienendrohne wieder ihren Weg nach Hause findet und nicht, wie unsere jetzigen noch lebendigen Exemplare, in ihrer Kommunikation beeinträchtigt irgendwo weit weg vom Bienenstock verenden.

Wird die Zukunft besser?

Nun können wir als Kritiker natürlich mit gesundem Menschenverstand sagen, ja, das Jahr 2000 oder 2003 ist schon ziemlich lange her und Technologie schreitet ständig voran, wird verbessert und daher auch (gesundheitlich) immer unbedenklicher. Das stimmt und auch wieder nicht, je nachdem, in welchem Zusammenhang gesprochen wird. Doch wenn wir uns die aktuellen 1.288 von der WHO präsentierten Studien zum Mobilfunk anschauen, von denen heute laut Diagnose-Funk e.V. in reinen, nüchternen Zahlen etwa 700 (über 50% !) von ihnen Strahleneffekte auf den Körper aufzeigen, die mit einer schädlichen Wirkung einhergehen, liegt der Fall etwas anders.

Peter Hensinger und Isabel Wilke veröffentlichten hierzu im Jahr 2016 in der Zeitschrift „umwelt-medizin-gesellschaft“ einen Überblick über den aktuellen Stand der Forschung unter der Überschrift: „Mobilfunk: Neue Studienergebnisse bestätigen Risiken der nichtionisierenden Strahlung“.[64] Darin steht, dass die von der US-Regierung mit 25 Millionen Dollar unterstützte und vom Toxicologie Program durchgeführte Studie schon in einer ersten Auswertung zeige, dass Mobilfunk Krebs und Vorstufen davon begünstige. Hensinger und Wilke beziehen sich hierbei auch auf den ATHEM-Report und ein Urteil des Obersten Gerichts in Rom, das 2016 den Gehirntumor eines 50-jährigen Managers nach intensiver Prüfung aller Beweise auf sein häufiges geschäftlich bedingtes Telefonieren mit einem Mobiltelefon zurückführte und dem Geschädigten eine Berufsunfähigkeitsrente in Höhe von 80% zusprach.[65]

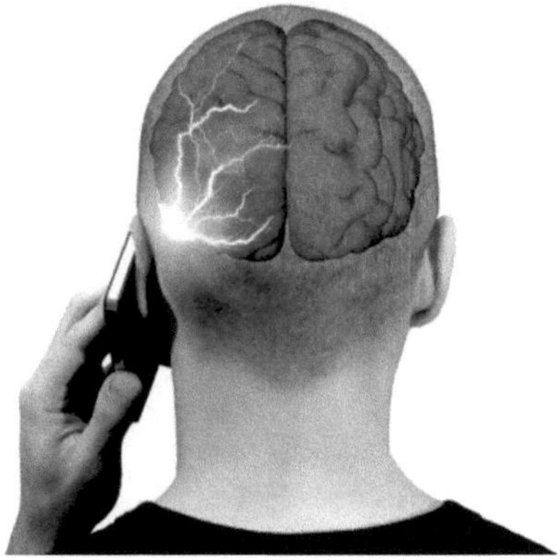

Telefonstrahlung im Gehirn
(Quelle: www.depositphotos.com)

Warum sind Mobilfunkschäden nicht versicherbar?

Wach geworden durch diesen über die Landesgrenzen hinaus aufsehenerregenden Fall wollte die österreichische Allgemeine Unfallversicherung (AUVA) mehr über den Zusammenhang der Wechselwirkungen bei der Nutzung des Mobilfunks erfahren und beauftragte die Medizinische Universität in Wien, den Sachverhalt zu untersuchen. Diese zeigte, dass elektromagnetische Strahlen toxisch (giftig) auf Gene und Zellen wirken können. An dieser Stelle sei gleich ausdrücklich darauf hingewiesen, dass Versicherungen für Schäden durch Mobilfunk nicht haften oder aufkommen und sich bis heute weigern, dem Nutzer entsprechende Rechte einzuräumen. Warum das so ist, wenn Mobilfunk doch angeblich völlig unbedenklich und gesundheitlich komplett bedenkenlos ist, ist eine gute Frage. Oder warum so viel Angst seitens der Versicherer herrscht, wenn alles doch nur Einbildung und Hysterie irgendwelcher Schwarzmaler ist, auch. Wenn etwas ungefährlich ist, kann man es doch auch versichern, oder? Wovor haben also Versicherungen Angst, oder was wissen sie, was die Regierungen und Betreiber nicht wissen wollen? Nun, die Antwort ist nach tieferer Auseinandersetzung mit dem Thema recht einfach:

Es besteht wohl die reale Angst, dass sich die geleisteten Schadensersatzansprüche des durch Mobilfunk geschädigten Vieltelefonierers und geschädigten Managers, der im Jahr 2016 vom obersten Gericht in Rom Recht bekam, wiederholen könnten. Oder sie dann vielleicht sogar mit Sammelklagen rechnen müssten, die dann nicht von den Betreibern oder Arbeitgebern, sondern den Versicherungen beglichen werden müssten. Wobei öffentlich allgemein wenig bekannt wurde, dass in den USA die gesamte Mobilfunkindustrie angeklagt ist und vor dem höchsten Gerichtshof einen Prozess verlor, der mutigen Wissenschaftlern nach 20 Jahren und einer wahren Hexenjagd auf persönlicher und öffentlicher Ebene durch die Mobilfunkindustrie Recht gab, welche zu sehr schädlichen Forschungsergebnissen den Mobilfunk betreffend kamen. (Doku-Tipp: „Thank You for Calling") Unbeeindruckt davon werden die Mobilfunknetze und der neue 5G-Standart dennoch weltweit weiterhin ausgebaut.

Die negative Wirkung von Mobilfunk und Bildschirmmedien auf Kinder und Jugendliche

Ein anderes kritisches, gesellschaftlich bereits bekannter gewordenes Thema sind Studien, die sich speziell mit der Wirkung von WLAN und Computern an Schulen beschäftigen. Diese haben gezeigt, dass Schüler durch die damit einhergehende Strahlenbelastung schlechter lernen und sich weniger merken oder konzentrieren können. Die Frequenzen beeinflussen demnach Neurotransmitter (Botenstoffe im Gehirn) wie Serotonin, Dopamin, Adrenalin und Noradrenalin, die elektrische Impulse an das Gehirn leiten. Der im deutschen Raum durch Medienpräsenz recht bekannte Psychologe Manfred Spitzer warnt hier bereits seit langem vor der schädlichen Wirkung der Bildschirmmedien auf das Lernverhalten und postuliert seit Jahren, dass diese Technologien Kinder sprichwörtlich dumm machen, weil das Gehirn lebendige Erfahrungen und nicht nur virtuelle „Erlebnisse" und virtuelles Agieren brauche.[66]

Dass Kinder und auch Erwachsene lebendige Erfahrungen brauchen und nicht mit trockenem Stoff totintellektualisiert werden dürfen, kritisiert auch der durch zahlreiche Fernsehsendungen bekannt gewordene Physiker Harald Lesch. Und dennoch werden die Schulen immer mehr mit diesen „modernen Medien" ausgestattet, um das Lernen noch „effektiver und effizienter" zu machen.

Im Rahmen meiner Coachingarbeit konsultierte mich einmal ein Gymnasiallehrer, der darunter litt, dass auf politische Anordnung hin immer mehr Stoff in immer kürzerer Zeit in die Kinder „hineingeschüttet“ wurde. Er drohte daran zu zerbrechen, all die von den politischen Entscheidungsträgern verlangten Normen den Kindern nahezubringen. Das war vor etwa zwanzig Jahren. Heute leben wir im „Superzeitalter“ der Digitalisierung, die immer mehr in den Schulen Einzug hält, wo sie den Befürwortern zufolge einen großen Nutzen bringen soll. Doch ist das wirklich so?

Eine etwas aktuellere Studie aus Frankreich zu einem Handyverbot in Schulen gab den Lehrern, die dafür gekämpft hatten, Recht: Diese behaupteten nämlich, dass die Technologie den Schülern Lernzeit stehle und nicht – wie allgemein behauptet – mehr Nutzen bringe:

> *„Eine Studie gibt den Lehrern Rückenwind: Handys und Smartphones aus der Schule zu verbannen scheint beim Lernerfolg zu helfen, und zwar vor allem den leistungsschwächeren Schülern. Das ist das Fazit der Ökonomen Louis-Philippe Beland und Richard Murphy von der London School of Economics, die für ihre Untersuchung die Testergebnisse von 16-jährigen Schülern vor und nach der Einführung eines Handyverbots an der jeweiligen Schule verglichen hatten. Um 6,4 Prozent stiegen die Leistungen demnach, das sei vergleichbar einem Lernzuwachs, wie man ihn sonst mit fünf zusätzlichen Schultagen nur herbeiführen hätte können. Oder anders gesagt: Die Smartphones stahlen fünf Tage Lernzeit, solange sie noch erlaubt waren. Dabei verbesserten sich vor allem die leistungsschwächeren Schüler. Bei ihnen*

war der Einfluss des Handyverbots auf die Leistung fast doppelt so hoch wie bei jenen, die als leistungsstark galten. Die Forscher erklären das damit, dass leistungsschwächere Schüler sich schnell ablenken ließen, also besonders anfällig für blinkende Smartphones seien."[67]

Außerdem steht Mobilfunk auch als negativer Verursacher von oxidativem Stress im Fokus der Wissenschaftler, was sogar das renommierte Robert-Koch-Institut bestätigte.[68] Oxidativer Stress führt zu einer Vermehrung von freien Radikalen, die von der Wissenschaft seit langem als krankmachend bekannt sind.

Eigene Gedankengänge zur Thematik

Wir sind inzwischen täglich so stark in smarte Netze eingebunden, die wir gar nicht mehr missen möchten. Während ich an diesem Buch schreibe, frage ich mich, ob die Gedanken dazu nicht aus einer ganz anderen Welt kommen.

Unbeeindruckt von all den bedenklichen Ergebnissen wird Mobilfunk, wie im ersten Kapitel gesehen, immer weiter ausgebaut und beliebter. Ja, manche Menschen in meinem persönlichen Bekanntenkreis nennen ihr Smartphone schon liebevoll ihr „Baby" und lassen es eingeschaltet sogar nachts auf dem Nachtschränkchen griffbereit in ihrer Nähe, um nur keine Nachricht zu verpassen. Manchmal, wenn ich heute in S-Bahnen oder in Zügen sitze, oder durch Städte wie München laufe und sehe, wie Menschen nur noch in ihr Smartphone starren und nicht mehr in die Augen oder das Gesicht eines Menschen sehen, wird mir angst und bange. Sind wir bereits Gefangene einer virtuellen Welt, aus der es selbst für Passiv-Nutzer kein Entrinnen mehr gibt? Denn wie will man in einer Gesellschaft, in der praktisch fast jeder schon im Kleinkindalter mit Handys aufwächst, noch fünf bis zehn Meter Abstand zu Telefonierenden halten? China machte Mobilfunk-Schutzkleidung für werdende Mütter bereits zur Pflicht. Und das sicher nicht, um damit einen bösen Schreck zu verbreiten oder als das rückschrittlichste Land der Welt zu gelten.

Der Begriff „sichere Grenzwerte“ hat für mich einen völlig anderen Stellenwert bekommen: durch die Auseinandersetzung mit Für und Wider des Mobilfunks, aber auch mit all den Forschern, die nicht nur die thermischen Kurzzeitwirkungen, sondern die nicht-thermischen Langzeitwirkungen betrachten. Ja, der Begriff hat inzwischen für mich einen bitteren Beigeschmack, denn irgendetwas in mir beginnt nun die Situation immer ernster zu nehmen. Ich verstehe auch immer besser, was wir da tun und weshalb dort draußen eine so heftige Diskussion rund um 5G entfacht ist. Mir wird aber auch klar, dass das Eingeständnis einer gefährlichen Technologie weitreichende politische und wirtschaftliche Konsequenzen hätte. Die angeblich unbedenklichen Grenzwerte müssten tatsächlich um Millionen Stellen Richtung Null korrigiert oder sogar auf null gesetzt werden, da selbst ein oder zwei Watt bereits fatale Folgen haben können. Auch unter der Voraussetzung, dass jeder Mensch individuell und anders auf diese Frequenzen reagiert, je nachdem, wie er auch vorbelastet ist. Mancher reagiert darauf mit Schlafstörungen, andere durch Aufmerksamkeitsdefizite oder Erschöpfung, Tinnitus, Augenreizungen, grauem Star, erhöhtem Blutdruck, Herzrhythmusstörungen, Migräne, Kopfschmerzen, Potenzstörungen, Gedächtnisstörungen, Blutbildveränderungen, beschleunigtem Krebswachstum, Allergien, Immunschwäche, und, und, und.

All das beschäftigt mich, während ich im Netz in unendliche Datenmengen eintauche und nach Informationen zum Für und

Wider suche. Dabei macht mir die Nutzung des Netzes langsam innerlich zu schaffen. Denn einerseits nutze ich es als Quelle und unsere Elektrosmog verursachende Technologie zum Schreiben dieses Buches am PC, andererseits spüre ich auch, wie das viele PC-Arbeiten eben für diese Zeilen, die Sie jetzt lesen, mich auslaugt. Ich frage mich nun öfter, auf was ich mich da nur eingelassen habe. Doch ich will auch Klarheit haben. Und so setze ich mich immer wieder mit dem herausfordernden Material auseinander.

> *„Man hat festgestellt, dass die Lymphozytenaktivität (bestimmte weiße Blutkörperchen) durch Handybestrahlung deutlich reduziert wird: Ein Handy wurde im Stand-by-Modus neben ein Reagenzglas gestellt und die Lumphozytenaktivität im zeitlichen Verlauf gemessen. Nach drei Stunden hatte sich diese bereits um 32%, nach 27 Stunden sogar um mehr als 52% vermindert. Die Neurobiologische Universitätsklinik Freiburg wies deutliche Blutdruckerhöhungen durch Handystrahlen nach. Es gibt viele Untersuchungen zum Thema, die ganz klar belegen, dass Mobilfunk schädlich ist. Die Ergebnisse werden jedoch ignoriert.“*[69]

Wir müssen also nicht in die Vergangenheit reisen und uns anschauen, was 1995 bis 2000 bereits zur Schädlichkeit von Mobilfunk postuliert wurde, sondern können uns anhand guter Dokumentationen auch informieren, was in den darauffolgenden Jahren bis in unsere heutige Zeit noch an kritischem Material zu finden ist. Wobei ich den Gedanken, dass bereits seit sehr langer Zeit bedenkliche Forschungen und Untersuchungen zur Schädlichkeit des Mobilfunks vorliegen und diese Technologie dennoch weiterhin bedenkenlos vermarktet wird, als äußerst beunruhigend empfinde. Wir handeln dabei wohl nach dem Herdentriebmodus: „Jeder macht es, also kann es nicht so schlimm sein". Deswegen surfen wir auf dieser uns bald überrollenden Technikwelle mit, reizen die Grenzen des biologisch Vertretbaren ordentlich aus, wohl wissend, dass nichts ausgeschlossen werden kann und dass Mobilfunktechnologie vielfach auch nachgewiesene schädlich wirkende Eigenschaften hat. Aber wir agieren hierbei wohl oft nach dem Motto: „Nimm mir nicht mein Handy, sonst bist du mein Feind!"

Doch wenden wir uns nun einem anderen Aspekt zu: der wachsenden Gruppe von Menschen, die gern von Herzen so wie wir leben würden, aber an dem, was wir „gesellschaftliches Leben" nennen, nicht mehr teilnehmen können. Weil sie die Technologieflut, mit der wir täglich angefangen von dem mit Elektronik ausgestatteten Auto, über die mit Elektronik ausgestatteten Supermärkte, Bankhäuser, PC-Arbeitsplätze oder zur Gewohnheit gewordenen Handys, Smartphones, elektronischen Aufzüge und das immer dichter werdende Mobilfunknetz nicht mehr verkraften können. Weil das, was wir „Fortschritt" nennen, für sie zu einer gesundheitlichen Bedrohung geworden ist.

Kapitel 4

Elektrosensible – Menschen auf der Flucht vor Technologie und Mobilfunk

> *Innerhalb des quantitativen ES–Screenings wurden 2406 Personen im Rahmen einer repräsentativen bundesweiten Erhebung telefonisch befragt. Davon konnten 167 Befragte anhand vorab festgelegter Kriterien als Elektrosensible identifiziert werden. Damit ergibt sich ein Anteil von 6 Prozent Elektrosensiblen in der bundesdeutschen Gesamtbevölkerung (ab 14 Jahre), ein Prävalenzwert, der sich in Übereinstimmung mit Orientierungswerten aus ähnlichen Repräsentativbefragungen des BfS befindet und innerhalb des bislang gemessenen Wertebereiches von 1,5 bis 10 Prozent liegt, wie er durch internationale Forschungsergebnisse sowie Abschätzungen verschiedener Interessensgruppen aufgespannt ist. Geht man von rund 69,9 Millionen Einwohnern (14 Jahre und älter) in Deutschland aus, ergibt sich eine Zahl von rund 4,2 Millionen Personen, die sich potenziell für ES–Kommunikation interessieren.*[70]

Wie wir in den vorherigen Kapiteln gesehen haben, wird das Risiko kleingeredet, nicht nur von der Regierung und der WHO, sondern auch von den Bürgern selbst.

Denn die WHO kommt als Resultat einer wissenschaftlichen Beratung zu einer Warnung vor dieser Technologie: Doch formuliert sie nicht, „Mobilfunk IST krebserregend", sondern „Mobilfunk ist möglicherweise krebserregend". Und diese geschickt eingesetzten Füllwörter geben dem Bürger das Gefühl: „Ach, ich kann unbedenklich damit weitermachen! Ja, es ist möglicherweise ein Risiko dabei, so wie beim Autofahren auch, aber mir wird schon nichts passieren. Ich passe ja auf. Zwar könnte es möglicherweise anders sein, aber man weiß es eben nicht genau und übrigens, die ganze Sache ist noch nicht genug erforscht und es fehlen letztlich schlagende empirische Beweise. Außerdem: Guck dich doch um, jeder macht es und nutzt es, sogar die Regierung, also wenn es schädlich wäre, würde ich es doch sehen, wie die Leute davon umkippen!"

Doch wir irren uns, denn es gibt tatsächlich bereits Menschen, die durch unsere Funktechnologie und elektrischen Geräte ohnmächtig werden oder am Boden liegen und sich vor Schmerzen krümmen. Sie sind nur nicht mehr in unserer Nähe zu finden, weil sie eben vor jeglicher Elektrizität fliehen. Diese Menschen gehören zwar auf dem Papier noch zur Gesellschaft, können aber an der Gesellschaft und dem gesellschaftlichen Leben nicht (mehr) teilhaben. Um ihr Dilemma zu verdeutlichen, möchte ich über eine Episode meiner Vergangenheit berichten.

Mein Leben in der Wildnis

Vor etwa 18 Jahren traf ich die Entscheidung, mein altes Leben zu beenden und ohne Vorbereitung auf das, was kommen würde, in der Natur ohne Strom, Elektrizität, fließend Wasser und auch Geld oder Sozialleistungen zu leben. Ein acht Meter langer und zweieinhalb Meter breiter, ziemlich wackeliger Bauwagen mit Holzofen und Camping-WC, Küche und Schlafbereich wurde auf einer 5000 m² großen, abgelegenen Obstwiese für die nächste Zeit mein Zuhause.

Holz bekam ich aus dem nahen Wald, wobei ich siebzig Zentimeter starke Stämme (Windbruch) mit Genehmigung des Oberbürgermeisters mit der Hand zersägte, es in einem alten Leiterwagen mit Holzrädern nach Hause karrte und dort per Hand mit Eisenkeilen spaltete. Danach zerkleinerte ich es mit der Handsäge in ofenfertige Teile und hatte so etwas Behaglichkeit in meiner alten, vom Winde umwehten Hütte. Für Licht sorgten Kerzen und Teelichter, Wasser holte ich mit Eimern vom Brunnen. Die Wäsche wusch ich mit einem alten Waschbrett mit Kernseife in einer Schüssel und mich selbst duschte ich am eiskalten Brunnen oder wusch mich, meine Haare und den Körper mit einer Schüssel warmes Wasser, welches ich vorher auf dem Holzofen erwärmt hatte.

Geld und Lebensmittel schöpfte ich aus dem großen Unbekannten, das immer für den sorgt, der sich voll hineinbegibt und seinen Geist nutzt. Trotzdem zweifelte ich manchmal wochen- oder monatelang, ob ich auf dieser Reise zurechtkommen würde. Denn über lange Zeit hinweg besaß ich oft nicht einmal eine „müde Mark" oder Euro. Doch gerade diese Praxis machte mir klar, dass ich zwar viel darüber gelesen, aber im Herzen nicht begriffen hatte, was ein derartiges Leben bedeutet.

Mein einziger Kontakt zur Außenwelt bestand in einem recht klobigen Handy, vom Typ Savy, dass ich von einem Besucher geschenkt bekommen hatte und bei lieben Menschen nach einem Fußmarsch ins Tal aufladen konnte.

Nebenbei trampte ich per Anhalter in die 55 Kilometer entfernte Hauptstadt meines damaligen Bundeslandes und leistete unentgeltlich fünf Jahre lang etwa sieben bis acht Stunden täglich – auch bei Minusgraden – als Streetworker ohne Rückhalt oder Anstellung in irgendeiner Organisation meinen Beitrag für die Gesellschaft. Ich saß auf einem Fell in der Fußgängerzone und half unzähligen Menschen, einen größeren Blickwinkel auf ihr Leben einzunehmen oder Wege aus ihrer emotionalen Krise zu finden. Ich half ihnen, mehr zu erkennen als das, was uns in unseren Augen in unserer zivilisierten, mit vielen Annehmlichkeiten versehenen Welt so überaus wichtig erscheint.

Ich wollte auf diese Art und Weise das, was ich im Leben gelernt und begriffen hatte, an jene, die gerade „um die Ecke" kamen, weitergeben. Und es kamen viele. Um mich zu bespucken und als Spinner zu bezeichnen und als Kuriosität zu fotografieren, aber auch, um sich mit mir zu unterhalten und meinen Rat zu suchen.

Nun, diese Zeit war eine harte, aber auch lehrreiche und zugleich wunderschöne Zeit, in der sich meine Haare schnell von dunkelblond zu weiß verfärbten und mein stolzer Geist, der glaubte, viel zu wissen, demütiger wurde. Ich lernte die kleinen unbedeutenden Dinge des Lebens wertzuschätzen.

Aber ich genoss auch eine Freiheit, die heute, wo alles mit allem bis ins kleinste Detail vernetzt ist, jeder über jeden alles „googeln" kann und es keine weißen Flecken auf der (inzwischen gesetzlich kontrollierten) Landkarte mehr gibt, höchst selten ist. Das gab mir großen Frieden, der sich manchmal fast schon überirdisch in meinem Herzen ausbreitete. Andere Menschen, die in ihrem Hamsterrad aus ständigen Pflichten und Abgaben oder im Konsumrausch gefangen waren, wurden davon berührt, ohne dass ich ein Wort sagen musste.

Leider zwangen mich bestimmte Umstände, dieses wilde, freie Leben aufzugeben, sonst wäre ich wohl nicht in die Zivilisation zurückgekehrt und hätte vielleicht auch niemals dieses Buch geschrieben. Doch die Wertschätzung und Dankbarkeit für die kleinen Dinge des Lebens – wie ein Dach über dem Kopf, eine warme, einfache Mahlzeit, etwas Geld für die täglichen Bedürfnisse oder den Luxus einer warmen Dusche und Waschmaschine, einen guten, echten Freund, usw. – nahm ich mit.

Heute bestürzt es mich zu sehen, wie Leute über ihr Essen und ihren Luxus meckern. Wie sie alles haben, ohne jedoch Ruhe und inneren Frieden zu finden. Wir werfen für Milliarden Euro gute Lebensmittel weg, während anderswo Millionen Menschen verhungern oder am Existenzminimum vegetieren. Ich passe wohl doch nicht mehr ganz in unsere zivilisierte, recht überheblich und arrogant gewordene Welt, wo gutes Aussehen, Luxus oder Leben für den Genuss alles ist, während die kleinen unbedeutenden Dinge des täglichen Bedarfs selbstverständlich geworden sind.

Ich habe heute wieder einen Job und damit ein regelmäßiges Einkommen und könnte mir einen Superluxus-Fernseher über die ganze Wand leicht leisten. Aber Konsum und das Anhäufen von immer mehr Luxus und Reichtum ist mir fremd geworden. Ich verteufle Technologie jedoch nicht, besitze heute auch einen Laptop, auf dem ich meine Bücher schreibe. Ich nutze E-Mail und halte so Kontakt zu einigen wenigen Menschen.

All das musste ich erst wieder lernen, als ich nur mit einer Tasche voller Kleidungsstücke und blutendem Herzen aus der Wildnis zurückkehrte. Es gibt jedoch Menschen, denen diese Erfahrung, die ich freiwillig machte, aufgezwungen wird!

Elektrosensible Menschen

Diese Menschen sind im wahrsten Sinne des Wortes von unserer heutigen Welt, der Zivilisation und ihren Errungenschaften abgeschnitten. Sie sind auf der Flucht vor der Zivilisation und ihrer viel geschätzten Modeerscheinung – der Technologie – einfach aus der Notwendigkeit heraus, zu überleben.

Im Gegensatz zu mir würden sie liebend gern all den Luxus von Kino und Smartphone, Internet, Onlinebestellungen und leichten Kontakt mit Freunden oder Verwandten haben wollen. Sie können es aber nicht, weil sie ein Problem mit unserer Technologie haben. Und so kämpfen sie täglich gegen den Wahnsinn, Aussätzige zu sein, in einer Welt, die feiert oder lacht, weint, diskutiert, genießt oder was auch immer tut, um etwas, das sich Leben nennt, zu spüren.

Einige dieser Menschen waren einmal wie wir. Sie hatten einen Job, eine Familie, ein Einkommen, ein Auto, einen Laptop oder was auch immer wir sonst noch haben. Sie waren Lehrer, Webdesigner, Musiker oder sogar Techniker, bauten vielleicht Mobilfunkmasten und halfen, die moderne Infrastruktur aufzubauen.

Und dann kam alles anders, denn eines Tages, in einem bestimmten Moment, ging plötzlich alles nicht mehr. Anfangs durchliefen sie noch verschiedenen Phasen, denn sie mussten erst einmal begreifen, was mit ihnen geschah. Sie gingen zu Ärzten, die äußerlich meist nichts fanden, ihnen Tabletten verschrieben, es auf Einbildung und psychosomatische Probleme schoben oder sie einfach, wie „normale Leute“, zu Kuren schickten.

Elektrosensible sehen aus Sicht der Ärzte schließlich gesund aus und geistig sind sie doch eigentlich normal und auch klar ansprechbar, also was soll ihnen fehlen? Deshalb kommt von der Medizin oft die Diagnose: bereit für den Arbeitsmarkt. Und hier beginnen die Probleme: das Problem – wie sollen sie denn Autos fahren, die vor Elektronik nur so überquellen? Oder wie sich anderen Menschen nähern, die ein eingeschaltetes Handy bei sich tragen? Einige wenige von ihnen haben Glück, finden in der Kur etwas Ruhe und Entspannung, insofern nicht zu viele elektrische Geräte in der Nähe sind. Doch wenn sie in den Alltag zurückkehren, geht der Stress von neuem los. Diese Elektro- oder Mobilfunksensiblen scheinen wie die Bienen sehr feine Antennen zu haben, die sich bei ihnen innerlich bemerkbar machen, wenn sie mit elektromagnetischen Feldern oder Mobilfunk in Kontakt kommen.

Und diese Gruppe ist – wenn wir uns mit Literatur wie „Ein schönes Gefängnis – Auf der Flucht vor Elektrizität und Mobilfunkstrahlung“ von Gunilla Ladberg beschäftigen (Vertrieb über die Bürgerwelle e.V.) – sehr vielschichtig. Sowohl was Alter und Geschlecht wie auch berufliche Qualifikation und Werdegang betrifft: Sogar Babys, Kleinkinder oder Schüler zeigten elektrosensible Merkmale. Und die Öffentlichkeit spielt dieses Thema leider oft ins Lächerliche herab oder nimmt es nicht ernst. Offiziell werden diese ersten Opfer unserer zivilisierten, hoch technologisierten Welt aber kaum – oder nur am Rande erwähnt, und Elektrosensibilität gilt – zumindest in Deutschland – nicht als Krankheitsbild. Die Zahl schwankt von angeblich nur ein bis höchstens zwei Prozent der Bevölkerung (laut den Befürwortern des Mobilfunks) bis hin zu neun oder fast schon zehn Prozent der Bevölkerung, laut der Bürgerwelle e.V., und anderen Vereinen, die sich intensiv und praxisnah mit Betroffenen befassen. Wobei die Dunkelziffer bei bis zu 40% der Bevölkerung liegen soll, da es keine offiziellen Erhebungen gibt und viele Menschen noch gar nicht wissen, dass sie womöglich hier sehr (elektro-) sensibel sind.

Der Versuch einer Definition

Das Problem mit der Elektrosensibilität ergibt sich auch daraus, dass viele heutige Krankheitsbilder auch auf die Elektrosensiblen zutreffen und daher nicht genau definiert werden können, ob sie wirklich an elektrischen Geräten oder etwas anderem leiden. Deshalb werden sie schlichtweg nicht ernst genommen. Konkrete Zahlen sind selten. Meine Anfrage an den Verein für Elektrosensible wurde folgendermaßen beantwortet:

> *„Zu Ihrer 1. Frage bezüglich konkreter Zahlen zu EHS: (Elektro Hyper Sensibilität / Anm. d. Autors) Auch wir hätten gerne belastbare Zahlen, denn wir sehen, dass die Anzahl der Betroffenen stetig steigt. Eine offizielle Erhebung gibt es jedoch nicht und diese wird es auch nicht geben, solange die Existenz des Krankheitsbildes EHS von offizieller Seite negiert wird. Gerade im Hinblick auf den geplanten Ausbau des 5G Netzes ist eine verstärkte Aktivität aller amtlichen Entscheidungsträger zu spüren, das Problem mit den „sogenannten Elektrosensiblen“ – so der offizielle Duktus – auch weiterhin kleinzureden und kleinhalten zu können. So liegt es in der Natur der Sache, dass offizielle Schätzungen viel zu niedrig sind und die Dunkelziffer entsprechend hoch sein dürfte. Wir gehen davon aus, dass ca. 35 – 40 % der Bevölkerung betroffen sind.“*[71]

Auf meine Frage, wie man denn nun das Krankheitsbild beschreiben könne, kam folgende Antwort:

> *„Neben der Belastung durch elektromagnetische Felder gibt es natürlich noch eine Reihe anderer*

schädlicher Umwelteinflüsse. Wir stellen fest, dass vor allem Schwermetallbelastung (Quecksilber) und Chemikalienunverträglichkeiten (Parfums, Duftstoffe, Druckerschwärze, Waschmittel und Seifen) sehr häufig auch bei Menschen vorkommen, die unter elektromagnetischer Hypersensitivität (EHS) leiden. Viele EHS-Betroffene klagen in der Tat über eine zunehmende Chemikalienunverträglichkeit, besonders gegenüber synthetischen Duftstoffen in Shampoos, Deos usw. Es gibt Mediziner, die aufgrund ihrer Erfahrungen aus der ärztlichen Praxis davon ausgehen, dass mit Amalgam der entscheidende Grundstein für die „Karriere" vieler EHS-Betroffener gelegt wurde.

Das entscheidende Merkmal von EHS ist jedoch, dass die gesundheitlichen Beschwerden im unmittelbaren Zusammenhang mit der Exposition von elektromagnetischen Feldern auftreten und dass diese Beschwerden bei gleicher Expositionsquelle auch immer dieselben sind, d.h. sie sind reproduzierbar. Es treten somit akute körperliche Beschwerden bei zeitgleicher Exposition mit einer Strahlenquelle auf. Beispiel: Wenn der Nachbar per WLAN im Internet surft, klagt ein EHS-Betroffener in der Wohnung nebenan über migräneartige Kopfschmerzen. Wird das WLAN ausgeschaltet klingen die Beschwerden langsam ab. Es gibt aber auch Beschwerden, die erst später einsetzen oder nachhaltiger sind. Jeder, der weiß, dass er elektrohypersensitiv ist, der weiß auch aufgrund seiner am eigenen Leib gemachten Erfahrungswerte, mit welcher Symptomatik sein Körper auf welche Strahlenquelle reagiert. Umgekehrt klingen genau diese Beschwerden ab, wenn die betreffende Strahlenquelle eliminiert wird oder wenn sich die

Betroffenen der Strahlenquelle durch Flucht in ein (noch) unbelastetes Gebiet entziehen. Da die Dunkelziffer sehr hoch ist, wäre aus wissenschaftlicher Sicht der Karenzversuch die einzige sichere Methodik, um EHS nachzuweisen, wohingegen die im Labor durchgeführten Befeldungsversuche nach dem „Licht-einschalten-Licht-ausschalten"-Prinzip im wissenschaftlichen Sinne nur belegen, dass der menschliche Organismus keine Glühbirne ist. (Insbesondere sind die expositionsfreien Intervalle viel zu kurz, als dass eine erneute Befeldung von einer vorhergegangenen unterschieden werden könnte.)

Wer noch nie in seinem Leben in einem Funkloch geschlafen hat, der hat auch keine Referenz darüber wie sich gesunder, erholsamer Schlaf anfühlt. Anstatt den vielfach zunehmenden Klagen über Schlafstörungen in einem WLAN-belasteten Schlaflabor nachzugehen, wäre es aus wissenschaftlicher Sicht sinnvoller, den Betroffenen eine funkfreie Zelle zur Verfügung zu stellen, um zu testen, ob sich die Schlafqualität in einer Umgebung, die EMF-unbelastet ist (EMF = Elektro-Magnetische Felder / Anm. d. Autors), verbessert. Gerade Schlafstörungen sind ein maßgebliches Indiz für eine Belastung durch EMF.

In diesem Zusammenhang sei auf einen weitverbreiteten Irrtum hingewiesen: Der Organismus elektrohypersensitiver Menschen reagiert mit einer physiologischen Betriebsstörung, sobald dieser elektromagnetischen Feldern ausgesetzt wird. Das bedeutet aber nicht, dass alle anderen, die nichts merken, auch keine gesundheitlichen Auswirkungen zu befürchten haben. Ganz im Gegenteil: Wir sehen, dass gerade Menschen, die sich selber als immun gegenüber der hochfrequenten Strahlung wähnten, im Laufe der Zeit sehr ernstzunehmende Krankheitsverläufe entwickeln bis hin zum Krebs.

Eine Noxe ist und bleibt eine Noxe und unser Körper reagiert darauf, bei dem einen sofort, bei dem anderen später, dann leider oft mit einem noch größeren Schaden.[72]

Was bedeutet Elektrosensibilität?

Um diese Frage zu klären, ließ ich mich inspirieren von Gunilla Ladbergs Buch „Ein schönes Gefängnis: Auf der Flucht vor Elektrizität und Mobilfunkstrahlung“:

Manchmal ist der Auslöser ein komplett mit neuester Elektronik ausgestatteter Arbeitsplatz, oder bei Kindern in Schulen wird plötzlich WLAN oder Computer angeschafft. Ein Mobilfunkmast wird neu gebaut oder von seiner Sendeleistung aufgestockt. (Was mit 5G ja massiv praktiziert wird.) Manche Menschen reagieren sensibel bei Einschalten des Elektro-Herdes oder weil der Nachbar neue elektrische Geräte angeschafft hat. Oder es ist kein konkreter Auslöser erkennbar, sondern der Körper kann nicht mehr und das Fass ist nun – nach all der Strahlung, der wir täglich ausgesetzt waren – übervoll. Wir alle konsumieren ja „einen Tropfen“ und ein „bisschen“ Internet hier, ein „wenig“ Smartphone-Surfen da, eine Fernsehsendung hier und etwas Bildschirmarbeit am Arbeitsplatz da.

Was auch immer der Auslöser ist, irgendwann geht unser mit Technologie gespicktes Leben bei diesen Leuten gar nicht mehr. Irgendwann, nach vielen Kämpfen, Suchen, Experimenten und zahllosen verschiedenen Arztbesuchen und negativen Expertenerlebnissen dämmert es den Betroffenen, dass sie elektrosensibel sind. Und sie testen sich selbst, indem sie in Funklöcher ziehen oder sich von diesen „Gefahrenherden“ fernhalten und bemerken recht schnell, dass sie sich besser fühlen, je weiter sie davon entfernt sind. Manche Elektrosensible gehen auch bewusst zu Elektrozäunen oder Mobilfunkmasten, um zu schauen, was mit ihnen passiert. Sie wollen austesten, was sie im Abstand zu den jeweiligen Strahlenquellen noch ertragen können. Es sind also keine dummen Menschen, die kein Gespür für ihren Körper und die Realität mehr haben.

Nach Erkennen ihrer Beschwerden stellt sich den Betroffenen die Frage: stark oder schwach elektrosensibel? Denn hier gibt es viele Abstufungen und Grauzonen.

Bei schwacher Elektrosensibilität haben die Betroffenen noch Glück: Ein paar Messungen und Änderungen, wie der Austausch oder das Abschalten von Störquellen wie WLAN und DECT-Netze/Telefone usw., bringt Erleichterung. Und ab jetzt heißt es dann aufpassen, die schmerzempfindliche Dosis nicht zu überschreiten, so wie es Diabetiker oder Allergiker ständig machen müssen.

Doch stärker empfindliche Elektrosensible haben dann Pech und können nur weit weg von all dem fliehen. Oft kommt es damit einhergehend zu Konflikten, Ersparnisse werden aufgebraucht, Ehe und Familienbande zerbrechen, Freundschaften gehen zu Ende. Doch am Ende bleibt nichts anderes als wegzuziehen. Irgendwo in die Natur, wo es keine Mobilfunkmasten gibt, keine Stromleitung gelegt wurde und kein teurer Fernseher, Waschmaschine, Radio, Elektroherd, Föhn, elektrische Zahnbürste, Handyempfang, elektrisches Licht oder Stromzähler existieren.

„Finde einmal so einen Ort, wo die Bundesregierung und die Mobilfunkbranche es sich doch zum erklärten Ziel gemacht haben, jedes bestehende Funkloch auf der Welt zu schließen“, meinen voller Schmerz die Elektrosensiblen. Und heute wird es noch schwieriger, wo unzählige neue Satelliten ins All geschossen werden, um dieses Problem der mangelnden Funkverbindung zu beheben. Am neuen Ort ist für Elektrosensible dann erst mal Probewohnen angesagt: Doch welcher Vermieter oder welche Gemeinde macht das mit? Und welche Wohnung oder welches Haus ist noch strahlungsfrei oder hat keine Elektrizität? Und wie soll man dort, wenn man nicht mehr in elektronischen Autos fahren kann oder an elektronischen Kassen bezahlen und einkaufen kann, überleben? Welcher Autohändler liefert noch Uralt-Autos ohne Elektronik, wobei Elektroautos ein absolutes „Geht-Nicht“ sind? Und woher soll überhaupt das Geld kommen, die eigene Existenz zu bestreiten, obwohl die Betroffenen doch einmal einen guten Beruf hatten und nun nicht einmal mehr in die Computerbüros der Harz-4-Behörde zu einem Gespräch kommen und einen Antrag stellen können?

Oft verstehen die Mitarbeiter oder zur Gesundheitsprüfung eingeschalteten Ärzte dann außerdem nicht, weshalb ein Elektrosensibler nicht „normal“ arbeiten geht. Er sieht doch gesund aus und macht einen geistig gesunden Eindruck? Also muss er sich auch bemühen oder aber er bekommt kein Geld. Und Rente? Wofür bitte schön, wenn er doch nur simuliert, es sich alles nur einbildet oder Elektrosensibilität in Deutschland und anderen Ländern nicht als Behinderung gilt.

Wenn dann der neue Ort, den man endlich mit viel Mühe gefunden hat, wieder nicht stimmt, und dort die ganze Palette an Beschwerden wieder auftritt – heißt es wieder umziehen. Wieder suchen und wieder probewohnen, bis ein passender Ort gefunden ist. Ohne staatliche Hilfe und Geldmittel, denn Elektrosensibilität ist ja ein Hirngespinst, etwas, das es einfach nicht gibt.

Professoren postulieren, irgendwo habe man den Menschen in einer Studie einmal eingeredet, dass sie von elektromagnetischen Feldern krank werden und daraufhin seien sie so sehr in Panik geraten, dass sie tatsächlich krank geworden seien. Es ist also „erwiesen“: Elektrosensible sind psychisch krank, leiden an Einbildungen und die Medien stürzen sich wie Geier darauf. Sogar in Kirchen gibt es ja Lautsprecheranlagen und Lichterketten. Also, was soll das ganze Theater?

Und so ist der Umgang mit den Elektrosensiblen recht heikel, sogar im engen Verwandten-, Freundes- und Familienkreis. Denn Elektrosensibilität bedeutet: keine Geburtstagsbesuche, keine gemeinsamen Fernsehabende, keine strahlenden Galaabende mit starken Lichtkegeln und elektronisch gepulsten sauber gefliesten Toilettenanlagen mit Bewegungsmeldern mehr. Keine Autofahrten in mit Elektronik überquellenden Automobilen. Keine Einkäufe in Supermärkten mit elektronischen Kassen, Türen, Kameras. Keine Kinobesuche oder Cafebesuche, kein Chatten via Skype und Onlinesurfen. Ganze Branchen und Industriezweige würden untergehen, wenn wir plötzlich alle elektrosensibel wären. Und wir auch, wenn wir den Luxus, den uns diese elektronische Welt bietet, nicht mehr nutzen könnten.

Und so sitzen die Elektrosensiblen plötzlich einsam und verlassen irgendwo abgeschnitten von der Welt im Wald, umgeben von nichts, beladen mit Schmerzen, die in Wellen kommen und gehen. Sie feiern jeden Tag, an dem es ihnen besser geht und versuchen die Selbstmordgedanken zu verdrängen, obwohl sie doch Teil dieser angeblich modernen und zivilisierten Welt sind. Aber sie sind eben ein vergessener und sehr unbequemer Teil.

Unbequem für die Industrie, für die Politik mit ihren weltumspannenden Plänen, für das gesellschaftliche Leben, für eine gesunde Nachbarschaft, für die eigenen Kinder und die eigene Familie, die man nicht mehr besuchen kann. Denn wer ist bereit, auf einen Elekrosensiblen, der ins Nachbarhaus einzieht, Rücksicht zu nehmen und auf Handy oder WLAN zu verzichten, damit dieser auch einen Platz in unserer Nachbarschaft zum Leben bekommt? Welches Familienmitglied möchte nur noch aus

Rücksicht auf die Mama oder die Kinder bei Kerzenschein sitzen?

Und doch könnten wir bei all der mit 5G kommenden Technikflut und den immer dichter werdenden smarten Netzen bald die Nächsten sein. Und dann würden wir, so wie die Elektrosensiblen, erkennen, in welchem schönen Gefängnis aus Frequenzen und gesundheitlich belastenden Feldern wir eigentlich leben.

Der Freiburger Appell

Wissenschaftler aber auch Politiker ahnen, das sich hier in Zukunft etwas ändern wird. In einem Artikel bei www.zeit.de vom 20.10.2005 heißt es unter dem Titel „Macht Mobilfunk krank?":

> *„Selbst die Strahlenschutzkommission, welche die Bundesregierung berät und nicht im Verdacht steht, Gefahren zu übertreiben, warnt in ihrem Jahresbericht: „Ein zunehmend drängendes Problem besteht darin, dass in der menschlichen Umgebung die Zahl der Geräte, die elektromagnetische Felder produzieren, dramatisch zunimmt." Jedes einzelne Gerät bleibe zwar unterhalb der Grenzwerte, aber in der Summe bestünde durchaus die Gefahr, dass sie überschritten würden. Zudem sind diese Werte eine Art Hilfskonstruktion. Sie schließen nur aus, dass es zu einer Erwärmung von Gewebe kommt. Ob aber eine Strahlenbelastung auch unterhalb der Grenzwerte schädlich ist, gilt bis heute als umstritten. Erste Hinweise darauf gibt es durchaus, aber noch keine wissenschaftlichen Nachweise."*[73]

Der Artikel erschien bereits Ende 2005, lange Zeit vor der Einführung von 5G. Mit der Einführung von 5G wird alles nun noch viel dichter vernetzt, so dass es bald keinerlei Lücken im System der dann grenzenlosen 5G-Datenerfassung mehr gibt. Und so bleibt die essenzielle Frage bestehen: Wie wird unser Körper wohl auf diese Massen an künstlichen Signalen reagieren, wenn es vom Nordpol bis zum Südpol und bis tief in Ihren Keller kein Entkommen mehr gibt? Wir sind ja nicht an künstlich erzeugte elektrische oder elektromagnetisch gepulste Felder, sondern seit Jahrmillionen an andere Felder (die der Natur) angepasst. Lassen wir doch hier eine Studie, ebenfalls schon im Jahr 2003 gemacht, zu uns sprechen, in welcher 72 Personen in mehreren Versuchsreihen einer kurzfristigen Bestrahlung von GSM-Funk von 0,9 Ghz und 1,8 GHz und UMTS-Funk 2,1 GHz ausgesetzt wurden:

> *„Die Expositionszeiten betrugen 45 Min, 90 Min. und 135 Min, gearbeitet wurde im Doppelblindverfahren, d. h., weder der Untersucher noch der Proband wußten, ob die Antenne strahlt oder nicht, ob eine reale oder nur scheinbare Placebo-Exposition durchgeführt wurde. Die Feldstärke betrug 1 V/m, was einer Leistungsflussdichte von 300 nW/ cm² entspricht, einer Strahlung, die im Hauptstrahl einer 15 Watt-Antenne noch in etwa 150 m erreicht wird."*

Diese Studie kommt dann zu folgendem Resultat:

> *„Interessanterweise zeigte sich sowohl bei der Elektrosensiblen als auch bei der nicht-elektrosensiblen Gruppe unter UMTS-Bestrahlung eine signifikante Zunahme von Störungen der „kognitiven Fähigkeiten", als da wären Reaktionszeitverlangsamung, deutlich verminderte optische Erkennungs- Aufmerksamkeits- und Gedächtnisleistungen u.a. Des Weiteren wurden*

Symptome vegetativer Befindlichkeit bzw. „Störungen des Wohlbefindens" untersucht, die nach der WHO-Definition als wesentlicher Teil von Gesundheit zu gelten haben."[74]

Durch diese eigentlich jederzeit wiederholbaren „Feldversuche" am Menschen könnte sogar heute jederzeit eine negative Wirkung auf den Menschen oder auch die Umwelt nachgewiesen werden.

Hier eine (nicht vollumfängliche) Liste mit Beschwerden, die teilweise Parallelen zu Elektrosensiblen aufweisen können, wobei statistische Erhebungen für Deutschland ergaben:

- 15% der Bevölkerung mit dem Krankheitsbild Burnoutsyndrom
- 7,7% je 100.000 Einwohner, die bis 49 an Krebs erkranken
- 17 Todesfälle je 100.000 Einwohner jährlich durch Smog (Sept. 2015)
- 50.000 Herzinfarkttote pro Jahr (2017)
- 1,8 Millionen chronisch Kranke (Diabetes, Herzrhythmusstörungen etc., seit 2006)
- 25.100 Tote durch Influenza/Grippe im Jahr 2017/2018
- 1,5% – 9% Elektrosensible
- 1-3% Internetsüchtige, davon fast 300.000 Jugendliche
- 4,6% problematische Vielsurfer mit vier oder mehr Stunden online pro Tag
- jeder 10. deutsche Schüler wurde online schon gemobbt (2017)
- jeder 5. Schüler hat dabei schon über Suizid nachgedacht

Hier geschieht etwas, auf das wir ein wachsames Auge haben und das wir mit den Möglichkeiten der Wissenschaft unbedingt untersuchen sollten. Etwas, auf das Ärzte schon seit einiger Zeit aufmerksam machen. Durch ihren täglichen Umgang mit den auftretenden Symptomen kamen sie zu Schlussfolgerungen, die sogar in einem über die Landesgrenzen hinaus bekannt gewordenen Appell an die Regierung darin mündeten, dringend einzuschreiten. Anfangs waren es dutzende, dann hunderte, jetzt sind es bereits tausende Ärzte und Unterzeichnende weltweit, die sich dem Freiburger Appell angeschlossen haben. Darunter auch die deutsche Ärztekammer, die sich dem heute weltweiten Appell gegen den Ausbau von Mobilfunk und 5G anschloss, einfach weil ihre Mitglieder in ihrer täglichen Praxis erfahren, dass viele Symptome und Krankheiten oder Beschwerden verschwinden, wenn die Funk-, DECT oder Mobilfunkquellen wie Sendemasten oder Handys ausgeschaltet werden.

> *„Vor über 10 Jahren wandten sich Ärzte aus Sorge um die Gesundheit ihrer Mitmenschen mit dem* ***Freiburger Appell*** *an ihre Kolleginnen und Kollegen, die Öffentlichkeit und die Verantwortlichen in Gesundheitswesen und Politik. Ihr Appell, der eindringlich vor den Gefahren der Funkstrahlung und Elektrosmog warnte, wurde in viele Sprachen übersetzt und von über 1000 Ärzten und weltweit über 36.000 Unterzeichnern unterstützt. Die deutsche* ***Bundesärztekammer*** *schloss sich den Forderungen der* ***Salzburger Konferenz*** *vom 7.-8. Juni 2000 an und forderte* ***drastische Senkungen der Grenzwerte*** *für Mobilfunkstrahlung.*
>
> *In den Jahren seither haben sich die* ***Hinweise auf gravierende Risiken*** *weltweit vervielfacht und verdichtet. In räumlicher und zeitlicher Nähe zu den Funkbelastungen vor allem durch intensive Handynutzung, DECT-Telefone, W-Lan und nahe Sendeantennen beobachten wir Ärzte eine deutliche Zunahme von Symptomen wie Ein- und Durchschlafstörungen, chronische Erschöpfung,*

Kopfschmerzen, Migräne, Schwindel, Tinnitus, Blutdruckentgleisungen und Arrhythmien, Konzentrations- und Gedächtnisprobleme, Lern- und Verhaltensstörungen, bei Kindern ein immer häufigeres Auftreten von ADHS. Zahlreiche Studien unabhängiger Wissenschaftler haben viele der ärztlichen Beobachtungen inzwischen bestätigt.“[475]

Die Politik antwortet auf diesen Appell heute auf ihre Art und Weise: Indem sie den Mobilfunk trotz des Ärzte-Appells fördert und kräftig daran mitverdient, zum Beispiel durch die Versteigerung der Rechte für das 5G-Netz, und indem sie einen milliardenschweren Fond für das flächendeckende 5G-Netz einrichtet. So erklärt sie zwar, dass sie bereit ist, den Kontakt zum Bürger und das offene Gespräch zu suchen, ignoriert jedoch gleichzeitig solche Appelle und baut weiter Anlage für Anlage, Funkturm für Funkturm. Vielleicht müssen wir – wenn die besorgten Ärzte wider Erwarten doch Recht behalten – bald dann die noch in Deutschland bestehenden Bunkeranlagen aus dem 2. Weltkrieg in Behandlungsräume für Elektrosensible umwandeln? Werden diese geplagten Wesen dort dann etwas Ruhe und Entspannung finden? Das klingt zynisch, doch ist auch ernst gemeint. Denn wo sollen all die 5G-Sensiblen, die immer zahlreicher sogar in den Augen der Ärzte des Freiburger Appells werden, in Zukunft leben, wenn „5G-allmächtig“ unsere komplette Infrastruktur durchdringt und jeden Sektor des Lebens beherrscht?

Mein persönliches Fazit

Viele Menschen halten den momentanen Technologieanstieg für erstrebenswert und wunderschön. Oder ist das nur eine Seite der Medaille? Wenn tausende Elektrosensible und sogar Ärzte vor dem Ausbau der 5. Generation warnen, dann kann man vielleicht bald nur noch in abgeschiedenen Orten ohne gesundheitliche Risiken leben. Doch wo sollen wir diese zukünftig mit dem weltumspannenden 5G-Netzausbau noch finden?

Hinzu kommt, dass eine wachsende Zahl dieser Menschen nicht aus Menschen, die „zu viel in die Röhre guckten", besteht, sondern auch aus hochqualifizierten Fachkräften, deren Immunsystem einfach nicht mehr mit der wachsenden Funkdichte zurechtkommt.

Das wird – langfristig betrachtet – ein zunehmendes Problem darstellen. Vor allem dann wohl auch in Deutschland, wo hochqualifizierte Mitarbeiter bereits jetzt Mangelware sind. Für diese "technisch-sensiblen" Minderheiten muss es so aussehen, als ob die Apokalypse auf uns zukommt: Denn Politik und Wirtschaft planen ja die Schließung aller Funklöcher beim gleichzeitigen Umbau und der schrittweisen Frequenzanhebung auf 5G oder später 6G. Nicht nur in Deutschland, sondern in der ganzen Welt!

Einer schriftlichen Anfrage an das Europäische Parlament vom 07. Mai 2009 entnehme ich, dass bereits im Jahr 2009 das Bundesamt bekannt gab, dass schätzungsweise 6% der deutschen Bevölkerung elektrosensibel waren, auch wenn es keine konkreten Datenerhebungen gibt. Tendenz steigend.[76]

Heute haben wir das Jahr 2020, und das Mobilfunknetz und auch viele andere technische Anwendungen sind sehr viel dichter geworden. Was bedeutet, dass mit großer Wahrscheinlichkeit sehr viele Menschen mehr an Elektrosmog oder Sensibilität leiden, einfach, weil wir immer mehr Zeit vor, an und mit technischen Geräten verbringen. Dennoch findet man bis heute keine eindeutigen Erhebungen zu den tatsächlichen Zahlen der Elektrosensiblen in Deutschland und der EU, dabei schreiben manche dieser elektrosensiblen Menschen sehr berührende, persönliche Erfahrungsberichte, wie sie mit ihrer Krankheit umgehen (müssen). Viele wären gern noch ein Teil der Gesellschaft, was sie aber aufgrund ihrer Krankheitsbilder und Elektroallergien nicht sein können, wenn sie nicht starke Schmerzen haben wollen. (Literaturtipp: Carolin Sandler mit ihrem bewegenden Werk „Offline-Modus aktiviert: Meine unfreiwillige Flucht vor dem Mobilfunk".)

Schweden als Ausnahmeland für Elektrosensible?

Oft wird im Zusammenhang mit der heiklen Thematik der Elektrosensiblen erwähnt, dass Schweden so wie jetzt in der Coronapandemie einen anderen Weg mit der „dort bereits anerkannten Krankheit" Elektrosensibilität geht und diese dort als Behinderung anerkannt ist. Demzufolge seien dort "bessere Bedingungen" für diese „Randgruppe der Bevölkerung" geschaffen.

Das stimmt nur bedingt, denn eine diesbezügliche Recherche über Elektrosensibilität in Schweden ergab ein anderes Bild: Der Interessenverbund für Elektrosensible in Schweden wird zwar vom Staat unterstützt, bekommt also Geld (und zwar recht großzügig). Und es gibt auch einige Ärzte, die Elektrosensibilität in die Diagnosekategorie R68.8 einordnen, das sind „andere, spezifizierte, generelle Symptome und Krankheitsanzeichen" (sie nutzen also ein Schlupfloch).

Aber Elektrosensibilität an sich ist keine anerkannte Diagnose in Schweden. Sowohl der Staat und die Gesundheitsbehörde erkennen den Zusammenhang zwischen den Beschwerden und der Strahlung des Mobilfunks demnach auch dort noch **nicht** an.

Nach extensiver Forschung und gescheiterten Versuchen in den 90er Jahren, einen Kompromiss zu erzielen, wird jetzt Geld an den Interessenverbund gegeben, damit dieser helfen und z.B.

strahlungsfreie Zonen einrichten kann, wenn irgendwo jemand über Beschwerden klagt.

Das lenkt von der Tatsache ab, dass Elektrosensibilität keine anerkannte Krankheit in Schweden ist. Eine „Funktionsstörung" oder „Funktionsbehinderung" braucht ja normalerweise eine Diagnose und die gibt es eben in Schweden auch (noch) nicht. Da Schweden aber nicht gerne streiten, geben sie jemandem, der bspw. über Beschwerden aufgrund von Computerarbeit klagt, das Etikett „Funktionsbehinderung", rufen den Interessenverbund an, der dann sein Geld nutzt, um in der Gemeinde einen strahlungsfreien Raum einzurichten.

Hier wird einfach ein gesellschaftlicher Streitpunkt auf schwedische Art „stillgelegt".

Das ist kein Fortschritt auf dem Weg, die schädlichen Folgen von niedrigdosierter, elektromagnetischer Strahlung anzuerkennen, aber immerhin ein schwedischer Mittelweg, um Geschädigte auch auf politischem Wege nicht ganz allein zu lassen. Schweden mögen es nicht, wie mir Ortsansässige erklärten, wenn es Streit gibt. Solche ausufernden Debatten wie in Deutschland sind dort absolut unüblich.[77]

Daher bleibt nur als Schlussgedanke anzumerken, dass es hier noch viel zu tun gibt. Und wahrscheinlich mit dem leistungsfähigen 5G-Standard unter Berücksichtigung der nichtthermischen Wirkungen künftig noch mehr zu tun geben wird.

Kapitel 5

Bienen-, Wald- und Artensterben und andere Nebenwirkungen von Mobilfunk und 5G

> *Wenn die Biene einmal von der Erde verschwindet, hat der Mensch nur noch vier Jahre zu leben.*
> Albert Einstein, 1949

Honigbiene
(Quelle: www.pixabay.com)

Das Bienen-, Insekten- und Artensterben gibt seit Jahrzehnten in vielen Ländern unserer Welt immer wieder Grund zur Besorgnis. Imker und Naturschützer warnen hier seit vielen Jahren vor den Auswirkungen der drastischen Schrumpfung des für die Landwirtschaft und die Ernährung lebensnotwendigen Insektenbestandes. Die Gründe dafür sind jedoch angeblich – wie wir es auch von der gesundheitlichen Wirkung von Mobilfunk, genmanipulierter Nahrung, Mikroplastik, Fastfood und vielem anderen kennen – wieder einmal umstritten.

Insektensterben durch die industrielle Landwirtschaft

Wer sich eingehender damit beschäftigt, stößt beim mysteriösen Verschwinden der Insektenvielfalt zumindest auf einen Verursacher: die industrielle Landwirtschaft mit ihren Pflanzenschutzmitteln, Pestiziden, Unkrautvernichtungsmitteln und anderen Chemikalien, die angeblich für einen „gesunden" Ertrag sorgen sollen.

Bei www.naturalscience.org ist eine Broschüre aus dem Jahr 2017 mit dem Titel „Der Frühling verstummt – Warum immer mehr Insekten und Vögel verschwinden" erhältlich. Laut dieser Broschüre bemühte sich bereits die amerikanische Biologin und Wissenschaftsjournalistin Rachel Carson im Jahr 1962 darum, die Öffentlichkeit vor einem „stummen Frühling" zu warnen, falls die Industrialisierung der Landwirtschaft ungebremst fortschreite. Vögel brauchen bekanntlich Nistplätze und Insekten als Nahrungsquelle, Insekten wiederum gesunde Lebensräume und Nahrung oder Brutstätten. Die verschiedenen Lebensformen sind dabei voneinander abhängig, was man Nahrungskette nennt.

Mit schrumpfenden Bienenbeständen und Nutzinsekten gehen aber nicht nur die Vogelbestände oder Honigerträge zurück, sondern findet auch keine oder kaum Bestäubung statt, was zu Ernteverlusten in der Landwirtschaft führt, die wiederum zu Nahrungsmittelknappheit führt. Buddhisten nennen das „abhängiges Entstehen". Man könnte es auch Ursache und Wirkung oder einfach Unvernunft und mangelndes Verständnis größerer Zusammenhänge nennen. Vielleicht auch ganz einfach nur Profitsucht!

Eine ständig auf Wachstum ausgerichtete Wirtschaft sucht dabei Wege, die Erträge und Umsätze bis an die erträglichen Grenzen – und manchmal darüber hinaus – auszudehnen, auch wenn mit der steigenden Nahrungsmittelproduktion nicht der Welthunger bekämpft wird, sondern der Preisverfall der Lebensmittel. Und am Ende landen diese dann auf dem Müll oder im Meer bzw.

bei nicht entsprechender Norm werden Feldfrüchte wie Kartoffeln auch untergepflügt.

Diese Art von „Produktion“ hat Verlierer und Gewinner. In unserem Fall sind die Verlierer der Lebensmittelvernichtung die Millionen Menschen auf der Welt, die hungern und natürlich die Insekten, Vögel und anderen Tiere unserer Natur.

Probleme und „Lösungen“ der Industrie

In der Honig-Industrie ist das Problem bekannt und man versucht gegenzusteuern, um der wachsenden weltweiten Nachfrage nach Honig gerecht zu werden. Honig wird heute ja nicht nur im Glas als Brotaufstrich oder Süßungsmittel verwendet, sondern auch zum Beispiel für Kosmetikartikel wie Shampoo, Cremes und Tabletten.

So geht einerseits seit Jahren der Honigertrag der Imker kontinuierlich zurück, andererseits steigt aber weltweit die Nachfrage und erstaunlicherweise auch die Produktion und der Verkauf. Man löst hier das Problem durch „Strecken mit Ahornsirup“, wie gute Dokumentationen zeigen, um die wachsende Nachfrage zu stillen.

Die Saatgutindustrie löst das Problem des Nutzinsektenverlustes durch selbstbestäubende genetisch überzüchtete Pflanzen, die geringe Mengen an angeblich für den Menschen unschädlichen Herbiziden und Fungiziden gleich von klein auf in sich tragen. Und die Technologiebranche löst das Problem durch kleine Minidrohnen, die mit Milliardenbudget im boomenden Nanotechnologiebereich entwickelt werden und womöglich dann künftig vielleicht einmal die Arbeit der Bienen übernehmen werden. Es ist alles schon in der Entwicklung und vieles wird bereits im zivilen wie militärischen Bereich erprobt:

> *„US-Militär testet Schwarm von Minidrohnen mit Künstlicher Intelligenz: Bei einem Experiment ließ das US-Militär 103 Minidrohnen vom Typ Perdix fliegen. Der von künstlicher Intelligenz gesteuerte Schwarm habe dabei Verhalten wie kollektive Entscheidungsfindung gezeigt.“*[78]

Willkommen in der Industrie 4.0, welche neben dem Militär natürlich auch in der Landwirtschaft Einzug halten wird. China ist dabei wohl noch recht human, denn nachdem es mit der Chemiekeule einmal alle Nutz- und Schadinsekten eliminierte, schuf das Land einen neuen Berufszweig: den Bienenbestäuber. Das sind Menschen, die mit einen Pinsel und einer Tüte Pollen „bewaffnet“ in die Obsthaine fahren und so per Hand Blüten an Obstbäumen bestäuben, um einen gewissen Ertrag zu gewährleisten. (Doku-Tipp: “More Than Honey“) Wir erschaffen also mit Fungiziden, Pestiziden und Neonikotinoiden oder der Flurbereinigung in der industriellen Landwirtschaft ein Problem, aber haben dann durch unsere Industrieforschung auch gleich eine Lösung parat, nach dem Motto: „Alles ist ersetzbar“.

Die industrielle Landwirtschaft, in der Agrarwirte mit Kopfhörern (der Musik lauschend ?) in monströsen Landmaschinen über ihre Äcker donnern, dabei den Boden verdichten, so dass er weniger Biomasse und Regenwürmer enthält, dabei mit endlosen Monokulturen die Erosion fördern und künstlichen Dünger, Chemikalien und ähnliches versprühen, wurde also als einer der Bösewichte für das Insektensterben ausgemacht.

> *„Vor allem die Wirkstoffgruppe der Neonikotinoide ist aktuell ein großes Problem. Sie bilden die neueste Generation von Insektiziden. Die Substanzen sind Nervengifte, ähneln in ihrer Struktur stark dem*

> *Nikotin und blockieren bestimmte Zellsignalwege. Für Honigbienen sind einige Neonikotinoide 10.000 Mal giftiger als DDT (GIBBSONS ET. AL. 2015). Im Frühjahr 2008 starben am Oberrhein in Deutschland auf einen Schlag 11.500 Bienenvölker durch das Beizmittel Chlotianidin. In Schottland wurde die Anzahl von Hummelköniginnen innerhalb von 6 Wochen um 85% reduziert, weil sie mit Imidacloprid belastet waren (WHITEHORN 2012). Selbst in kleinen Mengen führen die Neonikotinoide zu Entwicklungsschäden und zu Gedächtnis- und Orientierungsverlusten bei Bienen und anderen Insekten (TIRADO ET. AL. 2013).“*[79]

Die informative 12-seitige Infobroschüre führt aus, dass 2013 drei Wirkstoffe aus der Gruppe der Neonikotinoide von der Europäischen Union wegen der Beweislage verboten wurden (Imidacloprid, Clothianidin und Thiametoxam), wogegen die Hersteller Bayer, Monsanto und BASF klagten, was am 22.06.2017 vor dem Gerichtshof der EU abgewiesen wurde. Sie erwähnt aber auch, dass es zahlreiche weitere Wirkstoffe dieser Gruppe gibt, die immer noch zugelassen sind und in großem Umfang angewendet werden. Der Bund für Naturschutz startete hierbei eine europaweite Initiative „Bienen und Bauern retten“, die sich bis 2030 zum Ziel gesetzt hat, den Gebrauch von chemisch-synthetischen Pestiziden in der EU-Landwirtschaft um 80% zu senken und bis 2035 zu beenden. Ein schönes Ziel, das unterstützenswert ist. Zeigt es doch ein wachsendes Interesse, die Natur und Umwelt zu bewahren und zu schützen. Doch bis dahin wird eben noch teilweise fleißig weitergesprüht.[80]

Insektensterben in Landschaftsschutzgebieten

Das Hauptproblem des weltweiten Insektenschwunds scheint jedoch genauer betrachtet nicht nur in der industriellen Landwirtschaft und der fragwürdigen Technologie oder der Kultivierung der Pflanzen zu liegen. Beim Naturschutzbund (NABU) können wir nämlich in einem Newsletter vom Oktober 2017 lesen, dass in Jahrzehnte währenden Studien sogar in Schutzgebieten die Insektenmasse insgesamt um 75% zurückgegangen ist. Das ist insofern interessant, weil wir hier nicht die Landwirtschaft oder ihre fraglichen Technologien und eingesetzten Gifte verantwortlich machen können.

> *„27 Jahre wurden Schutzgebiete untersucht – die Ergebnisse sind erschreckend: Mehr als 75 Prozent weniger Biomasse bei Fluginsekten. Es stellt sich nicht mehr die Frage, ob die Insektenwelt in Schwierigkeiten steckt, sondern wie das Insektensterben zu stoppen ist.“*[81]

Auch wenn der Einfluss der industriellen Landwirtschaft nicht ausgeschlossen werden kann, handelt es sich um ein großflächiges Problem, das alle Landflächen betrifft. Eine kleine Gruppe Ethnologen aus Krefeld, von der zuvor noch niemand etwas gehört hatte, sorgte mit ihren Studienergebnissen für eine Sensation: Von 1989 bis 2014 wurden spezielle Fallen für Insekten aufgestellt und ausgewertet. In gewissen Populationen war ein Schwund von 75% der Insektenmasse zu verzeichnen. Es folgte eine gewisse Hysterie und Panik, denn plötzlich wurden alle wach und sogar Politiker verschiedener Bundesländer kämpften neben zahlreichen Bürgerinitiativen mit Unterschriften für die Rettung der Bienen. Innerhalb kurzer Zeit wurde in Bayern/Deutschland ein Masterplan zur Artenerhaltung und Stabilisierung des massiven Insektenschwunds auf die Beine gestellt und es fanden sich schnell 700.000 Unterschriften, um das richtungsweisende Volksbegehren „Rettet die Bienen“ umzusetzen.

Inzwischen hat das Projekt Nachahmer, was erfreulich ist, da es zeigt, wie schnell Politik und Volk etwas erreichen können, wenn sie sich für ein gemeinsames sinnvolles Ziel einsetzen. Nun gibt es zwar mehr bienen- und insektenfreundliche Gebiete, einschließlich Insektenhäusern, hoch wachsenden, mit Bienenweiden oder Naturblumen bestückten Rasenstreifen, die nicht immer gleich nach EU-DIN-Norm gemäht werden, doch über die anhaltenden Ursachen des massiven Rückgangs der Insektenmasse sind sich Experten immer noch im Unklaren. Erklärungen reichen von „wissen wir nicht“ über Vermutungen einer Kontaminierung durch die angrenzende industrielle Landwirtschaft bis zu natürlicher Abwanderung zu Orten mit mehr Nahrung, da es sich bei den untersuchten Gebieten um größere Inselgebiete handelt.

Eine dabei völlig außer Acht gelassene, wenig diskutierte, in der Praxis aber bereits bestätigte Negativauswirkung auf Bienen oder Insekten ist jedoch der Mobilfunk.

Der Einfluss von Mobilfunk auf das Insektensterben

Seit längerer Zeit registriert also die Wissenschaft ein sich wiederholendes Auftreten von untypisch hohen Verlusten bei Bienenvölkern. Es wird von diesen als „Colony Collapse Disaster“ (CCD) bezeichnet. So verzeichneten zum Beispiel 25-50% der Imker im Jahr 2007 in den USA Verluste von 50-90% an ihren Bienenvölkern, woraufhin die Bienen beim Ausflug einfach spurlos verschwanden. Ähnliche Fälle sind seit 2003 aus Europa, besonders der Schweiz, Deutschland, Österreich, Südtirol, Polen und Spanien bekannt.

Arbeiterbienen kehren dabei nicht mehr in ihren Bienenstock zurück, wobei die ganze Brut samt Königin stirbt.

Dabei ist CCD völlig untypisch für das von Natur aus hoch ausgeprägte soziale und von uns Menschen oft bewunderte Verhalten der Bienen. Da Milbenbefall ausgeschlossen werden konnte und fremde Bienenvölker die leeren Stöcke nicht – wie sonst üblich – nach Verschwinden der ursprünglichen Bienenstockbewohner für sich in Besitz nehmen, stehen die Forscher seit langer Zeit vor einem Rätsel."[82]

Bereits 1974 haben die russischen Forscher Eskow und Sapozhnokov herausgefunden, dass Bienen bei ihren Kommunikations-Tänzen elektromagnetische Signale mit einer Modulationsfrequenz zwischen 180 und 250 Hertz erzeugen. Der GSM-Mobilfunk bewegt sich bei 217 Hertz. Hungrige Bienen reagieren auf diese Frequenzen mit dem Aufrichten der Fühler.

Der Biophysiker Ulrich Warnke stellte einem Artikel der „Zeitenschrift" von 2007 zufolge auch schon in den Siebziger Jahren fest, dass Bienen durch Mobilfunk beeinflussbar sind und durch den Einfluss niederfrequenter Felder im Bereich von 10 bis 20 kHz Stressreaktionen, eine erhöhte Aggressivität und ein stark reduziertes Rückfindeverhalten zeigen. 2006 schrieb das österreichische Bundesministerium für Land und Forstwirtschaft, Umwelt und Wasserwirtschaft an den Nationalrat Khol:

> *„Wissenschaftliche Untersuchungen haben nachgewiesen, dass sich niederfrequente elektromagnetische Felder negativ auf Bienen auswirken können." […] Studien ergeben, dass Bienen in starken elektrischen Feldern von über 4 Kilovolt/m, z.B. unmittelbar unter einer 380 kV Hochspannungsleitung, weniger Honig produzieren, bzw. eine erhöhte Mortalität aufweisen."*[83]

Im Frühjahr 2007 sorgte eine deutsche Pilot-Studie der Universität Koblenz-Landau von Wissenschaftlern um Professor Hermann Stever aus dem Jahr 2005 in den Medien für großes Aufsehen, als die Forscher Bienenvölker konkret der elektromagnetischen Strahlung und Wirkung von Schnurlos-DECT-Basis-Telefonstationen mit einer durchschnittlichen Leistung von 1880-1900 MHz, 250 mW EIRP, gepulst mit 100 Hz und einer Reichweite von 50 m in Dauerbestrahlung aussetzten. Dabei wurden jeweils aus jedem geprüften Bienenstock 25 Bienen markiert und etwa 800 Meter vom Stock entfernt freigelassen. Dieses Experiment brachte ans Licht, dass Bienen, die nicht bestrahlt wurden, schneller heimfanden und die Anzahl der Heimkehrer größer war als die aus denen unter „DECT-Dauerfeuer" stehenden Bienenvölkern. Die Rückkehrzeit der Bienen dieser Gruppe war deutlich länger und es kehrten auch zu keiner Zeit mehr als sechs oder oft sogar gar keine zurück.

2008 wiederholten die Forscher den Versuch, wobei die Bienenvölker mit engmaschigen Metallgittern voneinander abgeschirmt und unregelmäßig angeordnet wurden. Die Distanz beim Freilassen der markierten Bienen wurde auf 500 Meter reduziert. Zwar fanden von den bestrahlten Völkern jetzt wohl einige Bienen mehr zurück, doch der Unterschied zu den Unbestrahlten war immer noch signifikant höher und deutlich erkennbar.[84]

Prof. em. Ferdinand Ruzicka, Autor vieler Beiträge in Imkerfachzeitschriften wie „Der Bienenvater", schrieb:

> *„Seit vielen Jahren betreibe ich zuerst in Wien und dann in Engelhartstetten Imkerei. Für Imker habe ich zahlreiche Kurse über Bienenpathologie abgehalten. Seit einigen Jahren habe ich selbst Probleme mit meinen Bienenvölkern, die ich nicht auf eine Krankheit oder*

eine Vergiftung durch Spritzmittel zurückführen konnte. Die Probleme sind aufgetaucht, seit in unmittelbarer Umgebung meines Bienenstandes mehrere Sendemasten errichtet wurden. [...] Bei meinen Bienenvölkern (anfangs 40 Stück) waren eine starke Unruhe und ein stark erhöhter Schwarmtrieb zu beobachten. [...] Es kam zu unerklärlichen Zusammenbrüchen von Bienenvölkern im Sommer. Die Bienenbeuten wurden einfach von den Bienen verlassen. Im Winter konnte ich beobachten, daß die Bienen trotz Schnee und Minusgraden ausflogen und neben der Beute erfroren. Völker, die dieses Verhalten zeigten, sind zusammengebrochen, obwohl sie vor der Einwinterung starke, gesunde, weichselrichtige Völker waren.“[85]

Prof. Dr. Ruzicka startete danach eine Umfrage in der Imker-Fachzeitschrift „Der Bienenvater“, um herauszufinden, ob auch anderswo in der Nähe (300 m) von Mobilfunkmasten etwas derartiges geschähe. Alle dann eintreffenden zwanzig Antworten bejahten das. 38% davon berichteten von einer höheren Aggressivität ihrer Völker, 25% von einer vermehrten Schwarmneigung und 63% berichteten von einem unerklärlichen Zusammenbruch ihrer Völker.

Der lesenswerte Beitrag von Sandra Walter-Wyss besagt:

„Und nach den vorangehend dargelegten Fakten sind die Ursachen des Bienensterbens eigentlich offensichtlich; was zu tun wäre, liegt auf der Hand. Doch genau damit scheint man sich schwer zu tun. Zwar wird etwa im Schweizer Bienenforschungszentrum Liebefeld über Ursachen wie Pestizide, Elektrosmog, landwirtschaftliche Kulturen und Bienenfutter diskutiert, jedoch scheint man

nichts dagegen unternehmen zu wollen, solange „kein eindeutiger Nachweis erbracht werden kann, wonach einer dieser Faktoren für das Bienensterben ausschlaggebend ist", so Peter Gallman, der Leiter des Zentrums. Mit anderen Worten: es ist das alte Lied des Rufes nach mehr Forschung – Forschung, welche Jahre in Anspruch nehmen kann, ohne je wirklich ein Resultat zu erzielen, während uns derweil die Bienen wegsterben. Denn genau diese sogenannte „wissenschaftliche" Forschung ist es, welche immer auch auf die wirtschaftlichen Interessen wie etwa der Mikrowellenindustrie oder der Agrarindustrie Rücksicht nehmen wird. Wenn uns das Überleben der Bienen wirklich am Herzen liegt, dann müssen wir selbst aktiv werden, jeder einzelne!"[86]

Eigentlich ist in Studien seit langem der Nachweis erbracht, dass Mobilfunk den Fluginsekten und nützlichen Bienen schadet. Offiziell wird dieser Fakt aber „übersehen" und trotzdem ein EU- und weltweites, flächendeckendes um ein Vielfaches leistungsstärkeres 5G-Mobilfunknetz mit Milliardenbudget geplant. Zitat der „Grünen Partei" vom März 2019:

„Wenn es irgendwo schnelles Netz braucht, dann doch bitte auf dem Land. Da gibt's günstigen Wohnraum, Platz für Unternehmen, fitte Leute – aber eben oft kein schnelles Internet."[87]

Das Beispiel zeigt, dass sogar die Umweltpartei der Grünen in Deutschland oder auch die Landesführung der derzeit amtierenden Kanzlerin Angela Merkel rund um die Wirkung von Mobilfunk und 5G sehr einseitig informiert sind. Und sie verweigern es auch, sich damit trotz Drängen vieler Aktivisten, Ärzte und Forscher intensiver und umfassender auseinanderzusetzen, wohl weil sie es nicht wissen wollen.

Der Schutz der Natur liegt aus dem Blickwinkel des Schulterschlusses von Politik und Wirtschaft beim Thema Mobilfunk und 5G also beim Volk, dem einzelnen Nutzer und den Wissenschaftlern und Verbänden, die sich für Aufklärung um diese offensichtlich künstliche, widernatürliche Technologie und den Artenerhalt oder die Gesundheit der Bevölkerung für künftige Generationen mehr Gedanken machen.

Was können wir zum Schutz der Bienen und Insekten tun?

Neben der Schaffung von Bienenweiden, Kräutergärten, Wildblumenwiesen, Insektenburgen und sonstigen einladenden Plätzen für Schwebfliegen, Schmetterlinge, Bienen, Hummeln & Co, können wir vieles tun, was aber auch von unserem Willen abhängt:

- Möglichst wenig mit dem Handy telefonieren.
- Strahlungsarmes Glasfaserkabel nutzen, ausbauen und auf gefährliches UMTS verzichten.
- Kein schnurloses, digitales DECT/GAP-Telefon kaufen, sondern schnurgebundene Telefone oder sogar komplett strahlungsfreie Telefone (mit Piezo Technik) oder Telefone mit Schallleitung durch zwei dünne 1m-Luftschläuche (Bezugsquellen bei Bürgerwelle e.V.).
- Helfen, Kinder, Freunde und Bekannte aufzuklären.
- Politiker aufklären und mit Kampagnen, Unterschriftenaktionen oder Briefen, die sie über die schädlichen Wirkungen informieren, zum Handeln drängen.
- Strahlungsfreie, natürliche Technologie, sogenannte Sferics statt Technics (Hochfrequenztechnologie), landesweit und

weltweit etablieren, wie sie die Natur seit Jahrmillionen ohne Probleme bei der Kommunikation nutzt.
- Neue Sendeanlagen verhindern und funkfreie Oasen schaffen, was durch Unterschriftensammlungen oder dem Schulterschluss mit Bürgerinitiativen oft gelingt.
- Forschung und Entwicklung alternativer strahlungsfreier Technologien vorantreiben, statt Milliarden in strahlende Funktechnologie zu stecken.

Damit schützen wir nicht nur die Natur, sondern auch uns selbst und unsere Kinder.

5G bedeutet ein lückenloses stärkeres Netz, als wir es jemals zuvor hatten und auf der Welt jemals erlebt haben. Wir werden damit natürlich Filme in Echtzeit herunterladen können und auf den derzeit stark schmelzenden Polareiskappen sitzend problemlos in der Arktis oder Antarktis „im Netz“ surfen und telefonieren können. Oder unglaubliche Datenmengen auch in der Industrie augenblicklich hin und her schicken können. Doch was passiert dann mit den Bienen, Hummeln, Insekten und all den kleinen unbedeutenden, aber sehr wichtigen Krabbeltieren? Die schon seit einigen Jahren auf recht schwache elektromagnetische Felder oder Mobilfunknetze – wissenschaftlich untersucht – reagieren und sterben; oder den Weg nicht mehr nach Hause finden?

Wer wird für diese kleinen Geschöpfe oder für größere wie Vögel und Wale eintreten, die durch Mikrowellenkanonen auf Atom-U-Booten in den Weltmeeren, durch moderne HAARP- und Radar-Anlagen oder einfache Funkmasten, WLAN-Nutzung oder DECT-Telefone ihre Orientierung verlieren und sterben und dann an unseren Stränden angespült werden? Wer wird sie und uns vor dem Mobilfunkwahn schützen, wenn heute schon Menschen überall auf der Welt Bienen mit ihrem Handy filmen, wie sie zwischen zwei Funkmasten tot zur Erde fallen?[88]

Wer wird dafür künftig verantwortlich sein, wenn nicht wir, die wir diese Technologie doch immer mehr nutzen und ausbauen und in ihrer wahren Wirkung auf das Leben ignorieren?

Bäume und Hochfrequenz

Doch machen wir uns auf, einmal zu schauen, was mit Lebewesen passiert, die nicht weglaufen und woanders ihre Nester bauen können. Neben den Bienen, den Walen, Vögeln und Tieren, die keine politischen oder wissenschaftlichen hitzigen Diskussionen über die Wirkung von Mobilfunk führen können, gibt es in der stillen uns umgebenden Natur noch die Bäume. Da sie nicht wie Tiere den Ort oder das Revier wechseln können, sind sie der Strahlung im 24h-Takt ununterbrochen ausgesetzt.

Neben Videos, die zeigen, was in der Umgebung von Mobilfunkmasten mit Bienen passiert, gibt es im Netz – zum Beispiel auf YouTube – inzwischen auch Berichte über hunderte Zugvögel, die während des Testes einer 5G-Sendeanlage plötzlich tot zu Boden fallen.[89]

Natürlich können wir als Beobachter solcher Videos nicht genau feststellen, ob es wahr ist oder nicht. Genauso können wir behaupten, alles sei nur gestellt und so gut geschnitten, dass man den Unterschied nicht merke. Und alles sei Schwachsinn oder die Betreiber der Webseite eine Sekte mit Weltverschwörungsgedanken. Das kann stimmen, oder auch nicht.

Müssen wir uns bei der Fülle an wissenschaftlich geprüften und durchgeführten Studien nicht fragen: Wollen wir es wirklich darauf ankommen lassen? Ist unsere Technologiesucht bereits so groß, dass wir kritische wissenschaftliche dokumentierte

Studien ausblenden und uns in unsere heile Welt des Internets und politischer und wirtschaftlich-wissenschaftlicher Einseitigkeit flüchten? Und dabei komplett vergessen, dass wir womöglich mit einer extrem schädlichen Technologie „flirten".

Und wer sagt uns, dass es immer wissenschaftliche Studien sein müssen, die wir unbedingt für unseren gesunden Menschenverstand brauchen? Was wäre, wenn ein einfacher Bauer oder Landbesitzer plötzlich nach Errichten einiger Mobilfunkmasten in der Nähe seines Grundstückes Veränderungen bei seinen Nutztieren oder auch Baumbestand wahrnimmt? Ja sogar beginnt, das zu dokumentieren?

Rolf Grimm, ein ehemaliger Landwirt, hat genau das getan. Und er fühlte sich – nachdem er viele Zusammenhänge über Mobilfunkbestrahlung und Baumschäden besser verstand – gedrängt, die Öffentlichkeit über seine Einsichten zu informieren. Das Thema Mobilfunk und Waldschäden ist dabei wieder ein politisch sehr unbeliebtes Thema. Offiziell gibt es laut thermischer Messungen da keinen Zusammenhang. Nicht-thermische Wirkungen werden auch hier – wie beim Menschen – nicht untersucht.

> *„1990 gaben die Grünen im Parlament eine kleine Anfrage auf „zu den Problemen von Waldsterben […] durch Einwirken von Richtfunk und Radarwellen". 1991 veröffentlichte die Strahlenschutzkommission hierzu eine Stellungnahme. Sie erläuterte hierin, dass Hochfrequenzstrahlen zwar eine Temperaturerhöhung bei Bäumen bewirken können, dass diese aber so gering sei, dass sie keinen Schaden anrichten könne. Für andere Wirkungen, so genannte nichtthermische Wirkungen, gäbe es keine ausreichenden Hinweise."*[90]

Die Politik ist also seit langem (bewusst oder unbewusst?) uninformiert über das Thema der „unbequemen nichtthermischen Wirkungen". Woran das wohl liegen mag? Der ehemalige Landwirt Rolf Grimm könnte hierauf eine Antwort geben. Denn er sieht das alles anders:

Im Juli 2001 wurden zwei Mobilfunkbasisstationen am Kirchturm seiner Heimatgemeinde Herlikofen angebracht. In einem „Raum & Zeit"-Artikel von 2010 dokumentiert er den Verfall und das Sterben von Bäumen unter Mobilfunkbeschuss mit seiner Kamera. Dabei tritt dasselbe, sich überall wiederholende Verhalten der Bäume auf: Zuerst lichtet sich die Kronendichte, dann beginnt der Baum auf der dem Sendemast zugewandten Seite langsam abzusterben und Totholz zu bilden, während die dem Sendemast abgewandte Seite noch teilweise in vollem Grün steht. Diese Ansammlung von Schäden in den Baumkronen wird ‚Schadpol' genannt. Dabei handelt es sich um irreguläre Verfärbungen der Blätter, welke Blätter, abgestorbene Äste und zurückgehenden Neuaustrieb. Pilz-, Schädlingsbefall oder Nährstoffmangel kommen als Erklärung für das Schadbild nicht infrage, da diese den Baum nie nur einseitig absterben lassen. Und letztlich verfällt der Baum im Abstand von einigen Jahren auch an der noch gesunden Seite immer mehr.

Solche Muster finden sich überall dort, wo Mobilfunkmasten und hohe Bäume aufeinanderprallen. Kleinere Bäume werden meist noch überstrahlt und sind nicht so stark betroffen.

Bildhaft sehen kann man das auch zum Beispiel in einem wissenschaftlich gut recherchierten Artikel „Bäume im Visier der Mobilfunkantennen" in der Ausgabe 13/2017 von „der gartenbau": Anhand einer prächtigen, gesunden Roteiche aus dem Jahr 2013 wird die Veränderung sehr deutlich, nachdem auf dem Dach eines Gebäudes ein Funkmast installiert wurde. Der Zustand des

Baumes verschlechtert sich in den nächsten zwei Jahren zuerst auf der dem Mobilfunksender zugewandten Seite dramatisch, bis er letztlich Totholz bildete und wie andere Bäume unter Mobilfunk-Beschuss gefällt werden musste.[91]

Dieses seltsame Verhalten wird überall dokumentiert, wo der angeblich „unbedenkliche Mobilfunk“ Einzug hält und kann nicht auf normale Ursachen wie Pilze oder Schädlinge zurückgeführt werden. Interessantes Bild oder Videomaterial dazu, wie das am Baum aussieht, finden Sie recht zahlreich im Netz.[92]

Studien zu Baumschäden durch Mobilfunk gehen bis in das Jahr 1999 zurück:

> *„In den Jahren 1999 und 2000 lief ein Forschungsprojekt der Universitäten Wuppertal und Karlsruhe. Untersucht wurde die Wirkung der Hochfrequenzexposition auf einjährige Keimlinge von drei Nadelbaumarten. Festgestellt wurde eine signifikante Zunahme von Schädigungen und toten Pflanzen.“*[93]

Auf www.kompetenzinitiative.com wird anhand konkreter Baumschäden insbesondere in Mobilfunkmastnähe mit sehr guten Bilddokumenten auf die Schäden durch Hochfrequenz in Darmstadt, Bamberg und im gesamten Bundesland Bayern durch eine der führenden Forscherinnen auf dem Gebiet – der Ärztin Cornelia Waldmann-Selsam – hingewiesen.[94]

Aufsehen erregte in diesem Zusammenhang eine gemeinsame Studie an 60 einseitig geschädigten Bäumen in Bamberg und Hallstadt des spanischen Biologen Alfonso Balmori de la Puente, sowie des deutschen Diplom-Forstwirts Helmut Breunig und der Ärztin Cornelia Waldmann-Selsam aus dem Jahr 2016, die unter dem Titel: "Hochfrequenz-Felder schädigen Bäume im Umkreis von Mobilfunkbasisstationen“ veröffentlicht wurde. Messungen der Strahlendosen an der geschädigten Seite der Bäume ergaben eine Leistungsdichte von im Mittel rund 2.000 Mikrowatt/cm^2. Die Strahlenbelastung außerhalb des Sichtfeldes zu Mobilfunkmasten war geringer. Unterschiedliche Bodeneigenschaften oder Standorte wie Gärten, Versiegelungen, Grünstreifen und Gewässernähe spielten bei der Schädigung der Bäume dabei keine Rolle. Letztlich kam das Team nach eingehender Untersuchung zu dem Schluss:

> *„Die Annahme, dass die hier beschriebene Art von Schäden an Baumkronen durch Mobilfunkstrahlung verursacht werden, erweist sich als begründet, weil solche an belasteten Standorten im Sichtfeld von Mobilfunksendern vorkommen, jedoch in Abwesenheit von Funkbelastungen ausserhalb des Sichtbereichs von Sendern nicht auftreten“, lautet die Bilanz des Autorenteams der Studien von Bamberg und Hallstadt. Der weitere Ausbau des Mobilfunknetzes müsse daher angehalten werden.“*[95]

In der Politik gelten diese Studien weiterhin als umstritten oder nicht relevant, da sie nicht von ihren Bezugsquellen stammen oder deren eigenen Studien widersprechen. Diese kommen natürlich im Interesse von Politik und Wirtschaft immer zu einem gegenteiligen, fast schon auffallend positiven Ergebnis, nämlich; dass Mobilfunk für Mensch und Umwelt ungefährlich ist und es daher keinen Grund zur Besorgnis gibt.

Künftig immer öfter zu erwartende Baumschäden können heute erstaunlicherweise immer weniger fotografiert werden, weil geschädigte Bäume im Umfeld von Mobilfunkmasten– laut mancher

Informanten und YouTube-Filmer – recht weit zurückgestutzt oder komplett gefällt werden. Ein lieber Bekannter, der dieses Buch inzwischen gelesen hat, bestätigte mir dies bei einem Spaziergang im Wald – vorbei an einer großen Sendeanlage, in deren Umfeld auffallend viele Bäume gefällt wurden. Sicher nicht, weil man dort Angst um den viel höheren Sendeturm hatte, dass die Bäume auf diesen bei einem Sturm fallen könnten ...

In der Kriminalistik würde man das „Vernichtung von Beweisen" nennen. Ich überlasse es dem Leser, sich hier vertiefend selbst anhand des zahlreich erhältlichen Bild- und Infomaterials eine Meinung zu bilden.

Mikrowellen und die noch wenig erforschten Folgen für den Klimawandel

Was macht diese gewaltige täglich genutzte Energiemenge an Mikrowellenenergie nun aber mit unserem Planeten?

Könnte es sein, dass diese den Planeten – so wie es mit grobstofflicher Nahrung, die wir in die Mikrowelle legen, geschieht – aufheizt, und Prozesse in Gang setzt, die das ganze Ökosystem noch auf völlig unerforschten Gebieten beeinflusst? Ich spreche hier nicht von Milliarden technischer Geräte, die noch zusätzlich Wärmestrahlung abgeben, sondern konkret von Milliarden Mikrowellengeräten in Form von Handys, privaten oder industriellen Mikrowellenöfen, Mobilfunkmasten, zehntausender Satelliten, militärischen Anlagen und Waffen und Radaranlagen der Luftfahrt.

Einfach betrachtet freuen wir uns, wenn in der Mikrowelle das Essen schnell dampft. Doch dampft vielleicht auch die Erde durch die „wundervolle", nicht mehr wegzudenkende und uns so „heilige" Mikrowellen und Mobilfunktechnologie?

Um das näher zu verstehen, ist es weise, sich vorab erst einmal mit der Struktur von Wassermolekülen und der Wirkung von technisch erzeugten, scharf gepulsten Mikrowellen auf sie auseinanderzusetzen.

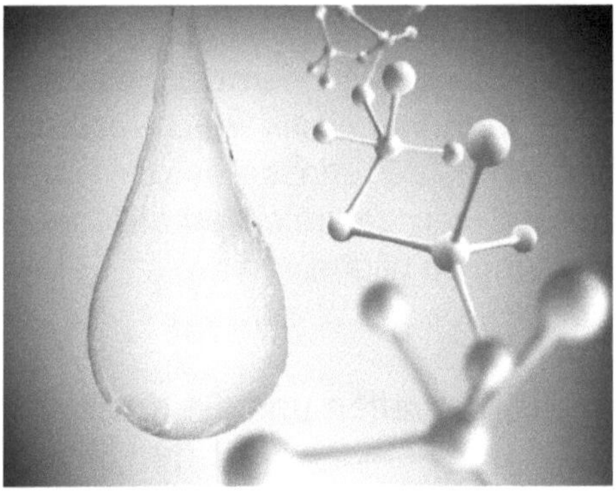

Wassermolekül
(Quelle: www.depositphotos.com)

Ein einzelnes Wassermolekül besteht aus einem negativ geladenem Sauerstoffatom (O) und zwei positiv geladenen Wasserstoffatomen (H). Für sich betrachtet ist das einzelne Molekül wegen der geringen Größe gasförmig. Doch die Natur kam irgendwann auf die Idee, hey, es wäre doch praktisch, wenn wir einige dieser einzelnen Wassermoleküle verbinden und eine aus mehreren Wassermolekülen bestehende Clusterstruktur schaffen, damit das einzelne Wassermolekül nicht mehr alleine in der Luft herum schwebt und wir ein neues Element statt nur noch Luft haben, nämlich „WASSER".

Wasser ist einer der Eckpfeiler des Lebens, wie wir es kennen, und ein hier auf unserer Welt unbedingt notwendiger Stoff für viele komplexe Prozesse, die wir im Alltag gar nicht mehr wahrnehmen, wenn wir einfach zum Hahn gehen und ein Glas Wasser füllen.

Diese Clusterverbindung mehrerer Wassermoleküle, die zu dem Gefüge Wasser wurde, wird auch Wasserstoffbrückenbindung genannt. Ohne diese wären Wassermoleküle weiterhin unsichtbar und gasförmig. Erst die Wasserstoffbrückenbindung erlaubt den einzelnen Wassermolekülen, schwerer und damit flüssig zu werden. Durch die Plus- und Minuspole (Dipolcharakter) des Wassers und der Zugabe der in unserem Körper ebenfalls lebensnotwendigen Salze verfügt es darüber hinaus über eine hervorragende Leitfähigkeit. Deshalb ist Wasser auch ein hervorragender Leiter für Information in der Natur und natürlich in unserem Körper. Durch seine Fähigkeit als Medium für Information können wir es durchaus als Verbundnetz der Kommunikation auf dem Planeten für das Leben, so wie wir es kennen, bezeichnen. Deshalb sind unsere Wissenschaftler auch immer so begeistert, wenn sie Spuren davon auf dem Mond oder Mars für die Zukunft der Menschheit entdecken.[96]

Unser Gehirn als Befehlsebene (Geber) für Information besteht daher nicht ohne Grund zu 90% und unser Blut als Träger von Information zu 92% aus Wasser. Wasser ist aber auch in der Natur ein wunderbares Medium für Information. Wer die wunderbaren Klänge der Wale und Delfine und anderer Meeresbewohner schon einmal gehört hat oder dem erfrischenden Plätschern eines Baches lauschte, wird wissen, was ich meine. Die im Wasser befindlichen Stoffe geben ebenfalls Informationen weiter und können so heilsamen oder krankmachenden Charakter haben. Darauf reagieren dann nicht nur Menschen oder Tiere, sondern auch Bäume und Pflanzen.

Es gibt auch viele Hinweise, dass allein das Trinken von sauberem, unbelastetem Wasser den Körper zusätzlich zu nährstoffreicher Nahrung ein gesundes, vitales, ja energiereiches Leben ohne Krankheiten beschert (Buchtipp: Dr. Paul C. Bragg „Wunder des Fastens – Leben ohne zu altern“, Goldmann Verlag). Der Japaner Masaru Emoto wurde weit über die Landesgrenzen hinaus bekannt, als er begann, Mitte der Achtziger Jahre die energetische Struktur des Wassers zu erforschen, mit Klängen, Musik und Gedanken das Wasser zu beschallen und nach dem Einfrieren die Wasserkristalle zu fotografieren. So konnte er nachweisen, dass Wasser tatsächlich auf Gedanken und Gefühle zu reagieren schien (Buchtipp: Masaru Emoto „Die Botschaft des Wassers", KOHA-Verlag, ISBN 3929512211). Während der Nuklearphysiker Nelson Camus wiederum bei der Erfindermesse 1993 in Pasadena, Kalifornien, andere Möglichkeiten des Wassers vorstellte: Er zeigte dem verblüfften Publikum, dass man aus Körpersäften (Urin) auch genügend Strom erzeugen kann, um einen Fernseher, eine Stereoanlage und eine 100-Watt-Glühbirne in Gang zu halten. Durch Zugabe von Knoblauch und Zwiebeln lässt sich angeblich die Energieausbeute noch erhöhen.

Aber kehren wir zu den Clusterverbindungen der Wassermoleküle zurück:

Je stabiler die Wasserstoffbrückenbindung ist, umso gesünder ist das Wasser. Je schlechter diese ist, umso anfälliger und instabiler wird diese, und das Wasser beginnt zu faulen oder wird schal und „schlecht". Es verliert auch immer mehr die Fähigkeit der präzisen und schnellen Informationsübertragung.

Wassermoleküle und Mikrowellen

Mikrowellen bringen die Clusterbindungen der Wassermoleküle ins Ungleichgewicht. Stellen Sie ein Getränk in die Mikrowelle, schalten Sie diese ein und beobachten Sie, was passiert: Alle Wasserbestandteile beginnen zu verdampfen und nehmen wieder ihren gasförmigen Zustand an. Das bedeutet, dass Mikrowellen, wie wir sie täglich in Milliarden Mikrowellenöfen oder durch Mobilfunk und sogar durch einfache Handynutzung nutzen, denselben Effekt haben. Auch wenn wir diesen nicht sehen. Die Polizei oder das Militär machen sich diesen Effekt für ihre neuen „Spielzeuge" zunutze:

> *„Seit Januar 2007 gibt es sie offiziell bei der US-Army im Einsatz: die neue Mikrowellenkanone, einzig und allein zur Abschreckung bei Demonstrationen, wird uns offiziell weisgemacht. Die Demonstranten werden buchstäblich zum Kochen gebracht. Was passiert? Die Wasserstoffbrückenbindungen der Moleküle im Körper des Getroffenen werden beim Beschuß mit der hochfrequenten Strahlung aufgelöst, die Moleküle verdampfen, da Wasser ohne Bindung gasförmig ist. So dehnen sie sich um das Dreitausendfache aus. Das nennt man Sublimation. Dabei wird enorme Wärme frei mit allen erdenklichen Folgen, wie zum Beispiel eine Desorientierung der Nerven, spontane Erblindung wegen Verlust des durch Wasser geregelten Augendruckes und viele andere Auswirkungen.“*[97]

Der bereits erwähnte japanische Forscher Masaru Emoto konnte in seiner Forschungsarbeit ebenfalls den zerstörerischen Effekt negativer Informationen auf die Clusterverbindungen der Wassermoleküle darstellen, die neben den bekannten Auslösern – wie chemische Verschmutzung der Gewässer oder Mangel an Glykonährstoffen in der Nahrung (z.B. bei industriell bearbeiteter Nahrung und Fastfood) – die Clusterverbindungen der Wassermoleküle schädigen. Mit der gepulsten Mikrowellentechnologie haben wir nun eine weitere, den Wassermolekülen nicht bekömmliche Information ins Spiel gebracht, die unglaubliche destruktive Folgen für die Stabilität des Wassers hat.

Viele Faktoren kommen also wieder einmal zusammen, die dann etwas, was die Wissenschaft Kippelemente nennt, auslösen. Das begünstigt zum Beispiel die Ausbreitung der Wüsten (Desertifikation) um jährlich etwa 120.000 km^2.[98]

Und hier sind wir Menschen diesmal maßgeblich mitverantwortlich und können uns nicht der Verantwortung entziehen. Die offiziell bekannten Ursachen dieser Entwicklung sind vom Menschen gemacht: Monokulturen und industrielle Landwirtschaft, mit Düngern und Spritzmitteln usw. begünstigt Bodenerosion, Überbeanspruchung der Böden in Entwicklungsländern, Brandrodung, Klimawandel, aber auch militärische Experimente, wie wir sie schon ausführlich betrachtet haben. Oder auch Atomexplosionen oder Chemikalien, die – wie die Trägerin des alternativen Nobelpreises Rosalie Bertell in ihrem Buch schreibt – die Ozonschicht nachweislich um einige Prozent verringern, so dass mehr aggressive Strahlung zur Erde gelangt. Der Begriff „Ozonloch" ist sicher jedem bekannt. Es stellt auch heute wieder Wissenschaftler vor ein Rätsel. Bisher nahm man an, dass mit dem Verbot von FCKW (Fluor-Chlor-Kohlen-Wasserstoffe) die Situation beherrschbar würde. Doch dem ist leider nicht so, wie ein Artikel der Frankfurter Allgemeinen von Joachim Müller-Jung vom 06.02.2018 zeigt:

> *Das Ozonloch schließt sich, aber offenbar erholt sich die Lufthülle des Planeten nicht überall: Forscher haben rätselhafte Ozonverluste ausgerechnet dort gefunden, wo die meisten Menschen leben.*[99]

Bei der öffentlichen Diskussion um den Klimawandel denken wir jedoch kaum an die Möglichkeit, dass Mobilfunk, wie wir ihn jetzt flächendeckend aus der Luft (Satelliten), durch den massiven Ausbau der Mobilfunknetze für 5G und immer mehr Radar, Handys, WLAN, WIFI oder funkgesteuerte Produktionsanlagen (Industrie 4.0), durch Milliarden Mikrowellenöfen usw. einführen, das Klima beeinflussen könnte. Hat diese Technologie vielleicht großen Einfluss auf die Zerstörung der Clusterbindungen des Wassers?

Die Verfasser des „Zeitenschrift"-Artikels „Lassen technische Mikrowellen das Wasser verdunsten" (Heft 24/2007) äußerten bereits 2007, das tatsächlich unsere Mikrowellentechnologie das Wasser auf dem Planeten vermehrt verdunsten ließe:

> *„Die elektromagnetischen Wellen (Sendeenergie) erzeugt eine Schwingung und einen Wärmeeffekt (siehe Mikrowellenofen), die an die umliegenden Luftmoleküle und das atmosphärische Wasser weitergegeben werden und versetzt diese in Schwingung. 24 Stunden rund um die Uhr. Dadurch erhöht sich Schritt für Schritt die Luftbewegung. Umso schneller sich die Luft durch diese unnatürliche Sendeenergie bewegt, umso wärmer wird es. Durch die ununterbrochene Strahlung, also auch nachts, wenn eigentlich eine naturbedingte Abkühlung erfolgen sollte, ist der morgendliche Temperaturausgangswert ohne Sonneneinwirkung bereits höher. Eine wärmere Atmosphäre führt zu einem stärkeren Wasserzyklus, denn wärmere Luftmassen nehmen mehr Wasserdampf auf.“*[100]

Die Folge sei dem Artikel zufolge dann aufgrund der vermehrten Wassermenge in der Atmosphäre eine verstärkte Luftbewegung mit immer mehr Stürmen, Überschwemmungen und Regenfällen, wobei ich wieder an die HAARP-Anlagen und Atmosphärenexperimente aus Kapitel 6 über die militärischen Möglichkeiten denken muss. Nur, dass die zivile Nutzung der Mikrowellentechnologie nicht das konkrete Ziel der Erwärmung einer Region verfolgt, sondern der einfache Bürger wohl eher an die warme Mahlzeit – erhitzt durch die Mikrowelle – oder möglichst guten und schnellen Datenempfang durch Mobilfunk und nun auch 5G denkt.

Was sollen wir nun mit diesen Informationen tun?

Wir können diese Gedankengänge und Ausführungen als Spinnerei abtun und ad acta legen oder darauf hinweisen, hier vielleicht Grundlagenforschung zu betreiben, um der Wirkung der Mikrowellenstrahlung auf die Atmosphäre und damit eines möglichen Klimawandels durch Mikrowellen mit der ernsthaften Suche nach Antworten eine "neue" Richtung zu geben. Denn offensichtlich haben Mobilfunk oder Mikrowellenenergie, wie wir sie täglich in unseren Alltag integrieren, viel weitreichendere Auswirkungen auf ökologisch seit Jahrmillionen gewachsene natürliche Systeme, Kreisläufe und Netzwerke, als uns manchmal bewusst ist.

Leider gibt es hierzu jedoch keine ausreichende wissenschaftliche Forschung, außer vielleicht der des Militärs, das die Effekte des Mikrowellenbeschusses für seine Zwecke nutzt und somit kein Interesse daran haben wird, diese zu veröffentlichen. Was wir uns im nächsten Kapitel zur militärischen Nutzung der Mikrowellen aber noch anschauen werden.

Durch die Auflösung der Clusterverbindungen des Wassers lässt sich ebenfalls das Austrocknen und Absterben der Bäume, die dem Beschuss durch Mobilfunkanlagen pausenlos ausgesetzt sind, erklären, was seit langer Zeit bereits sehr gut mit Fotos dokumentiert wird. Da jeder Baum einen inneren Wasserkreislauf besitzt, der durch den Mobilfunk gestört oder unterbrochen wird, führt das dazu, dass sie an der unter Mobilfunkstrahlung stehenden Strahlenbelastung an der den Funkmasten zugewandten Seite Abnormalitäten und Schäden bilden, die normal in der Natur nicht zu finden sind.[101]

Kapitel 6

Mikrowellentechnologie und das Militär – Von HAARP-Anlagen über Wetterkontrolle bis Bewusstseinskontrolle: Alles scheint möglich

Das Thema Mikrowellen im militärischen Bereich ist sehr umfangreich, zumal hier der militärische und zivile Bereich langsam miteinander verschmelzen. Es würde sicher ein sehr dickes Buch füllen. Ich befinde mich, offen gesagt, was dieses Thema betrifft, in mehrfacher Hinsicht in einer Zwickmühle:

- Einerseits möchte ich möglichst glaubhaft und authentisch informieren,
- andererseits muss ich jedoch eine Auswahl aus der Fülle des Materials treffen, um letztlich das Thema umfassend und doch im Rahmen eines Kapitels mit seinen fantastischen Möglichkeiten darzustellen.

Man denke als Einführung in die Thematik vielleicht an den Science-Fiction-Film „Geostorm“ von 2017, mit Gerard Butler und Ed Harris in den Hauptrollen. Dort beschließen die Regierungen der Welt, ein engmaschiges Satellitennetz im All zu installieren (Elon Musk lässt grüßen), welches fortan dafür sorgt, dass es durch die dadurch mögliche Wetterkontrolle keine Umweltkatastrophen mehr gibt. Nun wird es zumindest im Film dann doch brenzlig, denn das System wird gehackt, gerät außer Kontrolle und droht das genaue Gegenteil auszulösen: nämlich eine gewaltige die Erde und alles Leben vernichtende Naturkatastrophe heraufzubeschwören. Letztlich gelingt es den Filmhelden doch, das Schlimmste zu verhindern und die Bösewichte zu vernichten. Hurra, es lebe die Welt, die Unterhaltungsindustrie und das Happy End.

Alles Science-Fiction oder doch nicht?

Ein solches System der Klimabeeinflussung wäre natürlich für jede Regierung das absolute Highlight und die ultimative Waffe! Denn nun könnte man eine Hitzewelle, einen Geostorm oder ein kleines regional begrenztes Erdbeben auslösen, wie auch Superstürme initiieren, um damit beispielsweise ein feindlich gesinntes Land in die Knie zu zwingen. Danach behauptet man einfach, es sei die Natur gewesen und ist aus dem Schneider. Als positiven Effekt könnte man Ernten durch per Knopfdruck ausgelöste Regenfälle stabil halten und sogar für ein harmonisches Weltklima sorgen.

Aber der Mensch ist Egoist, und es wäre eher wahrscheinlich, dass er nur die eigene Wirtschaft mit dieser Technologie stärkt und die Politik seines eigenen Landes beeinflusst.

Nun, wer sich im Weltgeschehen etwas umsieht, erkennt, dass auch ohne die Möglichkeit zur Beeinflussung des Klimas beispielsweise die USA fremden Staaten mithilfe von „kostenlosen Weizenlieferungen" ihren Willen aufzwingt. Ein schönes Beispiel für einen Film der dies veranschaulicht, ist der immer noch politisch recht aktuelle (etwas ältere) Klassiker „Septemberweizen" von Peter Krieg. In der Dokumentation rund um das Geschäft mit dem Weizen wird gezeigt, wie die Vereinigten Staaten, Länder die von diesen Weizenlieferungen abhängig sind, in ihrer Außenpolitik so beeinflusst werden, nur Handelsbeziehungen mit Ländern einzugehen, mit denen die USA auch „einverstanden“ sind.

Darüber hinaus gibt es in der Tat bereits seit einiger Zeit an den Börsen Aktien, die den seltsamen Begriff „Wetterderivate“ tragen. Dieses „Produkt“ wird inzwischen auch auf den europäischen Märkten angeboten und heißt dort „Eurex Wetterderivate“. Ja, Sie haben richtig gehört: Es gibt an der Börse Aktien, die mit Wetterprognosen Geschäfte machen! Stellen Sie sich nun einmal vor, Sie könnten das Wetter gezielt beeinflussen und würden dann an den internationalen Börsen auf bestimmte „Pferde“ setzen (können)! Was für unglaubliche Gewinne könnten Sie damit erzielen!

Zivilisationstypen und ihre Möglichkeiten

Ist das denn überhaupt möglich? – Unsere Wissenschaft meint ja! Sie hat bei ihrer Suche nach Leben auf anderen Planeten zum Beispiel eine Methode entwickelt, “fortschrittliche Zivilisationen“ anhand ihres Energieverbrauchs und ihrer Möglichkeiten, Energie zu nutzen, einzuteilen. Jede Zivilisationsstufe unterscheidet sich dabei um den Faktor 10 Milliarden (Watt) von der vorherigen.

Eine Typ-I-Zivilisation, die noch planetar wäre und Sonnenlicht nutzte, hätte eine Energieleistung von etwa 10^{16} Watt, das ist eine Eins mit siebzehn Nullen oder in Worten: hundert Billiarden Watt. Laut Michio Kaku, einem sehr angesehenen Physiker, wäre eine Typ-I-Zivilisation in der Lage, die gesamten Energieressourcen eines Planeten zu nutzen und sämtliche planetare Energiequellen zu kontrollieren.[102] Daher könnten wir dann sogar das Wetter kontrollieren und Hurrikane zähmen oder Städte auf dem Meer oder Meeresboden unterhalten.

Diese sogenannte Kardaschow-Skala nach Nikolaj Kardaschow (1932-2019 – siehe auch bei https://de.wikipedia.org/wiki/Kardaschow-Skala) geht dann weiter zu einer **Typ-II-Zivilisation**:

Welche stellar wäre und die Fusionsenergie der Sonne nutzen könnte.

Eine Typ-III-Zivilisation wäre galaktisch und könnte auf die Energie auch fremder Planeten oder Galaxien zugreifen.

Je nach Entwicklungsstand einer Zivilisation wäre also auch die Möglichkeit gegeben, Energie zu nutzen und Materie zu beeinflussen. Und mit der Beeinflussung von Materie sind wir bei der Möglichkeit der Beeinflussung des Wetters. Wir befinden uns – laut einer Berechnung aus dem Jahr 1973 von Carl Sagan (1934-1996), einem US-amerikanischem Astronom – heute bei etwa 0,72, damals lagen wir bei etwa 0,7 auf der Berechnungsskala. (siehe bei: http://spektrograph.com/auf-dem-weg-zur-zivilisation-typ-1/) Unser Energieverbrauch beträgt ungefähr 4 x 10 hoch 12 Watt, also eine Eins mit dreizehn Nullen oder zehn Billionen Watt.

Laut Michio Kaku brauchen wir noch ein- bis zweihundert Jahre, um Typ I zu erreichen. Andere Quellen widersprechen Kaku und rechnen bis Mitte des Jahrhunderts bei entsprechenden technologischen Revolutionen damit, dass wir Typ I erreichen. Momentan gibt es schon erste Projekte, die Ansätze einer Typ I-Zivilisation zeigen: Wie Städte auf dem Meeresgrund, einem japanischen Projekt, das ab 2025 starten will. Aber das nur als Randinformation um die dynamische Entwicklung hier aufzuzeigen…

Wetterbeeinflussung und Geo-Engineering

Nun, eine Regierung, die nach Belieben das Wetter beeinflussen kann, würde sicher niemand zum Feind haben wollen. Denn wer will schon sein eigenes Land durch Naturkatastrophen vernichtet sehen? Außerdem würde eine solche Technologie gegen eine ganze Reihe von nationalen wie internationalen oder völkerrechtlichen Gesetzen verstoßen, zum Beispiel[103]:

- das ENMOD Abkommen (United Nations Convention on the Prohibition of military or any hostile Use of Environmental Modification Techniques) vom 10. Dezember 1976 in Genf zum Verbot jeglicher militärischer oder sonstiger feindseliger Nutzung umweltverändernder Technik
- § 22 Abs. 1 Nr. 2 BImSchG (Bundes-Immissionsschutzgesetz – Luftverschmutzer müssen Umwelteinschränkungen so weit beschränken, dass keine Gefahr für Leib und Seele bzw. Leben ausgeht)
- gegen Artikel 2 Abs. 2 Grundgesetz (Der Schutz der körperlichen Unversehrtheit des Menschen)
- gegen § 323 Abs. 1 und 2 StGB (strafbar macht sich, wer unter Verletzung verwaltungsrechtlicher Pflichten Schadstoffe freisetzt)
- § 324 Abs. 1 StGB (Strafbarkeit bei Gewässerverunreinigungen)
- § 324a Abs. 1 Nr. 1 und Nr. 2 StGB (Strafbarkeit wegen schwerer Bodenverunreinigungen)
- § 224 Abs. 1 Nr. 1, Nr. 2 und Nr. 5 StGB (wegen schwerer Körperverletzung)

Wetterbeeinflussung – Realität oder Science-Fiction?

Wenn Sie beginnen, sich darüber zu informieren, ob es so etwas wirklich gibt, wird es offiziell natürlich heißen „NEIN“! Und jetzt wird es spannend, denn wenn wir uns damit nicht zufriedengeben und auch kritischen Stimmen zuhören, kommen wir wahrscheinlich zu dem Schluss, dass diese Technologien bereits tatsächlich existieren und auch schon angewendet werden. Natürlich dann angeblich nicht hier im Westen, aber wohl in China, denn diese neue Großmacht hat laut offiziellen Berichten bereits im November 2009 in Peking für einen künstlichen Schneesturm gesorgt:

> *„Seit Jahren wollen chinesische Wissenschaftler Einfluss auf das Wetter nehmen. Jetzt sind sie wohl ein bisschen zu weit gegangen mit ihren Experimenten. Am Wochenende fegte ein heftiger Schneesturm übers Land, nachdem die Forscher Chemikalien versprüht hatten. Die Empörung ist groß."*[104]

Riesige Mengen Chemikalien wurden dem Artikel zufolge bereits 2009 (vor 11 Jahren!) in die Wolken über Peking geschossen. Daraufhin fielen mehr als 16 Millionen Tonnen Schnee auf die Hauptstadt, was für ein Verkehrschaos, zahlreiche Unfälle, Stromausfälle, zum Streichen von etwa 200 Flügen und der damit einhergehenden öffentlichen Empörung führte. Viele Einwohner froren in ihren kalten Wohnungen, da die offizielle Heizperiode erst Wochen später beginnen sollte.

Der Artikel in der „Welt" erwähnt natürlich nicht, dass bereits ähnliche Experimente in anderen „zivilisierten" Ländern wie Russland oder den USA, Kanada und Norwegen schon viele Jahrzehnte vorher erfolgreich durchgeführt wurden und wohl bis heute noch – getarnt als Atmosphärenforschung – durchgeführt werden. Eine wahre Fundgrube und Pflichtlektüre für diesbezüglich Interessierte ist das fachlich exzellent recherchierte und aus sechzig Jahren praktischer Erfahrung und zahlreichen Auslandsreisen und Vorort-Recherchen und Messungen zusammengetragene Standardwerk von Dr. Rosalie Bertell „Kriegswaffe Planet Erde". Die im Juni 2012 verstorbene alternative Nobelpreisträgerin und engagierte Mitarbeiterin vieler internationaler Gremien zur Umweltgesundheit zeigt hierin die tatsächliche Geschichte und das ganze Ausmaß der Schäden, die wir der Erde zufügen. Außerdem schreibt sie über Wetterwaffen, tektonische Waffensysteme und Experimente an unseren Himmeln, im Meer und auf dem Land, die kurz nach dem 2. Weltkrieg begannen:

> *„Im Jahr 1946 entdeckte die Firma „General Electric Corporation", einer der größten Vertragspartner des US-Militärs, daß der Abwurf von Trockeneis in einer kalten Kammer zur Eiskristallbildung führt, die identisch mit denen sind, die man in Wolken finden kann. Innerhalb von Monaten führte das zu Experimenten, bei denen man Trockeneis von Flugzeugen aus in Kumuluswolken warf, das die Wassertropfen der Wolke zu Eiskristallen umformten, die dann wie Schneeflocken zur Erde fielen. 1950 hatten die Forscher herausgefunden, daß Silberjodid den gleichen Effekt auslöst. Das war der auslösende Moment hinter dem nationalen Forschungsprogramm zur Wettermodifikation („weather modification national research programme"), das von Präsident Eisenhower in den späten 1950er Jahren gestartet wurde."*[105]

Bertell beschreibt noch eine ganze Reihe weiterer gut dokumentierter Experimente des US-Militärs, Kontrolle über das Wetter zu erlangen oder sogar künstlich Stürme zu erzeugen, wie das Projekt Skyfire und Stormfury während des Vietnamkriegs, wo angeblich mit Blitzen und Tropenstürmen experimentiert wurde.

Diese Experimente können insgesamt in zwei verschiedene Typen, einmal „chemische" und dann „wellenverwandte", kategorisiert werden. Bei den chemischen Experimenten werden – so wie in China 2009 – Chemikalien in die Atmosphäre gebracht (Chemtrails sind ja bereits ein Begriff). Bei wellenverwandten

Experimenten wird mit elektromagnetischer Strahlung wie Infrarot oder Mikrowellen, in die Atmosphäre gestrahlt, was die normalen Wellenbewegungen in der oberen Atmosphäre (zum Beispiel Jetstreams) stört oder unterbricht. Dadurch werden gezielt andere Wettermuster erzeugt. Laut Dr. Rosalie Bertell werden diese Experimente bereits seit über vierzig Jahren – also schon sehr viel länger als Chinas öffentlich bekannt gewordene Experimente – durchgeführt:

> *„Am 25. Juli 1990 startete das US-Militär einen Satelliten, der 16 große und 8 kleine Kanister mit Chemikalien enthielt – vor allem Barium und Lithium. Deren Inhalt wurde in zeitlichen Intervallen in einer Höhe von 32 Kilometern in die Atmosphäre entlassen – nur knapp über der Ozonschicht. Diese Aktivitäten wurden in einem größeren Maßstab und auf einer anderen Flughöhe im Januar 1991 wiederholt, als die US-Luftwaffe 170 Millionen US-Dollar und die US-Weltraumbehörde NASA noch einmal 81 Millionen US-Dollar bezahlten, um damit eine spektakuläre „Lightshow" über Nordamerika zu erzeugen. Diese konnte man selbst noch von Teilen Westeuropas und Südamerikas aus sehen [...]. Die Sonnenstrahlen ionisierten die Chemikalien, was die Entstehung von leuchtenden Wolken hervorrief – ein Effekt, der mit einem winzigen Punkt aus rotem und blauem Licht begann und sich innerhalb von 30 Sekunden auf ein Drittel der Größe des Vollmondes vergrößerte."*[106]

Wir können, laut Bertell, das Ausbringen chemischer Substanzen bis in unsere heutige Zeit weiterverfolgen: „Kenner der Materie" wissen natürlich, dass hierbei die Rede von den viel umstrittenen und politisch verleugneten Chemtrails ist.

Chemtrails

Chemtrails am Himmel
(Quelle: www.depositphotos.com)

Dem Flugzeugtreibstoff werden hierbei angeblich verschiedene, teilweise hochgiftige Chemikalien und Aluminiumverbindungen beigemischt, die die Sonnenstrahlen reflektieren und damit den Planeten herunterkühlen sollen. Sie überfliegen den ursprünglich klaren, blauen Himmel anfangs rasterartig und vernebeln ihn später flächendeckend. Offiziell lesen wir in einer Erklärung des Umweltbundesamtes zu einem die Leser wohl aufwühlenden Artikel der Zeitschrift „Raum & Zeit", Nr. 127/2004:

> *„Für das in dem genannten Artikel erwähnte Einbringen von Aluminiumverbindungen in die Atmosphäre und die Bildung so genannter Chemtrails gibt es keinerlei wissenschaftliche Belege. Auch im Deutschen Zentrum für Luft- und Raumfahrt (DLR) sind die beschriebenen Phänomene nicht bekannt. Das Institut für Physik der Atmosphäre des DLR untersucht seit vielen Jahren die Wirkung der Emissionen des Luftverkehrs auf die Atmosphäre – einschließlich zahlreicher Messungen gas- und partikelförmiger Emissionen von Verkehrsflugzeugen. Falls es die so genannten Chemtrails gäbe, müssten beim DLR darüber Informationen vorliegen. Die Messungen enthalten jedoch keinerlei Hinweise darauf. Die Deutsche Flugsicherung GmbH bestätigte, dass sie*

im Rahmen der Luftraumüberwachung keine auffälligen Flugbewegungen beobachtete, die etwas mit dem beschriebenen Sachverhalt zu tun haben könnten.“[107]

Ich finde es äußerst interessant, weshalb überhaupt eine öffentliche Erklärung zu einem Artikel in einem „unbedeutenden Blatt“ abgegeben wird, wo das ganze Thema doch allgemein in den Bereich der Science-Fiction oder der „Verschwörungstheorien“ zu gehören scheint und sonst nicht ernst genommen wird. Ist alles wirklich nur Theorie und Fantasterei irgendwelcher Wichtigtuer und hysterischer Spinner?

Bei www.chemtrail.de findet der Interessierte, der gern auch einmal „alle Stimmen im Wald“ hören und verstehen will, eine Tabelle des lufthygienischen Jahresberichtes des Bayerischen Landesamtes für Umwelt von 2015, worin Aluminium den zweithöchsten Wert von allen gemessenen Werten in der Luft belegt.[108]

Wie kommt es zu solchen Messergebnissen und hohen Aluminiumwerten, wenn es doch das Ausbringen solcher Aluminium-Verbindungen angeblich nicht gibt? Es wäre interessant, dieser Frage intensiver nachzugehen, weil auch die alternative Nobelpreisträgerin Rosalie Bertell in ihrer aus Jahrzehnten der in Praxisnähe entstandenen Vorortanalyse rund um den Globus bestätigt, dass diese Stoffe im Boden und anderen Teilen der Umwelt schon recht zahlreich nachgewiesen wurden. Leider wird sogar sie als „Verschwörungstheoretikerin“ abgeurteilt. Ein Begriff, mit dem heute einige Forscher oder Politiker und Freidenker, die sich auch kritisch zu anderen Themen – wie den extrem strengen Coronamaßnahmen die Existenzen vernichten – äußern, stigmatisiert werden. Wobei es keine Rolle mehr spielt, ob man einen Nobelpreis oder andere Ehrungen erhielt. Unbeeinflusst davon warnte diese mutige Wissenschaftlerin zu Lebzeiten immer wieder davor, dass die militärischen Entwicklungen nun über den zivilen „Nutzfaktor" – praktisch durch die Hintertür – eingeführt würden. Dabei fand ein neues Wort in unseren Sprachgebrauch Einzug. Und dieses heißt:

Geo-Engineering

Auf der Webseite des Bayrischen Rundfunks können wir in einem Artikel mit dem Titel „Mit Hightech den Klimawandel stoppen?" folgendes lesen:

> *„Spiegel im Weltraum halten die Sonnenstrahlung von der Erde fern. Eine künstlich erzeugte Algenblüte frisst CO_2 auf. So klingen Geoengineering- oder Climateengineering-Pläne, die Erderwärmung und damit den Klimawandel durch Manipulation zu stoppen. Solche technischen Maßnahmen kommen immer wieder als Notlösungen ins Spiel, falls alle Klimaschutzbemühungen ungenügend sein sollten oder fehlschlagen. Es gibt unterschiedliche Ansätze und Pläne vonseiten der Wirtschaft, der Wissenschaft und der Regierungen – die Auswirkungen solcher Eingriffe sind bisher zumeist nur theoretisch oder unzureichend erforscht."*[109]

Auch im Fernsehen werden diese Dinge immer öfter diskutiert.[110] Dies zeigt uns, dass das Thema im zivilen Bereich bereits „Anklang" findet und aktuell diskutiert und erforscht wird und wir uns wohl auf dem Weg zu einer Typ-I–Zivilisation befinden. Falls wir diesen Punkt im militärischen Sektor nicht schon längst erreicht haben, wie wir gleich sehen werden.

Tektonische Waffensysteme

Wenden wir uns also den wellenverwandten Experimenten oder auch tektonischen Waffensystemen zur Klima- und Wetterkontrolle zu, wie sie laut verschiedener Aussagen vom Militär längst erforscht wurden und werden. Zum einen wird diese Technik für die U-Boot-Kommunikation genutzt oder für die Durchleuchtung des Erdmantels auf der Suche nach Bodenschätzen. Auf der anderen Seite dient sie als Waffe. Und darüber hinaus gibt es eine breite Palette an weiteren, wohl teilweise auch streng geheimen Anwendungen.

Dazu müssen wir zuvor jedoch wieder einmal einen Sprung ins 19. Jahrhundert, zu Nikola Tesla (1856-1943) und Clarc Maxwell (1831-1879), machen. Deren jeweilige Forschungen im Bereich des elektromagnetischen Spektrums die Grundlagen der heutigen Technologien in diesem Bereich bilden. Clarc Maxwell entdeckte einen neuen Bereich, der über die Röntgenstrahlung hinausging, den Maxwell (so wie der heute umstrittene Erfinder Mehmet Keshe) „Äther“ nannte: die Scalarwellen. Da die Wissenschaft mit Begriffen wie „Äther“ aber nichts anzufangen weiß, wurden seine Forschungen in dem Bereich nicht sehr bekannt. Nikola Tesla entwickelte die Erkenntnisse Maxwells jedoch weiter. Woraus dieser dann wiederum mechanische Oszillatoren entwickelte, darunter eine „Reciprocating Engine“, die er unter Patent-Nr. 514,169 bereits am 06.02.1894 patentieren ließ. Mit solchen Geräten konnte Tesla angeblich schon damals Häuser zum Wanken bringen. Auch sah Tesla voraus, dass die langwelligen Schumann-Wellen, die er auch "Todesstrahlen“ nannte, künstliche Erdbeben erzeugen könnten. Womit wir beim umstrittenen und geheimen Thema der (möglichen) tektonischen Waffensysteme wären.

Da heute wohl öffentlich niemand zugeben wird, dass solche Waffensysteme existieren, gestaltet sich die Suche nach

Hinweisen oder Augenzeugen dazu recht schwierig. Einem Artikel in einem Journal zufolge, das sich solchen Themen widmet, gibt es jedoch auch Augenzeugenberichte mutiger Menschen, die über ihre Erfahrungen gesprochen haben: Ein ehemaliger Söldner, der in den Siebzigerjahren in Angola kämpfte – Arthur Johnson – gehört zu diesen Menschen:

> *„Zusammen mit fünf Kameraden bekam ich eine Spezial-Schutzkleidung und irgendwelche Koffer. Die Erklärung war lapidar: Eine neue experimentelle Waffe. Wir sollten sie das erste Mal im Kriegseinsatz benutzen. Die Waffe generiert Ultraschall auf kurze Distanz.“*

Johnson berichtet weiter, dass der kleine Trupp Soldaten eine Kamera umgeschnallt bekam, die alles, was nun geschah, aufzeichnen sollte. Nach Einschalten des Gerätes fingen die Soldaten unter den Overalls von innen heraus zu schwitzen an und in dem von ihnen mit dem neuartigen Gerät bestrahlten Gebiet begann sich bald darauf die Erde zu bewegen:

> *„Es verschlug uns den Atem: Ohne irgendeinen Knall oder Donner. Dort wo unserer Meinung nach ein Dorf sein sollte, fing die Erde an zu kochen. In einem Radius von 200 Metern vom Zentrum des Tales vollführte die Erde Wellenbewegungen und schwoll dann mehr und mehr an. Langsam warf die Erde Blasen auf, die zerplatzten und nach einigen Sekunden in sich zusammenfielen. Danach erreichte auch unseren Standort schon ein leichtes Vibrieren. Im Zentrum bildete sich ein Trichter, der immer schneller rotierte, […] Radial begannen sich Risse zu bilden, Spalten, die sich öffneten und wieder schlossen. […] Wir konnten unseren eigenen*

Augen nicht trauen. Ein paar Meilen von uns tobte ein Erdbeben, das genau fokussiert war an der Stelle, wo die Basis lokalisiert worden war [...] Nach zwei Minuten existierte das Tal nicht mehr. Statt dessen ballte sich dort ein Kegel aus Felsenschutt zusammen, unter dem Einfluß der Ultraschallwellen, wie eine dicke Flüssigkeit oder ein Gelee, das kochte, dampfte und brodelte.“[111]

Rosalie Bertell meinte zu ihren Lebzeiten, zu diesen erschreckenden Möglichkeiten des Militärs, auf die sie ebenfalls im Laufe ihrer ausgedehnten Forschungsreisen gestoßen war, dass sie sich inzwischen aufgrund der vorhandenen Möglichkeiten nicht mehr sicher sei, ob manche der Tsunamis oder unterseeischen bzw. überirdischen Erdbeben nicht künstlicher Natur seien. Denn oftmals kommen diese sogar in relativ „erdbebensicheren Gebieten“ vor, auf denen dann nach vorheriger ausführlicher geologischer Untersuchung auch Atomkraftwerke gebaut würden.

Auch werden bei manchen Naturkatastrophen, wie Tsunamis, zuweilen rätselhafte Phänomene wie elektrostatische Entladungen und anderen Lichterscheinungen beobachtet. Nach Augenzeugenberichten beginnt mitunter sogar das Meer zu leuchten und die herannahenden Fluten lassen einen wahren elektrischen Funkenregen auf die Landmassen niederprasseln. Zum Beispiel am 17. Juli 1998 vor der Nordostküste Neu-Guineas, wobei ein Leuchten des Meeres beobachtet wurde.

Wissenschaftler versuchen, das Phänomen damit zu erklären, dass sich möglicherweise die Biolumineszenz von Mikroorganismen im Meerwasser so weit erhöht hätte, dass das Meerwasser dann zu leuchten beginne. Doch genau wissen sie es nicht.[112]

Wetterkontrolle humanitär

Nun haben wir Wetterexperimente mit Chemikalien und tektonische Waffensysteme kurz behandelt und wollen uns einem anderen Thema der Wetterbeeinflussung zuwenden: Den Mikrowellenwaffen und ihren Möglichkeiten, das Wetter oder – wie Sie noch sehen werden – wohl auch das Verhalten von Menschen gezielt zu beeinflussen.

Historisch müssen wir hierbei auch wieder einen Sprung zurück in die Vergangenheit machen: Zu Nikola Teslas Zeitgenossen, dem umstrittenen Genie Wilhelm Reich (1897-1957).

Wilhelm Reich experimentierte so wie Maxwell und Tesla mit unsichtbaren Energiefeldern und entdeckte dabei eine geheimnisvolle Abstrahlung von Licht in komplett abgedunkelten Räumen, die alle Materie aussendet. Er nannte sie „Orgon“.

Reich entdeckte, dass bei Orgon-Mangel im Lichtspektrum von Zellen und Materie überhaupt – egal ob von Menschen, Pflanzen und auch Obst usw. – Krankheit und Verfall hervortraten. Bei Zufuhr der richtigen Dosis an Orgon oder „Lichtenergie“ kehrten Gesundheit und Vitalität zurück. Er konstruierte einen speziellen Kasten, groß genug, dass sich kranke Menschen hineinsetzen konnten und dem Orgon gezielt ausgesetzt wurden. Wenn die Krankheit noch nicht zu weit fortgeschritten war, gesundeten diese wieder. Auch die heutige Informationsmedizin beginnt diese Erkenntnisse langsam zu begreifen und anzuwenden.

Eine neue Entwicklung in diesem Bereich ist zum Beispiel „The Blu Room“, wo mit Licht, Farbe und Klang harmonische Schwingungen auf den Körper übertragen werden. (Buchtipp: Irmgard Maria Gräf; „Blu Room Zukunft hautnah erleben – mit Licht, Frequenz und Klang Brücken bauen“ / ISBN 9783000583223)

Wilhelm Reich fand aber auch heraus, dass dieses Lichtspektrum, falsch ausgerichtet, Krankheit erzeugt oder bestimmte

Energiestrahlungen schädlich sind, wenn sie sich mit dem Orgon vermischen. Diese schädliche Strahlung nannte er Dor.

Reich experimentierte hier auch mit einem speziell umgebauten größeren Orgon-Gerät, das er mittels großer Metallrohre gezielt in den Himmel ausstrahlen ließ. Er konnte damit angeblich sogar auf „natürliche Weise" Wolken erzeugen und Regen machen oder Schlechtwetterfronten auflösen. Eine sehr gute Verfilmung seines Lebens und Wirkens ist in der Edition FILMladen unter dem Titel „Der Fall Wilhelm Reich" erschienen.

In heutiger Zeit hat der algerische Ingenieur Madjid Abdelladziz nach eigenen Angaben Teslas und Reichs Erfindungen aus der staubigen Schublade hervorgekramt und ein auf deren Forschungen beruhendes Gerät gebaut, dass er zur „Himmelsakupunktur und Wetterheilung" einsetzt, wie er es nennt. Als Regenmacher hat er bereits einen gewissen Ruhm und Bekanntheitsgrad weit über die Landesgrenzen hinaus entwickelt: Mit seinem Gerät hat er mehrmals in einer der heißesten Wüstenregionen Algeriens ein Experiment gestartet, um es dort regional begrenzt ausgiebig regnen zu lassen. In der Folge entstand dort mitten in der Wüste eine kleine grüne Oase. Man kann sich das Ergebnis seiner Experimente auf seiner inzwischen schon recht bekannten Webseite ansehen. Madjid Abdelladziz lädt bescheiden dazu ein, mitzuhelfen, an seinen Traum von einem großen Grünstreifen quer durch Afrika mitzuwirken und die Abwanderung aus diesen trostlosen, von Krieg und Krisen gebeutelten Regionen zu stoppen. Er bietet auch Baumpatenschaften für die auf dem ehemaligen Wüstengebiet nun fruchtbaren Böden prächtig gedeihenden Obstbäumen an und lädt dazu ein, sich das kleine Wunder in der algerischen Wüste selbst vor Ort einmal persönlich anzuschauen.

Inzwischen reist er um die Welt und installiert in vielen Ländern ähnliche Wetterregulations-Systeme. Auch die Regierung

Algeriens ist bereits auf ihn aufmerksam geworden und schickt den Bauern, die sich dort nun niederlassen dürfen und bereits wieder in dem Gebiet, wo Abdelladziz „Desert Greening“ praktiziert, wohl fühlen, Erntemaschinen und beginnt, die angebauten Sorten langsam zu vermarkten. Ebenfalls ist der weltbekannte Konzern „Coca-Cola“ auf diese Entwicklungen aufmerksam geworden und beginnt jetzt dort – so Abdelladziz – Wasserrechte zu erwerben, weil sich die Staudämme in dieser durch ihn harmonisch gestalteten Region wieder füllen.

Abdelladziz postuliert, dass es mit seinen wiederentdeckten Erfindungen möglich wäre, das Klima weltweit gesund und harmonisch zu gestalten, schädliche Chemtrails in der Atmosphäre aufzulösen und dem Planeten insgesamt wieder zu einem gesunden Gleichgewicht zu verhelfen. Diese Umwandlung hätte dann auch viele positive Folgen für die dort lebenden Menschen. Ungeachtet dessen, schweigen die großen Leitmedien über diese und viele andere positive Entwicklungen in der Welt, die das Wüstenproblem, das Ernährungsproblem, das Flüchtlingsproblem, Energieproblem,... lösen oder zumindest in großem Maße mindern könnten und folgen seiner Einladung nicht, sich das „Wunder in der Wüste Algeriens“ präsentieren zu lassen. Vielmehr wird dieser Ingenier hart angegriffen, beschimpft, verleumdet und werfen unsere Medien lieber täglich neue Tabellen mit Corona-Infizierten, Attentätern, Kunsträubern, ... in Endlosschleifen „an die Wand“. Oder berichten über Schauspieler, die gestorben sind, Stars, die sich nackt im Netz zeigen (was zu einer Sucht geworden zu sein scheint) und vieles mehr. Es besteht offensichtlich kein Interesse an den vielen positiven Entwicklungen, die bereits einen großen Strom gegen die täglichen Hiobsbotschaften aus den Nachrichten bilden. Einer der Gründe dafür ist auch recht schnell ausgemacht und sogar per Kamera dokumentiert:

Auf der käuflich erwerbbaren Dokumentation „Darwins Alptraum“ (Tiberius Film, Dezember 2005, ASIN B9V9W00AJ) sieht der Interessierte, wie Flugzeuge, die aus hungernden afrikanischen Ländern begehrten Fisch in unsere „zivilisierte Welt“ als Handelsgüter liefern, gleichzeitig Waffen für den Bürgerkrieg dorthin transportieren. Da hungernde Menschen zu Revolutionen neigen, ist dies ein doppeltes Geschäft. Wahrscheinlich können wir es uns daher nicht „leisten“, das Welthungerproblem mit der bereitliegenden industriellen Überproduktion zu beheben: Weil Krieg im Zeitalter KI-gesteuerter Waffensysteme eben ein „verdammt“ gutes Geschäft geworden ist. Wozu ich noch im Kapitel zur mit 5G einhergehenden künstlichen Intelligenz kommen werde. Niemand würde Waffen kaufen, in einer Welt, die Nahrung und Kleidung im Überfluss, sowie einen Platz zum Leben für alle bietet. Und wenn es auf wieder begrünten Wüstenflächen wäre, wo auf diesen ausgeruhten Böden – ohne Pestizite – einfach alles prächtig gedeihen kann, wie Abdelladziz in Algerien der Öffentlichkeit präsentiert.

Ich erzähle hier davon, damit der Leser sieht, dass es neben all den nicht immer erfreulichen Entwicklungen in der Welt auch viele positive Entwicklungen gibt, die parallel zu den negativen ablaufen. Und es sich lohnt, die Nachrichten einmal auszuschalten und sich anderswo zu informieren. Wir sollten neue Technologien wie Geoengineering daher nicht nur verteufeln, denn letztlich kommt es darauf an, wofür wir sie nutzen.[113]

Militärische Wetterkontrolle

Neben der gerade gezeigten Möglichkeit der friedlichen, humanen Umweltheilung hat natürlich insbesondere das Militär Interesse an einer solchen Technologie. Das führt uns wieder zurück zu Rosalie Bertell, die hier umfassend recherchierte: Berühmt oder berüchtigt ist das inzwischen recht bekannte HAARP-Projekt, übersetzt "aktives Hochfrequenz-Forschungsprogramm zur Erforschung des Polarlichtes", und sein russischer Kollege, der „Woodpecker".

HAARP und nach demselben Prinzip in vielen Ländern gebaute ähnliche Anlagen, werden offiziell als zivile Programme eingestuft, aber laut Bertell in den USA gänzlich von der US-Luftwaffe und dem Büro der Marineforschung finanziert. Kleinere Ausbildungen und Kursangebote für Studenten ermöglichen es, dort Studienlehrgänge zu absolvieren und den äußeren Schein einer zivilen Universitätseinrichtung zu wahren. Offiziell arbeitet die HAARP-Anlage mit etwa 3,6 Megawatt (Millionen Watt), die in die Ionosphäre, der oberen Atmosphärenschicht der Erde, gestrahlt werden, im extrem niedrigen Frequenzspektrum ELF (extreme low frequency). Damit soll die Kommunikation mit U-Booten ermöglicht, geophysikalische Sondierungen vorgenommen und ionosphärische Linsen geschaffen werden. Diese Linsen können ionosphärische Prozesse auslösen, die man im militärischen Bereich einsetzen kann oder um das Erdmagnetfeld zu ionisieren. Damit kann man dann – wie Bertell ausführt – die Streuungseigenschaften von Radiowellen kontrollieren oder beeinflussen und einiges anderes mehr.

Die HAARP-Anlage wurde in einer ersten Stufe 1995 mit 18, circa 20 Meter hohen Sendemasten ausgestattet und 1998 dann auf 48 Sendetürme aufgestockt. 2002 kamen dann 180 Übertragungstürme dazu, die für verschiedene Zwecke hochfrequente Strahlung in die Atmosphäre schicken können. Mit dieser Hochfrequenz könnte dann in den oberen Atmosphärenschichten der Erde Einfluss auf die Wettermuster genommen werden.

Erfinder und Patentinhaber der HAARP-Anlage ist der Physiker Dr. Bernard J. Eastlund, der angeblich Nikola Teslas Ideen aufgegriffen hat und ebenfalls eine Erfindung zur Kontrolle des Wetters hervorbrachte, die am 11. August 1987 als Patent der Firma ARCO durch die Firma APTI gewährt wurde (NR. 4,686,605). Eastlund erklärte zur Wirkungsweise seiner Erfindung: Mittels einer erdbasierten Energiequelle werden elektromagnetische Radiowellen erzeugt (HAARP). Diese werden hoch oben in der Atmosphäre konzentriert und können so den Jetstream steuern oder die Kommunikation auf der ganzen Welt unterbrechen. Die Windmuster in großer Höhe können mit dieser Erfindung gezielt beeinflusst werden, indem man durch Bestrahlung von unten die Atmosphäre anhebt. Man könne einen Linseneffekt für das Sonnenlicht in großer Höhe schaffen und so gezielt die Aufheizung bestimmter Erdregionen beeinflussen.

Die Kontrolle lokaler Wettermuster würde es – so Eastlund – damit erlauben, Regen nach Äthiopien zu bringen oder das Verhalten von Stürmen zu beeinflussen. Im Juli 1994 soll er das bereits anhand eines künstlich erzeugten Sturmes, der Teile Georgias, Alabamas, und Floridas überflutete, demonstriert haben. Wegen des starken anhaltenden Interesses der Öffentlichkeit wurden aber bald seitens der US-Regierung alle weiteren Meldungen zu wetterbeeinflussenden Möglichkeiten unterdrückt. Seitdem wird diese Erfindung – laut Dr. Rosalie Bertell – als ein „Gerät zur Atmosphärenforschung“ getarnt.

Heute haben viele Länder diese „Art lebensbedrohliche oder lebensspendende Spielerei“ kopiert. HAARP-Anlagen befinden sich inzwischen in zahlreichen Ländern der Welt, so auch eine der größten in Deutschland; die Marine-Funksendestelle Marlow.[114] Deutschland möchte eben bei dem „Spiel mit High-Frequency“ auch ganz oben mitspielen.

Beim russischen „Specht", wie der Woodpecker übersetzt heißt, leisteten die USA 1970 Entwicklungshilfe, indem sie den Sowjets einen riesigen Magneten, der Teil des Woodpecker-Projektes wurde, übergaben. Bertell führt dazu aus:

> *„Im Jahr 1974 einigten sich die Vereinigten Staaten und die Sowjetunion im Vertrag von Wladiwostok darauf, die arktische Polkappe abzuschmelzen. Es handelte sich um keinen ratifizierten binationalen Vertrag, daher hatten diejenigen, die später vom rapiden Abschmelzen des arktischen Eises, und der daraus resultierenden gefährlichen Lage der Eisbären alarmiert wurden, keinen Zugriff darauf. Für die Öffentlichkeit wurde das Schmelzen der nördlichen Polkappe zu einem starken und unheilverkündenden Zeichen des Klimawandels".*[115]

Man sollte bei all diesen Informationen bedenken, dass es inzwischen auch Erkenntnisse gibt, dass eine ganze Reihe bisher unentdeckter, aktiver **Vulkane unter den Poleiskappen** für deren Abschmelzen mit verantwortlich sind.[116]

Auch sind wir in einen Sonnen-Zyklus mit verstärkter kosmischer Strahlung und Aktivität eingetreten. Und schließlich gießen wir Menschen durch das Verheizen fossiler Brennstoffe sprichwörtlich zusätzlich Benzin ins Feuer. Hinzu kommt das aktuelle Problem der durch Hitzewellen oder Brandrodungen entstehenden riesigen globalen Waldbrände[117], die zusätzlich die Erde aufheizen.

Ebenfalls stieß ich bei meinen Nachforschungen auf den „nuklearen Klimawandel": Bei den über 2.100 offiziellen Atomwaffentests seit 1945 wurden demzufolge tatsächlich enorme Mengen Hitze und Strahlung abgegeben, was wir beim Klimawandel auf der Erde nicht vergessen dürfen. Und nun haben wir hierbei auch die Spielwiese der Mikrowellentechnologie und ihre Möglichkeiten entdeckt.

Ich halte das Abschmelzen der Pole durch große 20 Meter hohe Mikrowellen-Türme (HAARP-Anlagen als Atmosphärenheizer) jedoch durchaus für möglich. Man kann ja bei jeder Mikrowelle im Haushalt im kleinen Maßstab bereits sehen, dass wir damit Eis zum Schmelzen bringen können.

EMP-Waffensysteme

Aber damit sind die Möglichkeiten einer zielgerichteten Mikrowellenwaffe noch längst nicht ausgeschöpft. Denn die HAARP-Technologie kann angeblich auch dazu genutzt werden, um als EMP-Waffe (Elektromagnetische-Impuls-Waffe) zu dienen. So berichtet Bertell in ihrem umfassenden Werk ebenfalls auf Seite 227 – 228 für jeden Interessierten nachlesbar, dass während des kalten Krieges wohl bereits „Impulsgefechte" zwischen der HAARP-Anlage in den USA und dem russischen „Woodpecker" nahe Tschernobyl geführt worden und verheerende Konsequenzen für deren Energiequelle hatte. Von den USA aus soll damals eine umgekehrte Scalarwelle gegen die russische „Woodpecker-Welle" gesendet worden sein. Was zur Folge hatte, dass der „Woodpecker" neutralisiert wurde, indem der Tschernobylreaktor, der als Energiequelle des Woodpeckers diente, überlastet wurde. Womit weite Teile Europas in Mitleidenschaft gezogen wurden.

Weltweit könnte also auf militärischem Wege ein einfacher Stromausfall verursacht werden und ganze Länder ins Chaos stürzen, ausgelöst durch Anlagen wie Haarp oder Woodpecker. Oder andere „technologische Wunder" vor denen man auch viel im Netz lesen oder sich über Schutzmaßnahmen auf den Seiten des Katastrophenschutzes informieren kann. (Die auch diese Möglichkeiten mit einbeziehen) Was bedeutet, dass wir in einer Zeit möglicher Komplettstromausfälle künstlichen oder natürlichen Ursprungs leben.

Wie nah das Szenario ist, lesen wir zum Beispiel im Tagesspiegel vom 16.06.2019 unter der Überschrift „Stromausfall in ganz Argentinien und Uruguay":

siehe unter: (https://www.tagesspiegel.de/gesellschaft/panorama/blackouts-in-mehreren-laendern-stromausfall-in-ganz-argentinien-und-uruguay/24461246.html) Wo ein massiver Blackout dazu führte, dass weite Teile Argentiniens und Uruguays ohne Strom dastanden, während die Ursachen dafür nicht genau definiert werden konnten. Willkommen in einer Welt, die weltweit komplett von der einfachen Zahnbürste bis zum Zug oder Flugzeug und vollautomatischen Produktionsstätten elektronisch 5G-vernetzt sein „will".

Verschwörungstheorien oder reale Möglichkeiten?

HAARP-Anlagen, insbesondere die älteste in den USA, sind inzwischen zu einem Synonym für Geheimprojekte der Regierung, für Wetterkontrolle geworden und werden oft in Zusammenhang mit Naturkatastrophen wie Erdbeben, Wirbelstürmen usw. gebracht. Offiziell heißt es, es konnte kein kausaler Zusammenhang nachgewiesen werden.[118] Und so bleibt uns die Wahl, zu glauben, was wir glauben wollen und jeweils den individuellen Standpunkt einzunehmen, den wir zu diesem sehr heiklen Thema einnehmen möchten. Fakt ist, dass mit dem Wetter experimentiert wird und der Machbarkeit, das Klima der Erde zu beeinflussen. Oder – im Zeitalter des Aufbruchs in den Weltraum – auch als Strategie, den Mars zu begrünen, was bereits diskutiert wird. (Buchtipp: Michio Kaku: „Abschied von der Erde“, Rowohlt-Verlag 2019) Niemand würde diese Möglichkeiten diskutieren, wenn sie nicht in gewisser Weise technologisch machbar wären. Das hat nichts mehr mit Verschwörung zu tun, sondern mit Machbarkeits- und Risiko-Diskussion.

Einem Bericht des Journals „Matrix 3000“ (Spezialausgabe vom September/Oktober 2005, S. 16) zufolge, hat der ehemalige US-Verteidigungsminister Cohen sich öffentlich auf einer Antiterrorismus-Konferenz besorgt geäußert, dass tektonische Waffen und Wetterwaffen in die Hände von Terroristen gelangen könnten, diese jedoch „glücklicherweise“ noch nicht über das technische „Know-how“ oder die Infrastruktur verfügten, solche Waffen selbst herzustellen.

Und in einem Folgeartikel der Ausgabe vom März/April 2006 (S. 8) unter dem Titel „Die Erde als Waffe“ erwähnt die Zeitschrift einen neuen Gesetzentwurf zum Schutz des erdnahen Weltraums vor Militarisierung, den „Space Preservation Act“, der bereits am 02.10.2001 dem US-Repräsentantenhaus vorgelegt wurde. Darin geht es um ein Verbot zur Stationierung unterschiedlicher Waffensysteme im All, insbesondere jedoch **tektonischer Waffensysteme,** also Waffensysteme zur Erdbebenerzeugung. Offensichtlich sind also bereits solche Waffen im Besitz der Militärs oder vielleicht sogar im Einsatz, sonst bestünde ja kein Bedarf zur Diskussion oder keine Notwendigkeit, Gesetze zu verabschieden, die ihre Handhabung regeln. Der mutige und interessierte Leser ist angehalten, sich in diesen interessanten, wenig bekannten Bereich selbst tiefer einzulesen.

Die Beeinflussung von Menschen mit Mikrowellentechnologie

Mit Geoengineering oder Wettermanipulation ist das heikle Thema „militärische Anwendung von Strahlung“ jedoch noch nicht abgeschlossen. Nach Aussagen verschiedener Forscher besteht auch die Möglichkeit, das Bewusstsein von Menschen durch Niederfrequenz- oder Mikrowellen (Millimeterwellen) gezielt zu beeinflussen. Hierzu benötigt man jedoch nicht unbedingt eine riesige HAARP-Antennenanlage, sondern es reicht sogar „normaler Mobilfunk“.

Einer der Spezialisten auf diesem Gebiet ist Dr. Barrie Trower, Mikrowellenspezialist und Ex-Militär, spezialisiert auf Kern- und Atomphysik. Er untersuchte diese Technologie jahrelang für das Militär als Waffe für die Beeinflussung von Soldaten. Nach eigenen Angaben arbeitete er viele Jahre für die Royal Navy, für die er Mikrowellenwaffen entwickelte oder untersuchte und in Feldstudien an Soldaten auch testete. Heute, im Ruhestand, reist er um die Welt und hält Vorträge über die gesundheitlichen Gefahren und Risiken, die mit der Einführung des neuen Mobilfunkstandards 5G kommen.

Dabei wurden im militärischen Bereich – so Trower – wie beim neuen Mobilfunkstandard 5G Kurzwellen oder Millimeterwellen benutzt. Damit konnte er über kurze Distanzen oder weite Entfernungen Menschen gezielt beeinflussen und so das Verhalten der Soldaten oder den Ausbruch von Krankheiten steuern. Mikrowellenwaffen gibt es demnach seit Ende der 1940er Jahre. Während seiner militärischen Forschung stellte er circa 60 verschiedene Impulsfrequenzen zusammen, welche etwa 200 verschiedene Krankheiten beim Menschen hervorrufen können. Diese Liste ist laut Trower heute auf etwa 750 verschiedene Impulsfrequenzen gestiegen, die auf etwa 1.500 nachgewiesene biologische Strukturen einwirken.

Dr. Trower erklärt, dass es während seiner Forschungszeit darum ging, herauszufinden, welche Frequenzen und Pulsfrequenzen welche Teile des Gehirns oder des Körpers beeinflussen können. So gibt es demnach Frequenzen, die die Darmfunktion zusammenbrechen lassen, und Frequenzen, die Menschen dazu bringen, Selbstmord zu begehen, und wieder andere, die Krebs auslösen.

Bei dieser Art unsichtbarer Waffentechnik bemerkt man natürlich nicht, dass man krank wird. Es ist ein schleichender „Tod", den man nicht sieht, riecht oder schmeckt.

Trower postuliert in seinen Vorträgen, dass der neue 5G-Mobilfunkstandard viel mehr Störungen verursachen wird als angenommen: Er rechnet mit Schäden an den Augen, den Ohren, der Haut, den Geschlechtsorganen und an der Oberfläche des Körpers insgesamt. Doch 5G kommt seinen Aussagen nach nicht allein als Strahlung, sondern gebündelt mit anderen Frequenzen, als Frequenzcocktail. In einem Feldversuch starben laut Trower sogar Rinder, die dem gezielt ausgesetzt waren. Außerdem rechnet er damit, dass die neue starke 5G-Strahlung dazu führen wird, dass mit flächendeckender Einführung von 5G in den nachfolgenden Generationen von acht Geburten etwa sieben Gendefekte zeigen oder tot zur Welt kommen werden.

Er beruft sich dabei nach eigenen Aussagen nicht auf Behauptungen, sondern auf Forschungen, die klare Fakten liefern.[119] Bitte beachten Sie hierzu auch das Interview mit Dr. Trower in der Dokumentation „Faktencheck Mobilfunk" (erhältlich bei der www.Bürgerwelle.de/ siehe im Anhang dieses Buches), wo er über diese Möglichkeiten spricht und erklärt, wie genau Mikrowellen und 5G auf das Gehirn wirken werden.

Da diese Technologie offensichtlich schon seit Ende der 1940er Jahre angewendet wird, suchte ich nach Hinweisen, wie Betroffene ihre Erfahrungen damit schildern. Hierzu fand ich dann einen etwas älteren, aber immer noch sehr interessanten Artikel in einer älteren Ausgabe der „Zeitenschrift“ Nr. 24/4. Quartal von 1999. In einem großen Mobilfunkreport geht es hierin auch um die Möglichkeiten von Mikrowellenwaffen und um Experimente an der Bevölkerung: So schildern verschiedene Personen darin ihre schrecklichen Erlebnisse als Opfer dieser militärischen Mikrowellen-Technologie. Eine Gruppe englischer Frauen in Greenham Common wehrte sich beispielsweise damals gegen die Stationierung amerikanischer Atomwaffen. Daraufhin montierte das Militär einige Antennenanlagen in der Nähe ihrer Unterkunft.

> *„Nachdem die Antennen errichtet wurden, bekamen mehrere Frauen Kopfschmerzen, Ohrenschmerzen und Unwohlsein. In den darauffolgenden Monaten erkrankten einige Frauen an Durchfall, Migräne, unregelmäßiger Periode usw. Sobald die Frauen das Friedenslager verließen, besserten sich ihre Zustände wieder. Unabhängige Wissenschaftler stellten 1986 fest, daß das Lager der Friedensaktivisten mit elektromagnetischen Wellen bestrahlt wurde.“*[120]

Auch kämpferisch robust eingestellte Menschen, wie der Schwede Robert Naeslund, machten hier schreckliche Erfahrungen. Er setzte sich öffentlich gegen Implantate zur Wehr, woraufhin er nach eigenen Aussagen ab 1985 jede Nacht mit elektromagnetischen Waffen bestrahlt wurde und davon bald zu einer Art lebendem Zombie wurde. Er bekam gesundheitlich so große Probleme, dass er nur noch fliehen konnte. Erst als er seine Tätigkeit, sich öffentlich gegen die Praktiken der Geheimdienste zu wehren, aufgab, hörten die Dauerbestrahlungen auf. Im Oktober 1992 kam er mit dem „International Network against Mind Control" in Kontakt und nahm seinen Kampf gegen diese illegalen Praktiken wieder auf. Daraufhin begann der Albtraum für ihn wieder von vorne.

Anke Kern, eine Aktivistin und mutige wie fachlich kompetente Streiterin gegen den Mobilfunk und die 5G-Einführung, berichtet, dass man, seitdem sie sich öffentlich engagiert, eine Mobilfunkanlage direkt gegenüber ihrer Wohnung installiert hat.[121]

Ultraschallkanonen bei der Polizei

Inzwischen sind auch bei der Polizei neue Technologien im Einsatz, um Demonstranten nicht mehr mit „altmodischen" Wasserwerfern oder Schlagstöcken vertreiben oder in Schach halten zu müssen, oder Menschenmassen aufzulösen, sondern diese mit „modernen" unsichtbaren Mitteln zu vertreiben. Die Polizei möchte eben auch „mit der Mode" gehen. (kleiner Scherz)

Ein Spiegel-Wissenschaftsartikel von Jörg Römer vom 30.09.2017 unter dem vielsagenden Titel: „Wie Schallwaffen funktionieren" zeigen diese Entwicklungen deutlich:

> *„Mit hörbarem Schall arbeiten Waffenentwickler schon länger: Im Einsatz bei US-Streitkräften und der Polizei ist die Long Range Acoustic Device (LRAD), eine Art Schallkanone. Bei dem Gerät handelt es sich um einen großen Lautsprecher, der sehr gezielt und über weite Strecken eingesetzt werden kann. So übermittelt die US-Polizei etwa Lautsprecherdurchsagen, die bis zu 500 Metern verständlich sein sollen. Das System, an das ein einfacher Mp3-Player angeschlossen werden kann,*

wurde 2009 bei nicht genehmigten Demonstrationen am Rande des G20-Gipfels in Pittsburgh eingesetzt."[122]

Sex-Brummtöne per Radio

Ein makaberer Scherz, dachte ich, als ich diesen skurrilen aber irgendwie auch passenden Artikel in einer älteren Ausgabe von „Matrix 3000" fand.

Einige Jahre zuvor war an der gynäkologischen Klinik der Universität Frankfurt/Main unter Leitung von Dr. Karl-Heinz Bauer eine Studie betrieben worden, um festzustellen, wie Menschen auf bestimmte Klangfrequenzen reagieren. Dabei stellte man fest, dass als angenehm empfundene Musikstücke den Spiegel des Sexualhormons Prolaktin erhöhen. Am 10. April 2002 um 7:05 Uhr testete man das in Stuttgart in einem Großversuch an der Bevölkerung.

Der Vorfall wurde als „Sexbrummton von Stuttgart" bekannt: In einer Rundfunksendung auf Antenne 1 wurde ein tiefer Brummton ausgestrahlt, teilweise hörbar, meist aber mit Musik überlagert. Angeblich wurde der Ton während des ganzen Tages bis Mitternacht ausgestrahlt. Die Moderatoren kommentierten live.

Wenn es also zwischen zwei Menschen in einer Bar plötzlich knistert, könnte das nicht immer nur an Sympathie liegen, sondern eben auch an bestimmten Tönen oder Frequenzen, die gerade ausgestrahlt werden. Wobei wir, unschuldig wie wir sind, dann vielleicht meinen, es sei die Person. (kleiner Scherz)

Nun, für den Ex-Militär Dr. Barrie Trower ist das nicht so lustig und nichts neues, denn bei der Erprobung der militärischen Kriegsführung fand er auch Frequenzen, die Soldaten nicht nur in die

Knie zwingen, sondern Frauen oder Männer auch sexuell gefügig machen konnten. Zwei der Frequenzen, die der neue auf Millimeterwellen basierende 5G-Mobilfunk beinhaltet, sind nach seinen Aussagen sogar tödliche Waffen. Eine davon befindet sich laut Dr. Trower am oberen Ende der Frequenzskala von 5G und bekam den seltsamen Spitznamen „The Crowler“ (der Knurrende) und dient der Kontrolle von Volksmengen.[123]

Experimente an der Bevölkerung

Diese am Rand des Hörbaren befindlichen Brummtöne oder unangenehmen Geräusche und Frequenzen, die teilweise auch wie das Kratzen von Fingernägeln auf Schiefertafeln beschrieben werden, gibt es seit vielen Jahren auf der ganzen Welt. So kommentiert die „Zeitenschrift“ Nr. 24 von 1999 es bereits in einem Artikel:

> *„James Kelly, Forschungsdirektor an der University of New Mexico/USA, sagt: „Wir haben jetzt zwei große Bevölkerungsgruppen, die dieses Gebrumm hören, hier in England. Die Leute in Taos sind dadurch sehr beunruhigt. Das ist keine Kleinigkeit.“*[124]

Die „Zeitenschrift“ führt weiter aus, dass viele Menschen in England, den USA und Neuseeland ebenfalls darunter leiden.

> *„Mit Analysen tut man sich schwer, nur der US-Abgeordnete Bill Richardson vom Geheimdienstkomitee des Repräsentantenhauses weiß, daß das ‚Brummen‘ keine Täuschung ist. Er sagte auf einer Versammlung in Taos, daß das Geräusch*

in „Zusammenhang mit der Verteidigung" stehe und forderte, daß das Pentagon „damit aufhöre"."[125]

Nationale und internationale Bemühungen zum Schutz der Bevölkerung vor Mikrowellenwaffen

Die Probleme mit den neuen Technologien und Frequenzen, die offensichtlich auch bereits seit langer Zeit experimentell als Waffen erforscht werden, wurden wohl schon seit ihren Anfängen Ende der 1940er Jahre erkannt. Doch leider tun sich hier die Behörden schwer, die Öffentlichkeit in dem Maße über den Schaden und die Auswirkungen für alles Leben und den gesamten Planeten zu informieren, wie es ratsam wäre. Die Sucht nach Macht und die Gier nach ständig höheren Profiten hält „uns" im Griff. Auch die Generalversammlung der Vereinten Nationen kennt bereits seit Jahrzehnten das „Problem des technologischen Fortschritts" in dem nun etwas umfassend abgebildeten Kapitel des auch für militärische Zwecke sehr interessantem Bereich der Klima- und Wetterkontrolle.

„Die Generalversammlung der Vereinten Nationen beunruhigte diese Wettermanipulation derart, daß sie am 10. Dezember 1976 einem „Abkommen über das Verbot von Wetterbeeinflussungstechniken durch das Militär oder für sonstige lebensfeindliche Zwecke" („Convention on the Prohibition of Military or Any Other Hostile Use of Environmental Modification Techniques") zustimmte. Allerdings hat sie es versäumt, angeblich „friedliche Projekte" – wie „reine Forschung", „Sonnenenergieprojekte" oder „Ressourcen-Industrieförderung" ebenso zu verbieten. Kein Gedanke wurde darüber verschwendet,

die Zustimmung einer informierten Öffentlichkeit einzuholen. Die Regierungen haben lediglich ihre Haltung zur Öffentlichkeitsarbeit verändert. Beispielsweise haben die Vereinigten Staaten mit Wetterforschung mit dem Ziel begonnen, die Nahrungsmittelproduktion im nordamerikanischen Flachland zu erhöhen."[126]

Die Erdcharta – Organisation zum Schutz der Erde

Bertell erkannte klar, dass das Militär einen Schlupfwinkel in der Öffentlichkeitsdarstellung ihrer im Geheimen fortgeführten Forschung gefunden hatte und der Missbrauch und die Zerstörung durch elementare, von Menschen entwickelte Kräfte trotz Verbot durch die Vereinten Nationen im Dezember 1976 bis heute weitergingen.

Da die Vereinten Nationen diese Hintertür jedoch nicht kappten, engagierte sie sich während ihrer Lebenszeit, eine Organisation ins Leben zu rufen, die „die Erdcharta" genannt wurde. Eine Organisation, der alle Nationen und Regierungen verpflichtet sein sollen. Die Erdcharta hat einige sehr weitreichende, ja sogar spirituell sehr anziehende Gedanken, den Planeten als Ganzes zu sehen und jedes Lebewesen zu wertschätzen bzw. diesem dieselben Rechte auf Leben zuzusprechen wie dem Menschen. Ich war beeindruckt von der geistigen Dimension, die die alternative Nobelpreisträgerin Rosalie Bertell verkörpert hat und damit für künftige Generationen als Fundament weltweiter friedlicher Koexistenz bereitgestellt hat.

Die Erdcharta beinhaltet 16 Grundsätze, darunter:

- die Achtung des Lebens und Sorge für die Gemeinschaft
- Achtung vor der Erde und der Lebensvielfalt

- fürsorglich voller Liebe, Verständnis und Mitgefühl für die Gemeinschaft sorgen
- gerechte, friedliche und nachhaltige Gemeinschaft schaffen
- die Fülle und Schönheit der Erde für heutige und künftige Generationen sichern.

Und vieles andere mehr. Den vollständigen Text der Erdcharta und ihrer Zielsetzung finden Sie unter: http://www.erdcharta.de/oi-cms/text-erdcharta_wortlaut.html

Ein weiterer Beteiligter ist „The International Concil for Local Environment Initiatives“, das weltweit Büros unterhält und sich ebenfalls für den Schutz der Erde einsetzt. Das weltweite Sekretariat sitzt in Toronto/Kanada (http://www.iclei.org) und das europäische Sekretariat sitzt in Freiburg/Deutschland. Weitere Zweigstellen befinden sich in Japan, Simbabwe, Chile und in Kalifornien/USA.

Mir kam der Gedanke, dass eine politische Partei, die sich konkret der Umsetzung der Ziele der Erdcharta zum Inhalt machen würde, wohl in einer Zeit von „Fridays for Future“ großen Zulauf hätte, denn viele Menschen scheinen immer aktiver zu werden in ihrem Bestreben, etwas zu ändern. Was einen begrüßenswerten Wandel zeigt.

Neben diesen international bereits recht aktiven Bewegungen zum Schutz der Erde und auch schlagkräftigen Bürgerbewegungen in jedem Land, wie dem deutschen Verein „Bürgerwelle e.V.“ oder dem „Verein für Elektrosensible e.V.“, die sich konkret gegen den Ausbau der Netze und damit auch der damit einhergehenden gesundheitlichen Beschwerden engagieren, gibt es international auch Organisationen, die sich zum Teil konkret gegen den Einsatz von Mikrowellenwaffen wehren.

Das Committee on offensive Microwafe Weapons (ICOMW)

Die Aktivitäten des Militärs riefen natürlich auch das Begehren im Volk hervor, sich gegen solche Praktiken zu schützen und Betroffenen Hilfe zu leisten. Und so wurde 1990 eine Organisation gegründet, die sich gegen diese Tätigkeiten zu wehren begann, das **Internationale Komitee gegen Mikrowellenwaffen,** welches wiederum Teil einer Koalition gegen kriminelle Machenschaften mit Mikrowellenwaffen zum Schutz der Bevölkerung ist: der **Coalition for an International Criminal Court**, welcher Waffenkontroll- und Informationsfunktion besitzt. Sie versucht die Öffentlichkeit seitdem darüber zu informieren oder Betroffenen Hilfe zu leisten. Gegründet wurde die Organisation von Harlan Girard im Jahr 1990, der mehrere akademische Grade in Chemie, Ökonomie und Landschaftsarchitektur besitzt und seit 1988 unabhängige Forschungen über Mikrowellenwaffen durchführt.

In Deutschland und vielen anderen Ländern steckt das Thema noch in den Kinderschuhen, da die Öffentlichkeit zu wenig über die Möglichkeiten des Militärs und deren Experimente an der Bevölkerung, wie dem Sexbrummton in Stuttgart, aufgeklärt ist. Oder vielleicht zu wenig aufgeklärt werden will? Der Fluch der Zivilisation scheint es zu sein, immer weniger über solche Dinge wissen zu wollen. Ich kenne hier einige Leute mit höherem Bildungsabschluss, die mir während dieses Buchprojektes rieten, die Mittel für meine Bücher lieber in einen schönen Urlaub oder in andere „sinnvolle Dinge“ zu stecken. Doch was ist sinnvoll und was nicht? Dies muss, so glaube ich, jeder selbst für sich entscheiden.

Kapitel 7

Mobilfunk aus dem All:
Die galaktischen Pläne für den Mobilfunk

So wie der Mobilfunkstandard 5G wird der neu entflammte Aufbruch in das Weltall bejubelt. Aber mit der einfachen Aussage „Jetzt bauen auch die Mobilfunkbetreiber ihre Masten auf dem Mond“, ist es nicht getan. Denn um den wahren Umfang der Weltraumpläne zu verstehen, ist es notwendig, den Themenkomplex, über den schon zahlreiche Publikationen erschienen sind, etwas ausführlicher zu behandeln.

Der Aufbruch in den Weltraum

Die Euphorie der Wissenschaft über die Fortschritte in der Forschung und Weltraumplanung ist riesig und die Nachrichten überschlagen sich. Hinzu kommt, dass dieses Mal nicht nur Russland oder die USA um die Spitze wetteifern, sondern auch private Investoren mit dem nötigen „Kleingeld“, wie Richard Branson, Elon Musk oder Amazongründer Jeff Bezos[127], reges Interesse am Weltraum zeigen. Und inzwischen treten auch eine ganze Reihe von Staaten und Staatengemeinschaften, wie die USA, Russland,

Japan, Kanada, China, Indien, Argentinien, Israel, Iran, Südkorea und natürlich die EU vermehrt in einen Wettstreit, bzw. arbeiten zusammen, um baldmöglichst nach „den Sternen zu greifen". Und damit natürlich auch nach den Rohstoffquellen und neuen Territorien in unserem Sonnensystem.[128]

Nanotechnologie, neuartige, superleichte und extrem robuste Baustoffe, Fortschritte in der Computertechnologie oder Robotertechnik und viele weitere vielversprechende Entwicklungen wie neuartige Treibstoffe oder Antriebssysteme werden bereits erforscht oder sind in der Entwicklung. Auch sinken die Produktionskosten jährlich und machen die Raumfahrt dadurch rentabler. All die großen Pläne und Ziele der vergangenen Jahrzehnte, in denen die Menschheit die „Eroberung des Alls" aus Kostengründen verworfen hat, werden also nun wieder aus der Schublade geholt oder durch neue ehrgeizige Ziele ersetzt. Und da wir bereits heute Fahrzeuge über Satelliten von der Erde aus fernsteuern können, müssen wir natürlich – bei all den hochgesteckten Zielen – eine immer bessere Funkverbindung anstreben.

Mond und Mars als nächstes großes Ziel

Die Existenz von Wasser auf dem Mond[129] oder von sauberem Wasser unter dem Eis des Mars[130] spart nicht nur Transportkosten, sondern stachelt zusätzlich den Ehrgeiz an, den Weltraum als Rohstoffquelle und/oder Ort zum Leben für eine ständig wachsende Weltbevölkerung zu betrachten.

> *„Der Raumfahrtvisionär Elon Musk, Chef des US-Elektroautobauers Tesla, hatte vor einiger Zeit angekündigt, den Mars besiedeln und eine Million Menschen dorthin bringen zu wollen. Schon ab 2025*

> *könnten nach den 2016 vorgestellten Plänen die ersten Menschen zum roten Planeten reisen. Die US-Raumfahrtagentur NASA sieht eine erste bemannte Mars-Mission frühestens in den 2030er Jahren."*[131]

Hierbei gehen die Visionäre in verschiedenen Schritten vor:

1. Die Entwicklung einer Vision, also eines Plans, wie das hohe Ziel der Kolonisierung fremder Planeten durch praktisches Vorgehen zu bewerkstelligen ist.
2. In Phase zwei beginnt die Umsetzung mittels bemannter Stationen im Orbit der Erde, wie wir sie durch die russische/internationale Weltraumstation ISS oder durch Chinas Pendant Tiangong kennen.

Raumfähre und Raumstation im All
(Quelle: www.depositphotos.com)

3. Darauf folgt die Besiedelung des Mondes mittels künstlich errichteter Basen, die Schutz vor Strahlung, UV-Licht, Meteoritenschwärmen und den dort herrschenden Temperaturen bieten. Sie erlauben es einer ersten Gruppe von Menschen, dort dauerhaft Station zu beziehen.
4. In Phase vier erfolgt dann der Griff nach den Planeten unseres Sonnensystems, indem Raumstationen rund um die zu besiedelnden Planeten – wie zum Beispiel den Mars – gebaut werden. Diese sind mit leistungsfähigen Transportschiffen bestückt, die Material und Menschen zu den Planeten, in deren Orbit sie kreisen, befördern können. Dort werden dann ebenfalls Kolonien gebaut.

5. Die fünfte Phase sähe dann den Aufbruch zu fernen Galaxien oder Planetensystemen vor. Das ist angeblich jedoch nur durch Kernfusions- oder Antimaterieantriebssysteme zu bewältigen. Falls wir die Lichtgeschwindigkeit nicht meistern, wären zur Überbrückung der riesigen Entfernungen gewaltige Generationen-Raumschiffe nötig, in denen Tausende von Menschen leben, schlafen, Nahrung anbauen und arbeiten.
6. Nachdem die Planeten dann mit kleinen Kolonien bestückt worden sind, müsste je nach Zustand des Planeten „Terraforming" betrieben werden, um den Planeten an die Bedürfnisse des Menschen nach Luft, Wasser und einer schützenden Atmosphäre anzupassen. Wissenschaftler aus Mexiko behaupten schon heute, dass eine solche Begrünung des roten Planeten durchaus möglich wäre, wenn es uns gelänge, dort das auch auf der Erde für das Pflanzenwachstum notwendige Kohlendioxid freizusetzen und den Planeten zum Beispiel damit auf Pinienwälder, wie sie in Mexiko noch auf 4200 Metern Höhe bei nur 5 °C gedeihen, vorzubereiten.

> *„Es klingt wie Science-Fiction, aber wir glauben, es ist machbar", so Rafael Navarro-Gonzalez von der UNAM-Universität in Mexiko-Stadt, der die dortigen Pinienwälder neun Jahre lang untersucht hat."*[132]

Mondbasen und Städte ab 2025 bis 2030?

Der Wettlauf der Staaten und Staatengemeinschaften um die erste Mondbasis hat begonnen: Bereits am 5.12.2006 verkündete ein Artikel auf www.Focus.de[133], die US-Weltraumbehörde NASA wolle um 2020 die erste solarbetriebene bemannte Basis am Südpol des Mondes errichten. Diese würde dann Wasserstoff und Sauerstoff herstellen, aus denen dann Wasser und Raketentreibstoff produziert würde, der wiederum für den ersten bemannten Weltraumflug zum Mars dienen solle. Während der Ära Bush wurde dieses Ziel nicht umgesetzt, vermutlich weil dieser sein Land lieber in den Krieg mit dem Irak führte, was die USA Milliarden gekostet hat. Doch die Pläne der USA für eine Mondbasis sind trotz Coronakrise und Finanzengpässen nicht vom Tisch. So berichten verschiedene Quellen weiterhin über aktuelle Pläne der USA zur Errichtung einer dauerhaften Mondbasis, welche unter dem Namen „Artemis-Programm" bekannt wurden.[134]

Das Artemis-Programm verfolgt nach wie vor das hohe Ziel, den Erdtrabanten als Außenposten für die Kommunikation und die Logistik zwischen Erde und Mond und später dem Mars zu etablieren:

> *„Wir werden Wochen und Monate auf der Mondoberfläche verbringen", versprach US-Vizepräsident Mike Pence im vergangenen Jahr bei einem Gedenken an die erste Mondlandung. „Dieses Mal werden wir bleiben." Nach der Mondlandung im Jahre 2024 sollen jährlich weitere Expeditionen auf die Mondoberfläche folgen und bis 2028 eine „dauerhafte Präsenz" errichtet werden. Also ein Mondhabitat."*[135]

Russlands Mondbasisprojekt

Auch Russland hat große Pläne mit dem Mond. So erwähnte ein Sprecher des russischen Weltraumkonzerns Roscosmos 2019 gegenüber der TASS, einer der größten russischen Nachrichtenagenturen, dass Russland bis 2030 wieder Kosmonauten zum Mond schicken würde, welche dann die Voraussetzungen für einen dauerhaften Mondbetrieb schaffen sollten. Dabei sollen neue Technologien, wie solarbetriebene 3D-Drucker zum Einsatz kommen, die Mondstaub zu Baustoff für feste Bauwerke verarbeiten:

> *„Ende 2018 verabschiedete der Weltraumrat der Russischen Akademie der Wissenschaften ein Konzept des nationalen Mondprogramms, gab jedoch Anweisungen zur Ergänzung heraus. Roscosmos sagte damals, dass dieses Programm bis 2040 in mehreren Schritten umgesetzt werden würde. Roscosmos-Chef Dmitry Rogozin sagte während eines Vortrags an der Moskauer Staatsuniversität, dass russische Kosmonauten 2030 zum ersten Mal auf dem Mond landen würden."*[136]

Die futuristischen Pläne der ESA für eine Mondstadt

Bereits 2014 veranstaltete die Europäische Weltraumbehörde ESA (European Space Agency) in den Niederlanden einen Workshop für über 350 Weltraumexperten, in dem die wichtigsten Probleme einer geplanten, dauerhaften Mondbasis, wie auch verschiedene Hightech-Baustoffe diskutiert wurden.

> *„Als tierisches Vorbild für den Bau der Gebäude gilt der Vogel, dessen wabenähnliche Struktur der Knochen den Bau leichter und dennoch stabiler Gebäudewände ermöglichen soll. Die ESA geht davon aus, dass erste Gebäude bereits 3 Monate nach Landung des Roboters auf dem Mond für den Menschen nutzbar wären."*[137]

China landet auf der Rückseite des Mondes

Aber auch China und viele andere Länder beginnen sich nun wieder stärker für den Mond zu interessieren, wollen dort Rohstoffvorkommen erkunden oder Basen errichten, um weiter zum Mars oder in die Tiefen des Alls vorzudringen. So verkündete die Süddeutsche Zeitung am 3. Januar 2019, dass es China erstmals in der Geschichte der Raumfahrt gelungen sei, auf der dunklen Seite des Mondes eine Sonde zu landen. Dabei hatten die Chinesen auf der erdabgewandten Seite größere Schwierigkeiten zu bewältigen:

> *„Die Landung auf der Rückseite des Mondes ist bedeutend schwieriger. Unter anderem, weil das Gelände weniger eben ist. Auch die Kommunikation gestaltet sich schwierig, weil keine direkte Funkverbindung zur Rückseite des Mondes aufgebaut werden kann. Für die Lösung des Problems schickte China eigens einen Übertragungssatelliten in die Umlaufbahn um den Mond.“*[138]

Mobilfunk aus dem All

Mit diesen kurzen Hinweisen aus den Medien wollte ich dem interessierten Leser nur die Dynamik deutlich machen, mit der die Menschheit derzeit gen Weltraum strebt. Chinas erfolgreiche Landung auf der Rückseite des Mondes offenbart aber auch einige Schwierigkeiten der Weltraumerforschung. Dazu gehört ganz sicher eine noch mangelhafte oder fehlende Funkverbindung – also Funklöcher wie wir sie derzeit auf der Erde noch kennen. Diese Lücken will nun der Mobilfunk schließen, indem er mit ehrgeizigen Projekten seinen Wirkungsradius bis in die Weiten des Alls ausweitet.

So stellte der Mobilfunkriese Vodafone bereits 2017 der Öffentlichkeit seine Pläne für ein besseres Funknetz auf dem Mond vor:

> *„Die Funkverbindung LTE-V soll künftig Fahrzeuge im Straßenverkehr miteinander vernetzen – doch auch auf dem Mond soll im kommenden Jahr ein solches Netz entstehen. „Wir wollen zeigen, dass LTE auf dem Mond funktioniert", sagt Robert Böhme, Chef des Berliner Start-ups Part-Time-Scientists, das sich der privaten Raumfahrt verschrieben hat und gerade eine Mondlandung vorbereitet."*[139]

Damit sollen die Funkverbindungen zwischen den Mondfahrzeugen schneller, besser und energieeffizienter werden. Auch die Kommunikation mit den Satelliten oder der Erde soll enorm verbessert und vereinheitlicht werden. Dadurch müssten Länder oder Unternehmen nicht bei jeder Weltraummission das „Rad neu erfinden" und sich selbst um eine gute Funkverbindung kümmern.

Die Pläne für den Mobilfunkausbau und die Vereinheitlichung der Satellitennetzbetreiber erinnern stark an die historischen Anfänge des Mobilfunks auf der Erde, als die vielen aus dem Boden schießenden Netze länderübergreifend vereinheitlicht wurden. Nur dass wir auf dem Mond bereits heute mit einem leistungsstarken 4G-Netz starten können.

> *„Ziel der für das kommende Jahr geplanten Unternehmung ist es, die erste private Raumfahrt möglich zu machen. Dazu soll der Erdtrabant weiter erforscht werden. Zu diesem Zweck soll auch die LTE-Funkzelle auf dem Mond errichtet werden, über die Daten zur Erde gefunkt werden können. Unter*

anderem ist es vorgesehen, über den 4G-Mobilfunk hochauflösende Bilder der Landestelle von Apollo 17 und des Mondfahrzeuges zu übertragen."[140]

Die leistungsstarken Funknetze werden also derzeit auf den Mond exportiert und sollen die derzeitigen schwachen Mobilfunkverbindungen verbessern und die Kommunikation in der Raumfahrt revolutionieren und auf künftige Ziele und Pläne vorbereiten. Auch dort sollen – wie auf der Erde – immer mehr Daten in immer kürzeren Zeitabständen mit immer leistungsfähigeren Technologien gesendet und empfangen werden. Damit werden 5G und 6G als Nachfolger der 4G-Netze ihren Siegeszug nicht nur auf der Erde, sondern auch im Kosmos antreten. Wir erleben gerade, wie der Mobilfunk sich in den Weltraum auszubreiten beginnt.

Roboter - unverzichtbar für die galaktischen Pläne der Menschheit

Nun erleben wir mit dem 5G-Standard auf der Erde ein neues Zeitalter der Technologie, die Robotik: Roboterstaubsauger (und Roboterautos und eines Tages auch autonome Züge. Rasenmäher-Roboter, Fensterputzroboter, Spielroboter, Schachcomputer, Roboter als Alltagshelfer (künstliche Intelligenz), Roboter in den Produktionsanlagen und, und, und. Die Liste könnte noch sehr viel länger werden. Für all das „erstrebenswerte" Leben benötigen wir dann natürlich eine gute und möglichst störungsfreie, leistungsfähige Funktechnologie.

Doch neben den globalen Plänen, die Welt in ein „programmierbares Maschinenland" zu verwandeln, haben Roboter neben der zivilen Nutzung auch eine wichtige und fundamentale Bedeutung für die Eroberung des Weltalls:

Das beginnt mit winzigen Nanorobotern, die zu Millionen kostengünstig zu fernen Galaxien geschossen werden, um dann, auf fremden Planeten auftreffend, sich selbständig zusammenzusetzen (zu replizieren) und mit der Erforschung oder dem Bau von Basen zu beginnen und die Informationen zur Erde zu senden. Oder etwas näher: Roboter beginnen auf dem Mond mit der Arbeit, wo sie Gebäude für unsere Ankunft bauen. Aber auch in der Biotechnologie spielen Roboter eine wichtige Rolle, wenn es nämlich darum geht, den menschlichen Körper in die Lage zu versetzen, in lebensfeindlichen Umgebungen zu überleben.

Durch die 5G-Netzeinführung wird die Robotertechnik in starkem Maße kommen und eine wichtige Rolle nicht nur auf der Erde, sondern auch bei der Erschließung des Alls einnehmen. Roboter werden immer intelligenter und brauchen den Menschen dann wohl auf ihrer Reise zu den Sternen bald nicht mehr. Eines Tages stellt sich dann vielleicht die Frage, ob die immer intelligenter werdenden Roboter dem Menschen nicht mehr gehorsam sein werden, da sie uns als primitive „Eltern“ nicht mehr brauchen:

> *„Der nächste große Schub in Richtung selbstreplizierende Roboter kam 1980, als die NASA eine Studie namens Advanced Automation for Space Missions anfertigte. Der Studienreport kam zu dem Schluss, dass selbstreplizierende Roboter entscheidend für den Aufbau von Mondsiedlungen wären, und identifizierte mindestens drei Robotertypen, die gebraucht würden. Minenroboter würden einfache Rohstoffe abbauen, Bauroboter würden die Baustoffe schmelzen und veredeln. Und Reparaturroboter würden sich selbst und ihre Kollegen ohne menschliches Zutun instand halten und reparieren.“*[141]

All diese Roboter und Raumschiffe, Satelliten oder gewaltigen Raumbasen brauchen guten Empfang. Sie können sich nun sicher vorstellen, wie riesig die Möglichkeiten für den Mobilfunkausbau im All dann sind. Vorausgesetzt, wir haben uns bis dahin nicht selbst abgeschafft, wie der im Fernsehen recht bekannt gewordene Wissenschaftler Harald Lesch in einer Sendung vom 17.05.2018 warnte.[142]

Raumschiffe mit Mikrowellenantrieb

Die gewaltigen Entfernungen im All mit herkömmlichem Raketentreibstoff zu bewältigen, ist sehr schwierig. Und so ist die Forschung im vollen Gang, hier alternative Antriebssysteme zu schaffen. Dabei wird bereits eine ganze Palette an Antriebssystemen erforscht: Quanten-, Warp- und Ionen- Antriebssysteme, Sonnensegel, atomare Antriebssysteme, Fusionsantriebssysteme und vieles mehr kann der interessierte Leser hier finden. Aus der Fülle an Forschungen soll für unser Thema ein auf Mikrowellen beruhender Antrieb erwähnt werden: der Cannae-Antrieb.

Dieser sorgt in Wissenschaft und Raumfahrt für Aufsehen, weil er bei entsprechender Weiterentwicklung ohne Tonnen an Treibstoff auskommt und damit die Raumfahrt revolutionieren könnte:

> *„Statt herkömmlichen Treibstoff nutzt der Cannae-Antrieb Strom, der in Mikrowellen umgewandelt wird. Diese bewegen sich in einem speziellen Container hin und her, was zu einem Unterschied im Strahlungsdruck führt. So kann der neuartige Antrieb zielgerichteten Schub erzeugen. Und anders als bei herkömmlichen Raketentreibstoffen, gehen die Mikrowellen nicht verloren, sondern bleiben in dem speziellen Behälter.“*[143]

Das Interessante an diesem mit Mikrowellen-Strom erzeugtem Antrieb ist, dass er Isaak Newtons Gesetz des Wechselwirkungsprinzips aus dem Jahr 1687, nach dem sich Wissenschaftler bisher richteten, ebenfalls revolutioniert. Bisher galt als Leitsatz, dass man eine Energie zum Boden schicken muss (bspw. die Kraft des Treibstoffs einer Rakete), um abzuheben und in den Himmel, also in die andere Richtung, zu gelangen. Da der Treibstoff zusätzlich Gewicht mitbringt, muss zusätzlicher Treibstoff für den Transport mitgeführt werden. Dieses ganze Prozedere könnte mit dem Cannae-Mikrowellenantrieb überflüssig werden, wenn es gelänge, ebenso große Energiemengen negativer Energie damit zu erzeugen wie mit dem Raketentreibstoff. 2014 erzeugte der Cannae-Antrieb nur minimale 0,0005 Newton (bei benötigten 33.851.000 Newton), aber immerhin ein Schritt in die Richtung neuer Antriebssysteme. Und unsere Forschung schreitet ja ständig voran.

Solarenergiegewinnung und Mikrowellen

Auf eine andere Möglichkeit Mikrowellen zu nutzen stießen Wissenschaftler bereits zu Ende des Jahrhunderts: SBSP, englisch space-based solar power. Hunderte von Weltraumsatelliten sollten hierbei in den Orbit geschossen werden, um die Energie der Sonne einzufangen und diese dann in Form von Mikrowellen zur Erde zu schicken. Kritiker meinten, das System sei zu anfällig für Mikro-Meteoriten. Andere befürchteten nicht zu unterschätzende Strahlenschäden. Dennoch ist SBSP für einige Staaten bis heute sehr attraktiv:

> *„SBSP wird von Japan, China und Russland aktiv betrieben. Im Jahr 2008 verabschiedete Japan sein*

> *Weltraum-Grundgesetz, das die Weltraumsolarenergie als nationales Ziel festlegte, und JAXA hat eine Roadmap für die kommerzielle SBSP. Im Jahr 2015 präsentierte die Chinesische Akademie für Weltraumtechnologie (CAST) ihre Roadmap auf der International Space Development Conference."*[144]

Diese Beispiele sollen genügen, um aufzuzeigen, welche wichtige Bedeutung Mikrowellentechnologie und Mobilfunk für den bevorstehenden Aufbruch der Menschheit in den Weltraum haben werden.

Kapitel 8

5G & künstliche Intelligenz – Wie sie uns, unser Leben und die Gesellschaft verändern werden

> *„Experten aus Wirtschaft und Wissenschaft erwarten durch die Corona-Krise einen erheblichen Schub für die Künstliche Intelligenz (KI). In einer von der Bertelsmann-Stiftung veröffentlichten Studie kommen über 200 nationale und internationale Experten zu dem Schluss, dass die Krise die Bedeutung und Entwicklung von KI-Technologien deutlich steigern werde. Dies gelte sowohl für die Wirtschaft als auch für den Bildungsbereich."*[145]

Der 5G-Standard schafft die Grundlage für ein völlig neues, KI-vernetztes Leben und unterscheidet sich deshalb auch grundlegend von den vorherigen Mobilfunkstandards. Das ist vielen Menschen trotz der öffentlichen Diskussion gar nicht richtig bewusst. Daher werde ich das sehr weitreichende Thema „Künstliche Intelligenz" – eine Google-Anfrage vom 9. Juli 2020 ergab 19 Millionen Treffer – in zwei Kapitel splitten:

- Kapitel 8 wird sich pointiert mit künstlicher Intelligenz, ihren Anwendungsgebieten und Möglichkeiten zur parallelen

5G-Netzeinführung beschäftigen. Auch Fragen der Moral, Ethik, Privatsphäre und worin die Vor- und Nachteile bestehen, werden behandelt.
- Kapitel 9 beschäftigt sich mit dem ebenso weitreichenden Thema „des Menschen als lebende Datenmasse". Wie wird er durch biometrischen Chips, KI, Nanotechnologie und weitere „Neuerungen" immer mehr „perfektioniert" und in das Funksendeprogramm der 5G-Netze integriert?

Bewusstseinsstufen aus Sicht der Wissenschaft

Wie definiert man Intelligenz oder vielmehr Bewusstsein, wenn es dazu noch keine konkrete oder sehr viele unterschiedliche Definitionen gibt? Sind Intelligenz und Bewusstsein nicht untrennbar miteinander verbunden? Kann man ohne Bewusstsein denn Intelligenz entwickeln und ist Intelligenz nicht notwendig, um Dinge bewusst zu verändern oder voran zu bringen?

Ist Intelligenz vielleicht simpel ausgedrückt ganz einfach nur die Fähigkeit zu lernen, das Leben bewusst wahrzunehmen – also geistige oder auch physische Impulse zu empfangen – und es beständig zu erweitern?

Oder sollen wir Bewusstsein – so wie es Wissenschaftler gern tun – anhand der Fähigkeit, Rückkopplungsschleifen zu bilden, einstufen, so wie es Michio Kaku in seinem Werk „Die Physik des Bewusstseins" (Rowohlt-Verlag 2015) erläutert.

Demnach würde Stufe 0 einem Thermostat gleichen, dessen Fähigkeit wahrzunehmen sehr begrenzt ist und sich auf Temperatur, Luftfeuchte usw. beschränkt.

Ein Baum ist dabei fähig – neben Feuchtigkeit oder der Temperatur – auch Sonne, Schwerkraft, ja sogar Schädlingsbefall usw. wahrzunehmen und würde damit die Stufe 0:10 in dieser Skala erreichen.

Reptilien hätten mit ihrem „primitiven“ zentralen Nervensystem ein Stufe-1-Bewusstsein, da sie noch mehrere hundert Rückkopplungsschleifen wie Geruch, Tastsinn, Gleichgewicht, Gehör und Sehsinn bilden können.

Ein Stufe-2-Bewusstsein wäre noch weiter entwickelt und besäße ein deutlich größeres Gehirn, womit noch mehr Rückkopplungsschleifen möglich wären, wie zum Beispiel Feind und Freund erkennen, Bündnisse eingehen, das Alphamännchen umschmeicheln.

Damit kommen wir zum Menschen. Dieser hätte dann ein Stufe-3-Bewusstsein, weil er Lichtjahre in die Zukunft denken, Wahrscheinlichkeiten in vielfacher Art und Weise kalkulieren und noch vor ihrer physischen Umsetzung geistig kontemplieren könnte. So hat es zum Beispiel Nikola Tesla gemacht, als er jede seiner Erfindungen zuerst komplett im Geist zum Laufen brachte, in diese Visualisierungen geistig hineinging und bereits dort bestehende Probleme behob. Und zwar bevor er zur Tat schritt und seine neue Idee nach seinem geistigen Entwurf nachbaute. Ist das also Bewusstsein?

Und wenn wir diese aktuelle wissenschaftliche Messskala mit den Stufen 0 bis 3 auf Bewusstsein oder Intelligenz anwenden, was sollen wir dann von paranormal begabten Leuten, wie dem New Yorker Künstler Ingo Swann, denken, der die Saturnringe mittels seines weit über das Physische hinausreichende Bewusstseins in Remote-Viewing-Sitzungen zeichnete, lange bevor wir einen Satelliten dorthin sandten? Er „sichtete“ auch vermisste und entführte Personen, die die Polizei dann erfolgreich (ohne Kameras an jeder Straßenecke) befreien konnte. (Buchtipp: Russel Targ: „PSI – Die Welt ist anders, als sie zu sein scheint“, Crotona-Verlag 2013)

Ist also Bewusstsein nur lokal körperbezogen oder geht es auch über das rein Körperliche und Messbare einer wissenschaftlichen Skala hinaus? Und wenn ja, wird KI das eines Tages auch können? Also wird sie Wahrscheinlichkeiten zehntausend Jahre vor ihrer Umsetzung durchdenken können oder wird sie einfach nur einem immer wieder verbesserten Algorithmus folgen? Diese Fragen sind bedeutend für eine Welt, die sich gerade auf den Weg begibt, künstliche Intelligenz in möglichst alle Lebensbereiche zu integrieren.

Was macht das Menschsein im Unterschied zur künstlichen Intelligenz aus?

Wird ein Roboter oder KI-Bewusstsein eines Tages auch, so wie wir Menschen, zu den Sternen schauen, und sich – mit seinem künstlichen Gehirn – fragen, ob es in einer anderen Galaxie auch noch Leben wie das seine gibt?

Oder wird es sich – so wie wir Menschen heute – über eine Maus am Wegrand oder den Duft einer Blume und die Kirschblüte im Frühling und den Wind im Gesicht freuen?

Vielleicht wird es – von uns, seinem Schöpfer getrimmt – alles immer schneller und besser machen wollen, in einem großen, globalen Wettstreit verfallen – so wie wir es heute tun – um alles „perfekter" zu gestalten und den „Makel Mensch" dabei irgendwann auslöschen, weil wir diese Intelligenz im Schach nicht mehr besiegen oder sie uns aufgrund unseres kriegerischen Potentials als lebensgefährlich einstuft und daher loswerden will?

Wird künstliche Intelligenz eines Tages so weit entwickelt sein, dass sie tatsächlich das Menschsein in seiner ganzen Tiefe nachempfinden (kopieren?) kann, um „besser" und ethischer als der Mensch selbst zu sein, wie es uns manche Kinofilme einreden?

Was bedeutet „besser oder schlechter", wenn es in Wahrheit „Perfektion" und schnurgerade Straßen, auf denen wir superschnell hin und her fahren können, in der Natur nicht gibt, sondern nur Fortschritt, Vielfalt, beständiges Werden und Evolution?

Ist künstliche Intelligenz tatsächlich unser „nächster Schritt in der Evolution", mit dem wir der Natur ins Handwerk pfuschen und den Menschen selbst durch künstliche Bauteile immer besser, schöner, leistungsstärker und perfekter gestalten wollen?

Oder könnte es sein, dass wir Menschen mit der Einführung der KI gerade beginnen, das verletzliche, und eben nicht perfekte Wesen, das uns geistig, emotional und physisch als Mensch ausmacht, abzuschaffen und wegzuzüchten? Verlieren wir durch die Mensch-Maschine-Verbindung nicht immer mehr das Menschsein und werden selbst zu Robotern – unserem neuen Ideal?

Die Suche des Menschen, das Leben zu „verbessern"

Einst waren wir als primitive Vorläufer unserer Spezies Jäger und Sammler und den Elementen der Natur stärker ausgesetzt, mit mehr wärmenden Haaren und kräftigeren Körpern aber auch viel besser an die Umwelt angepasst. Wir konnten für uns sorgen, frei über die Länder der Erde wandern, in einem Bach ungehindert Fische fangen oder uns, wo immer wir wollten, niederlassen.

Heute haben wir uns weiterentwickelt; wir können mit Computern arbeiten, Fischschwärme gezielt per Radar orten und so ganze Meere in kürzester Zeit leer fischen. Wir haben gigantische Städte gebaut, in denen wir in riesigen Wolkenkratzern leben und dürfen nur noch mit Genehmigung und unter strengen Kontrollen ins Ausland reisen, ein Feuer entzünden, ein Haus bauen, Fische fangen. Wir müssen von fremden Personen komplett mit allem, was unsere persönlichen Bedürfnisse betrifft, versorgt werden, weil wir diese „Freiheiten" in unserem Streben nach MEHR aufgegeben haben.

Wir sind mit unserem niemals stillstehenden Drang nach MEHR zu Datenjägern und Sammlern geworden, haben „Spaß und Genuss“ als neuen Lebenssinn formuliert und gehen dem in vollen Zügen nach. Ganze Industriezweige sind damit beschäftigt, uns in diesem zivilisierten Streben zu unterstützen: Egal, ob das die Unterhaltungsmittelindustrie, die immer sinnlicher werdende Modeindustrie, die Sexindustrie, die Nahrungsindustrie oder die Herstellung von geprüften Gummiseilen betrifft, mit denen wir uns – nun schön glatt rasiert und ohne Haare an den Beinen und auch etwas gelangweilt – von besonders hohen Brücken stürzen, um dort etwas mehr „Aufregung“ zu finden. Fortschritt und unsere Suche, das Leben zu „verbessern“, haben – äußerlich betrachtet – recht seltsame Züge angenommen und nehmen nun mit der Entwicklung der künstlichen Intelligenz noch seltsamere Züge an.

Entwicklungssprünge

Nachdem wir entscheidende Entwicklungssprünge durch das Zeitalter der Dampfmaschinen hin zur Entdeckung der Elektrizität und der Elektronik mit ihren erweiterten Möglichkeiten vollzogen haben, greifen wir nun im Zeitalter der Quanten und der damit einhergehenden Supertechnologien wieder einmal nach MEHR. Wir wollten bisher dabei wohl schon immer die Natur nachempfinden: Früher durch rituelle Tänze und Naturreligionen, heute durch den Nachbau von intelligenten Systemen, die ohne unser Eingreifen selbständig Leben und Prozesse erweitern und sich weiterentwickeln, reparieren oder „verbessern“ können. Und als Höhepunkt streben wir heute, wo wir künstliche Intelligenz als Abbild von uns selbst und dem Leben erschaffen, nach Superintelligenz. Viele Wissenschaftler streben offensichtlich heute danach, „Gott“ zu sein. Denn in den alten Religionen galt und gilt Gott als Schöpfer, als Baumeister von Himmel und Erde. Ja, des Menschen selbst. Und nun bauen wir (künstliche) Maschinen oder Menschen nach unserem Ebenbild. Die letztlich nicht nur Prozesse steuern, sondern auch Gefühle wie Menschen zeigen und Denkprozesse wie Menschen verarbeiten (sollen).

Es reicht uns längst nicht mehr, uns die Erde untertan gemacht zu haben, Städte bis in den Himmel zu bauen, Raketen in den Orbit zu schießen und die dominierende Spezies auf der Erde zu sein: Wir müssen immer noch weiter denken! Und (geistig) auch weiterziehen: Nun haben wir in unserem Streben eben die neue große Spielwiese der künstlichen Intelligenz entdeckt. Und so wie wir früher mit chemischen Elementen hantierten und dabei das Schießpulver erfanden, Städte immer höher in den Himmel bauten und nun zu den Sternen greifen, hantieren wir heute im Bereich der künstlichen Intelligenz mit Kräften, die wir – wie selbst führende KI-Forscher zugeben – noch nicht völlig in ihrer Wechselwirkung und kommenden Entwicklung überschauen können. Aber dennoch entwickeln wir sie wie besessen ständig weiter. Und erwecken dabei Kräfte, die uns bereits jetzt, am Anfang dieser Entwicklung, zu überholen beginnen.

Künstliche Intelligenz und unbegrenzte Möglichkeiten für noch begrenzte Menschen

Wir haben bereits:

- Schachroboter oder Pokerspiel-Roboter, die uns bereits mit Leichtigkeit schlagen können.
- Zeichenroboter, die große Maler perfekt bis ins Detail kopieren können, wobei das erste KI-kreierte Bild als Meilenstein des Fortschritts und der Supertechnologien bereits für 432.500 Dollar versteigert wurde.[146]

- Rasenroboter oder Fensterputzroboter, die perfekter als wir den Rasen mähen oder Fenster putzen können und bald viele Arbeitsplätze überflüssig machen werden.
- Produktionsroboter in komplett menschenleeren Fertigungsanlagen, die niemals Raucher- oder Mittagspausen brauchen oder zu einem Plausch im Pausenraum mit dem Kollegen neigen.
- mit KI ausgestattete Küchengeräte, Kühlschränke, Staubsauger und Fernseher, die selbständig untereinander Informationen austauschen und uns in intelligenten Häusern, sekundengenau auf allen Wegen überwachen und jeden Wunsch „von den Lippen" ablesen.
- Sprachroboter, die sich mit uns unterhalten und uns recht einsam gewordene Menschen, die zum Großteil isoliert in übereinander gestapelten Wohnungen leben, Gesellschaft leisten können.
- Pflegeroboter, die sich um die Kranken kümmern werden und den Fachkräftemangel ausgleichen sollen.
- Polizeiroboter, die in manchen Ländern während der Coronapandemie 2020 durch Straßen patrouillieren und Ausweiskontrollen durchführen.
- bald auch Nanoroboter, die durch unsere Zellen jagen und Krankheiten als künstliche Antikörper eliminieren werden.
- oder Nanoroboter, die zu fremden Planeten fliegen, sich dort selbständig zusammenbauen und Basen für unsere Ankunft bauen, sich selbständig reparieren oder Rohstoffvorkommen für uns auskundschaften werden.
- arbeiten an weiteren Nanobots, die sich künftig selbst duplizieren und zum Beispiel in Wüstengebieten oder Unterwasser zu kompletten Städten zusammenfügen sollen.
- neuartige, KI-ausgestattete Autokarosserien, die sich künftig per „Knopfdruck", wie in der Serie Transformers, zu unserem

neuen Wunschauto oder Wunschküchenstudio umformen werden.

- künstliche Intelligenz, die den Alltag und das öffentliche Leben immer stärker durch Algorithmen steuern oder uns in Hinsicht auf unser soziales oder ökologisches Verhalten und Denken überwachen und beherrschen wird.
- aber auch mit künstlicher Intelligenz ausgestattete Armeekampfroboter, die keine Gnade mehr kennen und alles Leben auslöschen, das sich ihnen in den Weg stellt. Programmierte Drohnen „säubern" vielleicht eines Tages bestimmte Volksgruppen, Rassen, Hautfarben oder ethnische Minderheiten. Wovor selbst KI-Forscher und Entwickler schon heute Angst bekommen.

Darüber hinaus streben wir nach künstlicher Intelligenz, die das Marktgeschehen und unser Verhalten analysiert und damit Einfluss auf die Geschäfte, Wirtschaft, Politik und sogar auf die Börsen nimmt. KI soll bald viele der heutigen, noch menschlichen Berater in Bereichen des öffentlichen Lebens überflüssig machen und den Einkauf elektronisch gesteuerter Supermarktketten perfektionieren. KI wird also nicht nur die Automobilindustrie, die Luftfahrt und den Bahnverkehr durch „selbststeuernde intelligente Fahrzeuge" perfektionieren und automatisieren, sondern kann in nie dagewesener Weise noch eine Million Dinge mehr.

Schwache und starke künstliche Intelligenz

Bei künstlicher Intelligenz können wir hierbei zwischen schwacher und starker KI unterscheiden. Die schwache KI ist auf ein Gebiet begrenzt, kann beispielsweise perfekt Schach spielen oder in der Produktion Maschinenteile zusammenfügen, als Wetterapp Wetterdaten liefern usw. Die starke KI hingegen lernt dazu,

Frau spielt Schach mit Roboter
(Quelle: www.depositphotos.com)

erweitert sich ständig selbst und versucht – so wie ein Mensch – sprichwörtlich über sich selbst hinauszuwachsen.

Unsere Forscher arbeiten an beiden Varianten. Und das macht heute sogar schon berechtigterweise KI-Forschern oder unbedarften Laien Angst. Da die Maschinen sich bereits selbst perfektionieren und in einer normalen Menschen unverständlichen Sprache (den Algorithmen) miteinander kommunizieren, stellt sich die Frage, ob uns die starken und immer intelligenter werdenden KI-Maschinen eines Tages überhaupt noch brauchen werden.

Auf dem TV-Sender „Kabeleins-Doku“ lief zum Beispiel am 23.06.2020 eine interessante Sendung namens „Mann und Maschine“, die diese Fragen um die künstlichen Intelligenz aufgriff und zeigte, wie unsere Wissenschaftler es mit der Angst zu tun bekamen, weil die KI plötzlich selbständig unter sich zu kommunizieren begannen und niemand genau wusste, warum oder was dort kommuniziert wurde. Die Forscher bekamen einen Riesenschreck und zogen den sprichwörtlichen Stecker.

Wächst uns KI bereits im Anfangsstadium über den Kopf? Oder sollten wir daraus nicht schließen, dass wir hier mit Dingen spielen, die auch plötzlich in eine eigene und nicht vorgegebene Richtung laufen können, während wir fleißig weiter propagieren und blauäugig anstreben, uns im Alltag bald nur noch auf sie zu verlassen? Das intelligente Verhalten der Maschinen wird Deep

Mind (tiefer Geist) genannt, wobei der KI-Geist selbständig – natürlich vom Menschen mit dem richtigen Programm ausgestattet – lernt, sich selbst zu erweitern.

Der schwedische KI-Forscher Max Tegmark, Professor für Physik am MIT (Massachusetts Institute of Technology) und wissenschaftlicher Leiter des Foundational Questions Institute, äußert sich in seinem fantastischem Werk „Leben 3.0 – Menschsein im Zeitalter künstlicher Intelligenz“ (Ullstein Verlag 2017) ebenso verblüfft wie überrascht zu einem Versuch, in dem eine KI das simple Atari-Spiel erlernte und die Punktezahl besser als jeder Mensch perfektionierte. Anfangs noch mit vielen Fehlern und sehr schlechtem Ergebnis, wurde die KI durch Aktion und Reaktion immer geübter und schneller, bis sie schließlich einen Weg fand, das Spiel auf eine Weise zu perfektionieren, an die nicht einmal die Konstrukteure des Spiels gedacht hatten: Sie bohrte in die linke Ecke des Ping-Pongs ein Loch in die Backsteinmauer und ließ dann den Ball in einer kürzeren Distanz dahinter herumspringen. Das brachte ein schnelleres Ergebnis mit mehr Punkten.[147] Damit offenbarte die Maschine einen menschenähnlichen Charakterzug, der sogar Tegmark als erfahrenen KI-Forscher verunsicherte.

Das Belohnungssystem und die KI

Heute wissen wir, dass unser Gehirn nach dem Belohnungssystem arbeitet. Wir gehen einer Arbeit oder Tätigkeit nach und erwarten irgendwann eine Art Belohnung: Geld oder Lob, Erfolg oder eine Medaille im Sport oder was auch immer. Für KI ist die Belohnung, Punkte zu sammeln oder das Spiel zu verbessern und zu optimieren. Doch Maschinen oder die steuernde KI, die mit tieferem Lernen verbunden ist, kennen hier keine Grenzen. Tegmark schreibt in seinem Werk dazu:

„Stellt man sich die Zukunft des tiefen, bestärkenden Lernens und die entsprechenden Verbesserungen vor, ist kein eindeutiges Ende in Sicht. Das Potential ist nicht auf virtuelle Spielwelten begrenzt, denn wenn man ein Roboter ist, lässt sich das Leben selbst als ein Spiel betrachten. Stuart Russell erzählte mir, dass er seinen ersten bedeutsamen HS-Moment (Hoch-Sensible Momente/ Anm. d. Autors) erlebte, als er sah, wie der Roboter Big Dog eine schneebedeckte Böschung hoch lief und dabei auf elegante Weise das Problem des aufrechten Gangs löste, mit dem Stuart sich jahrelang herumgeschlagen hatte.“[148]

Viele Wissenschaftler, die an künstlicher Intelligenz arbeiten, haben also gerade ihre Aha-Erlebnisse. Sie sehen bei all den Durchbrüchen voraus, dass es künftig für KI keinen Grund geben könnte, warum durch bestärkendes tieferes Lernen (Punktesammeln) Roboter auch ohne Hilfe des Menschen nicht das Gehen lernen sollten. Sie sehen in Robotern das Potential, Pingpong zu spielen, zu schwimmen, zu fliegen, zu kämpfen oder unseren Alltag zu verbessern, wo immer wir sie entwickeln, weil die Roboter das Leben eben als Spielwiese wahrnehmen. Nur, dass bei der Entwicklung von KI für den militärischen Bereich das Kriegsspiel unsere Existenz vernichten könnte. Forscher aus den Reihen der KI, wie Tegmark, beginnen sich gegen diese Entwicklung zu wehren und setzen sich inzwischen für ein striktes Verbot der Nutzung von KI bei militärischen Entwicklungen ein. Doch das Militär hat nun einen „Knochen“ in den Zähnen, den es nicht so leicht hergeben will:

„Was wie Science-Fiction klingt, ist in den Labors und Versuchsanlagen der Militärs bereits Realität. „Wir sehen,

dass die Aufrüstung in jedem Schauplatz des Krieges stattfindet – in der Luft, im Wasser, unter Wasser und zu Land", sagt KI-Experte Toby Walsh von der University von New South Wales. „In allen diesen Bereichen sind Prototypen von autonomen Waffen in der Entwicklung." Experten schätzen, dass weltweit schon gut 380 teilautonome oder vollautonome Waffensysteme existieren oder in Arbeit sind. Mindestens zwölf Staaten sind aktiv an der Entwicklung von Killerdrohnen oder Killerrobotern beteiligt, darunter China, Israel, Russland, Frankreich, Großbritannien und die USA. Viele dieser Systeme werden vorerst teilautonom betrieben, mit einem menschlichen Soldaten als letzter Instanz. Doch die Fähigkeit zum vollautonomen Betrieb ist bereits implementiert."[149]

Grenzen der KI

Nun, wenn wir öffentlich über Sinn und Unsinn der mit 5G einhergehenden KI diskutieren, mögen selbstfahrende Autos, die in 20 Jahren zur Pflicht werden sollen, vielleicht noch einen gewissen Sinn ergeben, auch wenn Politiker damit das Recht auf Wahlfreiheit beschneiden, nur um angeblich die Verkehrstoten zu minimieren und das Leben angenehmer zu gestalten. Doch wenn wir die Kriegsführung und den militärischen Bereich in eine vollautonome Kampfzone umrüsten, stellt sich nicht nur die Frage nach dem Sinn, sondern auch, welcher Dämon uns hier reitet, diese Entwicklungen voranzutreiben und unsere menschliche Existenz zu gefährden.

Ein Großteil der Wissenschaft ist sich einig, dass ein Krieg mit von vollautonomer KI gesteuerten Waffen niemand überleben wird. Die künstliche Intelligenz wird letztlich einfach alle Reserven einsetzen, um „das Spiel“ zu gewinnen.

Wir Menschen müssen uns hier grundlegende Fragen stellen. Zum Beispiel: Wie werden Maschinen entscheiden, wenn es in unserer Zeit zu Zwischenfällen kommt, wie sie bereits zu Zeiten des kalten Krieges auftraten? Beispielsweise im September 1983, als russische Frühwarnsysteme und Satelliten den Abschuss von fünf nuklearen Raketen signalisierten, die angeblich Richtung Russland flogen. Der russische Offizier Stanislaw Petrow hätte laut Protokoll Alarm auslösen müssen, tat es aus der Vernunft heraus aber nicht und stufte den Abschuss als Fehlalarm ein. Er ging davon aus, dass die USA nicht nur fünf Raketen auf Russland feuern würden. Später stellte sich heraus, dass der Satellit tatsächlich geirrt und die Reflexionen der Sonne an Wolkenobergrenzen mit Flammen von Raketentriebwerken verwechselt hatte. Professor Tegmark merkt als KI-Forscher und erklärter Gegner autonomer KI-gesteuerter Waffensysteme zu Recht zu diesem von ihm in seinem Buch dokumentierten Vorfall an:

> *„Ich frage mich, was wohl passiert wäre, wenn Petrow von einem KI-System ersetzt gewesen wäre, das sich protokollgemäß verhalten hätte.“*[150]

Und damit kommen wir bei all den "supertollen Entwicklungen“ der KI zu der wichtigen Frage:

Können zukünftige KI-Systeme, die womöglich über Leben oder Tod von Millionen entscheiden, auch Ermessensentscheidungen treffen? Und sind Roboter – so wie wir Menschen – auch kritisch gegenüber sich selbst? Oder folgen sie einfach ihrem Programm? Ich glaube, eher Letzteres!

Das System der totalen Abgabe der Kontrolle des Menschen an die Maschinen hat nämlich auch im zivilen Bereich manchen Mangel.

Bei mancher, mit schwacher KI ausgestatteter Technologie ist es vielleicht noch einfach abzuschätzen, was passiert, wenn wir das System überfordern und die Denkprozesse einer Maschine nicht ausreichen. Wenn wir den Schachcomputer, der einen Schachweltmeister schlagen kann, beispielsweise losschicken wollen, uns eine Cola aus dem Laden gegenüber zu besorgen, wird er jämmerlich versagen. Und wenn wir die Zeichenmaschine fragen, ob sie uns beibringen kann, selbst so wunderschöne Meisterwerke wie sie auf die Leinwand zu zaubern, weil wir uns gern als Künstler betätigen wollen, wird sie ebenfalls kläglich scheitern. Und auch die selbstfahrenden Autos haben noch ihre bekannten Problemfelder:

> *„Die großen Hürden liegen im Moment beim Sprung zu Level 4. Denn dafür müssen nicht nur die Autos technisch aufgerüstet werden, sondern auch die Infrastruktur. Ampeln müssen ihre Phasen melden, Bahnübergänge, dass sie schließen und Rettungswagen, dass sie Vorrang haben. Die gesamte Umgebung muss digitalisiert werden. Da stehen wir noch ganz am Anfang. Auch die Autos untereinander müssen sich verständigen können, doch dafür gibt es bisher keinen einheitlichen Standard. Diese Herausforderungen gelten nur für die Technik, auch rechtliche und moralische Fragen müssen noch geklärt werden."*[151]

Die Wissenschaft gibt deshalb jedoch nicht auf, scheint wie besessen, Künstliches zum Leben erwecken zu wollen. Und sie hat dank Nanotechnologie und Quantenfeldforschung hier eben – wie erwähnt – eine große Spielwiese entdeckt. Eine Spielwiese, mit der windige Geschäftsleute Riesenumsätze schaffen und noch größere vorhersehen, weshalb sie diese Ideen gern finanzieren, bewerben und dem „kleinen Mann" auf alle möglichen Arten schmackhaft machen. Und eine der lukrativsten dieser Spielwiesen ist eben nicht der zivile Bereich, sondern das Militär.

> *„Im Jahr 2016 überstiegen die Investitionen für zivile KI eine Milliarde Dollar, aber diese Zahl wurde von den 12 bis 15 Milliarden Dollar Budgetbedarf des Pentagons für 2017 in den Schatten gestellt. Dabei geht es um militärische Projekte, die mit KI zu tun haben.“*[152]

Allgemein heißt es, KI sei noch nicht ausgereift, könne wegen mangelnder und fehlender 5G-Netze noch nicht in Betrieb genommen werden. Deshalb pumpen wir weltweit Milliarden in den Ausbau des 5G-Netzes, in die Digitalisierung und die Entwicklung von selbstfahrenden Autos, intelligenten Häusern, der Börse, der Medizin, bis hin zum zivilen, dann komplett funkgesteuerten Leben in einer KI-gesteuerten Welt mit Drohnen in Bienengröße und Elektrogeräten, die 24 Stunden am Tag Informationen austauschen. Damit stellen wir ein System auf die Beine, das möglichst alles steuern soll: Energie sparen und das Leben einfacher und unkomplizierter und Produktionsabläufe tausendfach effizienter gestalten soll. Und die künstliche Intelligenz wird natürlich trotz noch vorhandener Mängel hoch gelobt:

> *„Zu den Vorzügen von Systemen, die mit KI ausgestattet sind, gehört ihre grenzenlose Belastbarkeit. Das System lässt sich nicht ablenken, wird nicht müde und bleibt auch in unübersichtlichen Situationen voll konzentriert“, erklärt Andre Roskopf, KI-Experte bei BMW.“*[153]

Sprichwörtlich Pech haben wir dann, wenn die Maschinen doch einmal nicht so „konzentriert“ sind, dadurch einen „Irrtum“ begehen und zum Beispiel an hunderte Hausbesitzer Pfändungsschreiben schicken. Dann steht die Polizei mit Räumungskommandos vor der Tür und Menschen landen durch den Irrtum der Maschinen versehentlich auf der Straße, wie es in den USA bereits geschehen ist.[154] Es gibt diese und andere „Missgeschicke", die eigentlich nicht passieren dürften, aber trotzdem stattfinden, weil die Maschine, auf die wir uns so felsenfest verlassen, plötzlich doch einen winzig kleinen Datenfehler oder Programmierungsfehler hat. Im Zeitalter der künstlichen Intelligenz und der durch Roboter gesteuerten Betriebsabläufe hätte das fatale Folgen. Das ist der Industrie durchaus auch bewusst, wird aber bei der Euphorie nicht gern laut ausgesprochen:

> *„Allerdings arbeitet auch KI-Software nicht völlig fehlerfrei. Wenn der Roboter beim Verpacken eines Koteletts mal danebengreift, ist das nicht so schlimm. Wird hingegen ein Schaltschrank falsch verkabelt, kann das die gesamte Produktion in einer Fabrik lahmlegen. Und auch das Vertauschen von beispielsweise Wein- und Weichspülerkartons verursacht Schaden."*[155]

Weitere kritische Gesichtspunkte

Umfragen haben aber noch ganz andere Probleme mit der KI-gesteuerten Welt hervorgebracht. Hochrechnungen haben ergeben, dass womöglich bald viele Arbeitsplätze mit dem Fortschreiten der Technologieära durch die „problemlose" KI ersetzt werden. Die Angst vor dem Verlust des Arbeitsplatzes geht um, denn Maschinen werden schließlich nicht krank, sind belastbarer, brauchen keinen Urlaub, sind viel effizienter, demonstrieren nicht und verlangen auch keinen Lohn. Sie tun eben, was sie tun und dadurch sind sie unkomplizierter als ein Mensch. Und so ist bereits ein Kampf um den Erhalt der Arbeitsplätze in Sicht. Deutschland soll es, laut einer Studie der Organisation für Wirtschaftliche Entwicklung, besonders hart treffen:

> *„Forscher der Organisation für Wirtschaftliche Entwicklung und Zusammenarbeit (OECD), einem Forum vorwiegend wohlhabender Industrieländer, haben jetzt untersucht, wie viele Stellen in den Mitgliedsländern tatsächlich durch Automatisierung verschwinden könnten. Das Ergebnis ist überraschend: Deutsche Arbeitnehmer sind demnach von der neuen Digitalisierungswelle überdurchschnittlich stark betroffen. Hierzulande ließen sich weit mehr Stellen als in anderen wohlhabenden Ländern durch Roboter und Software ersetzen, schreiben die Forscher."*[156]

Betroffen wären laut der Studie zum Beispiel zu 50 bis 60% die Gebäudereiniger, Hilfsarbeiter, Bergarbeiter, Industriearbeiter, Berufskraftfahrer, Personalsachbearbeiter, Arbeiter im Maschinenbau, Bauarbeiter und Verkäufer.

Es gibt auch viele Gegenstimmen, die behaupten, dass mit jeder neuen Technologie auch wieder Arbeitsplätze geschaffen werden, weil die Maschinen dann zum Beispiel gewartet oder repariert werden müssen. Aber was, wenn die Wartung oder Programmierung dann auch Maschinen übernehmen, weil sie einfach fehlerfreier und effektiver arbeiten und so programmiert sind?

Eine kontrovers diskutierte Untersuchung von Forschern der Denkfabrik Brookings Institution in Washington brachte ebenfalls ans Licht, dass auch hoch qualifizierte Fachkräfte mit akademischer oder beruflicher Ausbildung von Arbeitsplatzverlust betroffen sein könnten, zum Beispiel Ingenieure oder Analysten, da ihre Arbeitsgebiete stark musterbetont sind. Auch beratende Berufe, wie Notare oder Anwälte – die auch durch hervorragend programmierte KI übernommen werden könnten – wären betroffen.[157] Existenzängste betreffen damit auch die heute noch finanziell gut gestellte Mittelschicht.[158]

Vereinsamung in einer digital vernetzten Welt?

Einige kritische Stimmen sehen mit der Digitalisierung eine soziale Vereinsamung der Gesellschaft auf uns zukommen. Digitale Netzwerke ersetzen in ihren Augen keine realen menschlichen Beziehungen. Und Likes oder Follower bei Instagram oder Facebook sagen noch lange nichts über den Wohlfühlaspekt der Menschen hinter den Profilen aus. Denken wir nur an Drogen-, Sex- oder sonstigen Skandale der Superstars, die sich hier emotionssüchtig austoben, obwohl es ihnen doch angeblich so gut geht und sie von den Fans so geliebt und verehrt werden:

> *„Brian Primack von der Universität Pittsburgh hat zum Beispiel den Einfluss der Online-Nutzung auf das psychische Wohlbefinden von 1800 Probanden im Alter von 19 bis 32 Jahren untersucht. Sein Resultat: User, die täglich mehr als zwei Stunden online waren, litten mit einer doppelt so hohen Wahrscheinlichkeit unter Einsamkeit als jene, die das Internet weniger als 30 Minuten nutzten.“*[159]

Ist eine neue Beratungsapp da die Notlösung? Kann man das Problem fehlender menschlicher Nähe durch ein weiteres Programm beheben?

Bessere und effizientere KI-Technologie und mehr Wohlstand für alle?

Einer der großen Vorteile der KI soll sein, dass wir dadurch mehr Wohlstand für alle Menschen erreichen können. Ein begrüßenswertes Ziel. Vielleicht kommt in dem Zusammenhang dann wirklich ein global einheitliches Grundeinkommen, eine gerechtere Verteilung und eine bessere Infrastruktur für alle Erdenbürger. Und vielleicht bekämen wir sogar die Chance, den global erwirtschafteten Überfluss gemeinnützig für die gesamte Welt einzusetzen, um die bestehenden Probleme zu meistern?

Doch was, wenn nicht? Ich persönlich halte den Fortschritt der Menschheit in den Bereichen der Technologie für gefährlich, so lange diese die ethischen Grundregeln noch nicht gelernt hat. Mit der industriellen Landwirtschaft haben wir zum Beispiel bereits jetzt – ohne KI – die Möglichkeit, jedem Menschen drei Mahlzeiten am Tag zu bieten. Das Welthungerproblem dürfte schon bei der bestehenden Produktion eigentlich kein Problem mehr sein. Und, haben wir es behoben oder verhungern immer noch täglich zehntausende Menschen jämmerlich?

Die Frage beantwortet sich von selbst, wenn wir uns Dokumentationen anschauen wie „Taste the Waste – Warum werfen wir unser Essen auf den Müll?". Wir haben also heute eine landwirtschaftliche Produktion, die Überschüsse erzeugt und 40% der Ernte unterpflügt, weil diese Kartoffeln nicht der DIN-Norm entsprechen. Wir werfen tonnenweise Brot nach Feierabend in Biogasanlagen, kippen Milch ins Meer oder verbrennen Weizen, um die Preise an den Börsen oben zu halten. Gleichzeitig verhungern Millionen Menschen, unter denen vielleicht ein neuer Einstein wäre, der die Welt beflügeln könnte, wenn er nur Zugang zu Nahrung, Bildung und etwas Kleidung hätte, die wir ebenfalls ständig vernichten und neu nachproduzieren. Wir hätten sogar eine vollständige Infrastruktur aus LKWs, Flugzeugen, Schiffen bis hin zu Flugzeugträgern, um eine gerechte Verteilung zu bewerkstelligen.

Trotzdem sind wir in wiederkehrenden Artikeln stolz, dass immer mehr Milliardäre über immer größere Reichtümer verfügen. Wobei gleichzeitig Artikel erscheinen, die von steigender Armut berichten. Die Hitlisten der Superreichen überschlagen sich förmlich. Aber wir weigern uns, die Themen einer gerechten Verteilung des offensichtlich in Fülle vorhandenen Überflusses, von Mitgefühl oder Nächstenliebe und Kameradschaft unter den Völkern anzugehen. Kein Politiker, Lebensmittelriese oder Saatgutriese ist bisher dieses Thema angegangen. Das Saatgut ist oft für die Massentierhaltung und Tierzucht gedacht (Soja) und nicht für die Ernährung der Weltbevölkerung. Auch hier offenbaren sich wieder Gier, Egoismus und Arroganz, die uns Menschen ständig heimsuchen.

Und nun kommt die KI und bietet enorme Produktionssteigerungen an, um ein Tausendfaches schneller soll alles gehen.

Doch wird die Gier und das Horten von Milliarden auf ausländischen Konten, die sich dem Fiskus entziehen, damit aufhören oder werden sich die Gewinne der Superreichen nicht noch mehr vervielfachen und die Schere zwischen Arm und Reich noch mehr aufspalten? Werden einfache Menschen, wie ein Fensterputzer, ihren Job verlieren und Probleme bekommen, ihre Familie zu ernähren? Werden also die vollautomatischen Landmaschinen, die womöglich effektiver sind und ein Vielfaches mehr erwirtschaften können, wirklich dazu beitragen, dass dieser Mehrertrag gerechter verteilt wird? Oder werden sie einfach ihre effiziente Arbeit tun und die Überproduktion landet dann vermehrt in KI-gesteuerten Biogasanlagen, die wie Pilze aus dem Boden schießen, weil wir uns ja von Erdöl und Kohle immer mehr abwenden wollen?

Wird die Welt also letztlich wirklich besser und schöner? Oder eher nicht? Das Szenario birgt mehrere Gefahren und auch das Potential für einen Kampf von Mensch gegen Maschine. Doch welche Chance haben dann noch die Menschen, wenn Polizeiroboter, Militärroboter und perfekte, KI-gesteuerte Überwachungssysteme zum Einsatz kommen? Diese Fragen und noch viele mehr sollten wir Menschen uns an der Schwelle zum nächsten Technologiesprung stellen!

Fazit

Die Probleme, aber auch die latenten Möglichkeiten, die durch KI und eine digital komplett vernetzte Welt entstehen, sind vielfältig und komplex. Sie betreffen weite Gebiete und Themenfelder der Gesellschaft und des persönlichen und gesellschaftlichen Lebens.

Kommen wir nun im nächsten Kapitel zu den Veränderungen, die uns persönlich betreffen, die das menschliche Wesen an sich umgestalten wollen, durch biometrische Optimierung und Vernetzung von Mensch und Maschine, damit wir beim Rennen um die schöne Welt der Zukunft nicht ins Hintertreffen geraten.

Kapitel 9

Transhumanismus und biometrische Chips: Bleibt der Mensch noch Mensch?

> *„Ich wurde als Mensch geboren. Aber das war nur ein Versehen des Schicksals. Ich glaube, dies zu ändern, steht in unserer Macht."*[160]
> Kevin Warwick KI-Forscher

Wir leben im Zeitalter der Digitalisierung, der politisch und wirtschaftlich bewusst vorangetriebenen allumfassenden Datenerfassung, der smarten Netze und des „Internet of Things", in dem mittels der kommenden 5G-Netze alle Datenlücken vom Nordpol bis zum Südpol geschlossen werden sollen. Alle Daten bis hin zu Ihrem Lieblingspulli sollen dabei erfasst, gesammelt und ausgelesen werden und es soll ebenfalls – wie die Politik verspricht – keine weißen Flecken auf der Landkarte der globalen, immer mehr wachsenden Datenerfassungsmaschinerie mehr geben.

Das Mittel zum Zweck sind dabei Mikrochips, die jetzt bereits und künftig noch mehr einfach in alles implantiert werden. So informierte die WELT bereits in einem Beitrag von Constantin Gillies vom 9. Dezember 2004 unter dem Namen „Geheimprojekt

Funknote“ darüber, dass die Europäische Zentralbank diskret plane, Euro-Banknoten mittels eines Mini-Funkchips des japanischen Elektrokonzerns Hitachi fälschungssicher zu machen. Der Chip sei nicht viel größer als vier nebeneinander liegende Haare und würde den Silberstreifen als Antenne nutzen, er brauche keine Batterie und könne über eine entsprechende externe Sendeempfangseinheit noch aus einem Meter Entfernung ausgelesen werden. Damit könne man die Spur des Geldes lückenlos verfolgen.

Der EZB-Sprecher Olivier Radelet kommentierte das damals, laut dem Artikel mit den Worten „Was wir entwickeln könnten, wird nicht kommentiert“, womit die Idee im Vagen blieb.

Nun, die Chipindustrie boomt seit langem und ist nun fähig, dank fortschreitender Technologie, nahezu alles mit noch technisch viel weiter entwickelten Funkchips auszustatten. Wenn Roboter einst die Welt des Warenhandels und der Produktion beherrschen sollen oder smarte Netze alle Daten auslesen sollen, macht das auch Sinn. Programmierbare Maschinen denken in Daten und nicht in Sprache, Klang oder Erinnerungen, so wie wir vergesslichen, manchmal auch etwas herausgeforderten Menschen.

Der Mensch im smarten Netz

Machen Sie spaßeshalber einmal einen Test und geben Sie im Netz den Suchbegriff „Mensch im smarten Netz“ ein: Es erscheinen hier sofort 1.840 000 Ergebnisse (Stand 27.07.2020). Sie können hier viel über das Internet der Dinge, die smarte schöne neue Welt, das 5G-Netz als smartes Handy-Netz, die smarte Technik mit Smart Meter oder Smart Grid und vieles mehr lernen. Sie bekommen dabei alle Vorteile aufgezählt, alle Risiken, viele Diskussionen, aber nur wenig Informationen darüber, dass 5G den Menschen selbst ebenfalls in das smarte Netz allumfassender Daten mittels biometrisch „verträglicher Chips“ einbinden will.

Erst wenn Sie „Mikrochips für Menschen“ eingeben, erscheinen nur noch 311.000 Ergebnisse über eine Technologie, die für die Zukunft geplant ist und uns sprichwörtlich unter die Haut gehen wird. Und plötzlich erschließt sich uns damit eine andere Welt:

So erfährt der Interessierte, zum Beispiel im Tagesspiegel[161], wie diese Technik zu einem Teil des Körpers wird, aber auch dass damit alles für uns „viel einfacher“ wird: Menschen öffnen nämlich damit ganz einfach Fahrradschlösser oder Bürospinde, Türen für intelligente, elektronisch vernetzte Häuser oder speichern ihre Visitenkarte auf dem Chip. Sie nutzen ihn als Fahrschein-Versuchsprojekt für die Bahn, als Zahlungsmittel oder als Eintrittskarte ins Sportstudio. Diabetiker und Kranke könnten so ihre lebenswichtigen Daten immer parat haben und Behinderte problemloser am öffentlichen Leben teilnehmen. Blinde können „sehen“, Rollstuhlfahrer besser Türen öffnen und Querschnittsgelähmte sogar mit ihrem Chip kommunizieren, damit sie Maschinenarme bewegen können. Sogar eine Bank wirbt bereits für den Chip:

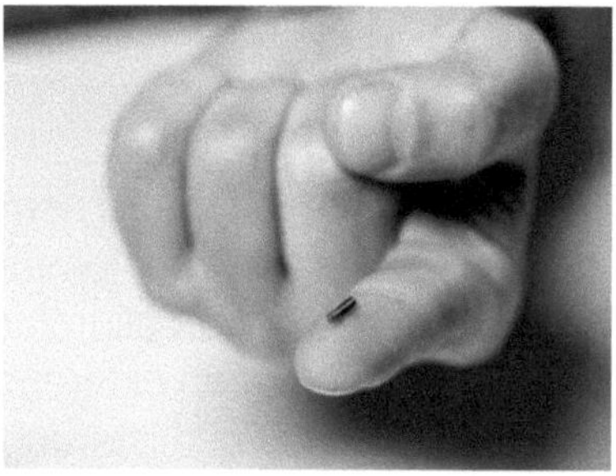

Mikrochip
(Quelle: www.depositphotos.com)

> *„Nie wieder nervös nach dem Schlüssel suchen – mit diesem Versprechen wirbt die Sparda Bank Berlin momentan um Kunden. Wer bis Ende März eine Baufinanzierung abschließt, bekommt obendrein ein NFC-Implantat. Sprich: Einen kleinen Mikrochip, groß wie ein Reiskorn, der zwischen Daumen und Zeigefinger*

unter die Haut gesetzt wird. Und Türen öffnen kann. … Für die Mikrochips kooperiert die Bank mit Digiwell, einem Unternehmen in Hamburg, das auf Bio-Hacking spezialisiert ist – die Optimierung des menschlichen Körpers durch Technik. Mikrochip- Implantate gibt es für 39 Euro aufwärts. Menschen speichern ihre Visitenkarte auf den winzigen Plättchen, verwenden sie, um ihr Fahrrad zu entsichern, ihre Blutwerte stets parat zu haben, das Büro zu betreten.“[162]

Je tiefer wir uns mit dem Thema befassen, umso mehr wird das stille Kommen der Mikrochips für Menschen offenbar. Ja, fast schon logisch, wenn wir das allumfassende politische wie wirtschaftliche Ziel der grenzenlosen externen Datenerfassung über die 5G-Netze im Zeitalter der Digitalisierung und Globalisierung miteinbeziehen. Es soll keine Grenzen oder Funklöcher mehr auf dem Planeten geben. Und der Mensch ist ja ein lebendes, wandelndes Funkloch, von dem wir – trotz all der Überwachungskameras und der Spracherkennung, Fingerabdruckscanner und Augen- oder Gesichtserkennungssoftware – nicht immer wissen, wo er gerade ist. Und dafür gibt es jetzt natürlich die Möglichkeit eines Funkchips, der Menschen implantiert wird, damit zum Beispiel Kinder von Prominenten nicht mehr so leicht entführt werden können.

Diese Chips sind seit langem stark im Kommen und werden auf breiter gesellschaftlicher Ebene wohl auch für den Menschen geplant, doch offen aussprechen wird das niemand, denn das Thema ist extrem sensibel, macht Menschen Angst und bringt bei anderen wiederum die Galle zum Fließen, wie es so schön heißt. Schließlich geht es den Menschen damit an die – oder besser gesagt – unter die Haut. Und das verstößt gegen das Grundgesetz, Artikel 2, der Unversehrtheit und Unverletzbarkeit des Menschen, wie Kritiker dieser Bestrebungen immer wieder anmerken:

„Jeder hat das Recht auf Leben und körperliche Unversehrtheit. Die Freiheit der Person ist unverletzlich. In diese Rechte darf nur auf Grund eines Gesetzes eingegriffen werden."

Bargeldabschaffung

Ein weiteres großes uns alle betreffendes Thema ist mit der Digitalisierung und dem Internet der Dinge ebenfalls im Kommen: das Zeitalter der bargeldlosen Zahlung. Dieses hat mit PayPal, Onlinebanking und alternativen, virtuellen Währungsexperimenten bereits große gesellschaftliche Akzeptanz erfahren. Noch beruht es auf Freiwilligkeit. Doch was, wenn im Zeitalter der Digitalisierung eines Tages per Gesetz das Bargeld abgeschafft wird und durch virtuelles Geld ersetzt wird? Schließlich werden die meisten Bankgeschäfte und Einkäufe bereits online getätigt. Das könnte so wie heute während der Coronapandemie ein Gesetz sein, das bisherige Gesetze aufhebt und uns dann zwingt, in das Internet der Dinge einzutauchen. Ob wir wollen oder nicht, wenn wir bei den vollautomatisierten Produktionsanlagen nicht verhungern wollen. Was, wenn wir künftig also nicht mehr anders an die Rente, die Honorare oder Löhne kommen und unsere Dividenden nicht mehr bar auszahlen lassen können, ohne immer einen elektronischen Fußabdruck zu hinterlassen, wie es heute modern so schön heißt?

Was also, wenn eines Tages alles Bargeld auf nur noch einen Chip übertragen wird? Später dann – nach Übergängen wie Kartenzahlung oder Smartphonezahlung als zentrale Steuerungsstelle der KI – auch alle Kreditkarten, Bankdaten, Ausweise, Reisepässe, Krankenkassendaten ablöst? Die Argumente lauten hier:

- Warum sich mit so vielen Karten herumschlagen und das Leben nicht vereinfachen?
- Warum alles so kompliziert und aufwendig machen und Gefahr laufen, irgendetwas davon zu vergessen, verlegen, verlieren, wenn doch „bessere" technische Möglichkeiten bereitliegen?
- Wozu dann überhaupt noch ein Smartphone als zentrale Steuerungsstelle, wenn ein Chip im Arm das alles übernehmen kann? Und wenn wir mit einem weiteren Chip im Gehirn über große Entfernungen miteinander kommunizieren können, so wie es heute Lesegeräte bereits mit Mikrochips über einige Entfernung tun?

Manche Geschäfte bieten bereits jetzt nur noch Einkaufen ohne Bargeld an. Die im Umlauf befindliche Bargeldmenge wird immer mehr minimiert und der 500,- € Schein hat seinen Sinn verloren und wird deshalb schrittweise aus dem Verkehr gezogen. Gleichzeitig wird bargeldloses Zahlen gefördert und Bargeldzahlung mit Mehrkosten bestraft, wie man leicht beim Überweisen, Fahrkartenkauf oder zahlen am Automaten sehen kann. Im Grunde wird die Wirtschaft zusammengenommen weltweit immer mehr auf bargeldlos umgestellt, während Bankdirektoren weiterhin behaupten, der bargeldlose Zahlungsverkehr werde nicht kommen:

> *„Bundesbankvorstand Carl-Ludwig Thiele hat sich gegen eine Abschaffung des Bargelds ausgesprochen. Sie berge hohe Risiken, bei denen die Nachteile die Vorteile bei weitem überwögen, sagte Thiele beim vierten Bargeldsymposium der Bundesbank. „Bargeld ist geprägte Freiheit. Ich bin felsenfest überzeugt davon: Bargeld wird auch in Zukunft seine Gültigkeit behalten", sagte er."*[163]

Eigenartig ist, dass selbst Politiker, die heute – in Zeiten von Corona – über Bargeldabschaffung diskutieren, noch vor kurzer Zeit in eine andere Richtung diskutierten:

> *„Die Bevölkerung wird angehalten, einen individuellen Vorrat an Lebensmitteln von zehn Tagen vorzuhalten", zitiert die „Frankfurter Allgemeine Sonntagszeitung" aus einem Konzept für die zivile Verteidigung, das die Regierung am Mittwoch beschließen wolle. Dem „FAS"-Bericht zufolge soll die Bevölkerung im Notfall zum Selbstschutz fähig sein, bevor staatliche Maßnahmen anlaufen, um eine ausreichende Versorgung mit Lebensmitteln, Wasser, Energie und* ***Bargeld*** *sicherzustellen."*[164]

Wenn Sie auf die Krisenvorsorgeseiten der Bundesregierung gehen, werden Sie als Notwendigkeit neben Lebensmittelkonserven auch Bargeld entdecken. Und das im Zeitalter der diskutierten Bargeldabschaffung.

Diese Notwendigkeit erkannten 2016 die Nato-Mitgliedsstaaten auf einem Sicherheitsgipfel in Warschau: Bei „hybriden Konflikten" wie beispielsweise Cyberangriffen, kann die Regierung nicht immer den Schutz der Bevölkerung gewährleisten und sieht sich daher in der Pflicht, die Bevölkerung entsprechend vorzubereiten. Bargeld ist also in Zeiten der Digitalisierung und möglichen globalen Hackerangriffe sicherer als virtuelles Geld oder elektronische Kartennutzung. Was jeder nachempfinden kann, der schon einmal vor einem geschlossenen Bargeldautomaten stand, dessen Computer irgendwann einmal abstürzte oder dessen Smartphone plötzlich den Geist aufgab. Selbst implantierte Funkchips können keine virtuellen Zahlen funken, wenn ein Sonnensturm oder Hackerangriff den Strom ausschaltet. Ich finde es hochinteressant, dass sogar im Zeitalter globaler Hackerangriffe, wo die Stärke des Bargeldes seine volle Wirkung entfalten kann, immer mehr Geschäfte, Filialen und Banken zu bargeldlosem Zahlungsverkehr übergehen. Schweden will hier sogar als erstes Land der Welt Vorreiter sein:

> *„Bis 2030 soll im gesamten Land das Bargeld abgeschafft werden. Jede Transaktion soll nur noch digital getätigt werden. Den meisten Bürgern gefällt der Gedanke, doch bringt dies, neben augenscheinlichen Vorteilen, auch neue Gefahren mit sich. Cyberkriminelle reiben sich die Hände und Banken bekommen gigantische Mengen persönlicher Daten."*[165]

Im Zeitalter der Globalisierung werden wir wohl erst Ruhe geben, wenn der letzte Geldschein und damit das letzte bisschen finanzielle Freiheit, die elektronisch nicht nachverfolgbar ist, verschwunden sind.

Die biometrischen Mikrochips kommen

Unbeeindruckt von diesen Bedenken schreitet das heikle Thema ständig voran, sind Menschen bereit, sich biometrische Chips implantieren zu lassen, um „sicherer" und „einfacher" leben zu können. Immer wieder lesen wir, dass sich neugierige, kranke oder auch besonders hilfsbedürftige Menschen mit erheblichen gesundheitlichen Einschränkungen einen Chip implantieren lassen.

Bereits im Sommer 1998 spritzte sich der erste Mensch, quasi in einem Selbstversuch, einen Chip mit Biosensorentechnologie unter die Haut: der KI-Forscher Kevin Warwick.

Mit diesem RFID-Chip (Radio-Frequenz-Identifizierung) öffnete er bereits damals vor 20 Jahren (!) via Funksignale berührungslos Türen, startete den Computer, schaltete das Licht ein und aus und konnte überall geortet werden. Entwickelt und der Öffentlichkeit im Leitartikel des Time Magazine vorgestellt wurde ein biometrischer Chip – so erfährt der Suchende ebenfalls – bereits am 27. April 1998. Dieser „Digital Angel" war kleiner als ein Reiskorn und würde – so prophezeite sein damaliger Entwickler Dr. Peter Zhou – „künftig Bargeld und Kreditkarten überflüssig machen, Leben retten und die Lebensqualität verbessern". Dr. Zhou machte den Chip in Zusammenarbeit mit der amerikanischen Firma Applied Digital Solutions marktfähig.

Warwick ist einer der Forscher, die von den Möglichkeiten der Digitalisierung hellauf begeistert sind und sieht den Menschen als sehr verbesserungsbedürftig:

> *„Im Jahr 2002 ließ er sich einen weiteren Mikrochip einpflanzen, der über 100 feine Elektroden mit den Nervenfasern seines Unterarms verbunden war. Diese „Braingate" getaufte Schnittstelle ermöglichte es dem Forscher, den Chip und seine Funktionen direkt durch Nervenimpulse zu steuern. Nach einigem Training konnte er damit beispielsweise über WLAN und Internet einen Roboterarm kontrollieren."*[166]

Damit konnte Warwick nun völlig neue Erfahrungen machen, die ihm nach eigenen Angaben auch eine Art „Ultraschallsinn" gaben. Die Frequenz der vom Implantat an das Gehirn gesandten Impulse ermöglichte es ihm, nahekommende Objekte wahrzunehmen. Damit wurde er zum Idol einer neuen Szene von „Bodyhackern". Damit sind Menschen gemeint, die die Möglichkeiten der Verbindung von Mensch und Maschine auf eigenes Risiko an sich selbst austesten und diese Symbiose einfach als „cool“ oder erstrebenswert betrachten.

Den Körper durch künstliche Eingriffe wie kosmetische Operationen zu verbessern und zu perfektionieren, hat inzwischen eine ganze Armee von Forschern auf den Plan gerufen. Und eine ganze Industrie arbeitet hier an Möglichkeiten, uns Menschen besser, stärker, schneller, fitter und eben mehr wie „Superman“ oder „Superwoman“ zu machen. Wenn wir das nötige Kleingeld haben, natürlich eher, wenn nicht, müssen wir warten, bis diese Technologien massentauglich sind. So wie bei den ersten Reisen ins All, die jetzt noch 200.000 Dollar kosten und später nur noch 5.000 Dollar kosten sollen.

Hier bekommen die Mediziner und Forscher durch KI, Genetik, Nanotechnologie aber auch biometrische Chips völlig neue Möglichkeiten „in die Hand“ gelegt. Unsere Evolution als Spezies führt immer weiter weg vom „primitiven Homo sapiens“ zu einer neuen Cyborg-Spezies oder Mensch-Maschine-Mischung hin zum „Homo Optimus“:

> *„Aber richtig geht der Spaß erst los, wenn wir Implantate im Hirn haben, die uns mit dem Computer verbinden, um unser Gedächtnis zu tunen. Kevin Warvick, Professor für Kybernetik an der University of Reading in England, prophezeite im Dezember 2006 auf der „2. European Futurits Conference“ in Luzern: „Solche Implantate im Gehirn werden uns zu einem Super-Gedächtnis verhelfen. Und sogar Ultraschall und Infrarot können wir damit wahrnehmen“.*
> *Auch das gegenseitige Gedankenlesen über implantierte Chips sei keine Sciencefiction, sondern werde schon bald Wirklichkeit.“*[167]

Die Technologie ist seitdem sehr stark vorangeschritten. Es ist im Zeitalter der Maschinen und KI und neuer, ungeahnter technischer Möglichkeiten also bald nicht mehr „in", einfach nur noch Mensch zu sein. Es ist „in" und „kult", Cyborg zu sein. Superheldenfilme sind der Trend. Ständig werden neue gedreht, von Fans sehnlichst erwartet, und finden große Fangemeinden. Und ehrlich gesagt, wer sehnt sich nicht danach, etwas Außergewöhnliches zu sein? Ist es da nicht verständlich, dass es im Zeitalter der Digitalisierung bereits Fanclubs gibt von Menschen, die einen Chip tragen (wollen), um nicht mehr „normal, öde und langweilig" zu sein? Diese Menschen tragen ihre Botschaft begeistert nach außen. Die ersten Gechipten sind für uns Normalos noch etwas Exotisches, werden aber natürlich von den dahinter stehenden Industrien beworben und könnten bald eine gesellschaftliche Realität sein.[168]

Der Technik-Trend geht weiter

Nun, wo stehen wir heute? Offiziell heißt es, dass weit über hunderttausend Menschen bereits Mikrochips in sich tragen. Angesichts von Milliarden Menschen auf der Welt ist diese Zahl noch verschwindend gering. Und so wird eben die Werbetrommel gerührt für das smarte Home, das Internet der Dinge, die Digitalisierung des Lebens, die 5G-Netze und eben auch den gechipten Menschen. Der dann Teil der smarten 5G-Netze und des Internets der Dinge, und eine Nummer in einem Meer aus Zahlen und Daten sein wird.

Da die Technologie uns aber in vielen „Fächern" bereits schlägt, bekommen Erfinder und Entwickler jedoch langsam Panik. Der Mensch müsste selbst mit immer besserer Technologie ausgestattet werden, um hier noch mithalten und den Maschinen Paroli bieten zu können. So argumentierte zumindest Elon Musk, als er seine neue Entwicklung im Juli 2019 der Öffentlichkeit präsentierte: einen Gehirnchip, der mit superfeinen Metallhärchen ausgestattet ist.[169]

Künftig sollen mittels solcher Chips unglaubliche Dinge möglich werden. Sprachen müssen dann zum Beispiel nicht mehr erlernt, sondern können damit angeblich als Datei einfach hochgeladen werden. Wenn Sie also in ein neues Land reisen, laden Sie einfach die entsprechende Datei hoch und alle verfügbaren Unterlagen zu Historie und Kultur, Sehenswürdigkeiten oder was auch immer, werden Ihnen (vom Reisebüro?) künftig vielleicht als E-Mailanhang direkt ins Gehirn geschickt. Natürlich gegen ein entsprechendes Entgelt. Wozu also noch selbst lernen oder das eigene Gehirn benutzen, wenn die Technologie dies doch viel besser kann? Es geht doch so schneller, ist effektiver und viel "cooler".

Es geht hier also letztlich um viel mehr, als nur ein „paar" Behinderten zu helfen, keinen Rollstuhl mehr zu benötigen. Noch dienen Menschen wie ich ihnen als Alltags- und Pflegehelfer und ermöglichen ihnen so viele Stunden der Autonomie. Angesichts von Sophia, der Roboterfrau aus Saudi-Arabien, die bereits seit einigen Jahren als erste künstliche Intelligenz der Welt die Staatsbürgerschaft erhielt, kann sich das aber schnell ändern.[170]

Hier wird auf einen riesigen Markt und auf eine zu erwartende riesige Nachfrage hingearbeitet. Chips sollen in Zukunft so eine Art Wundermittel für alles sein. Deshalb werden diese auch bereits in vieles eingebaut. In Alltagsgegenstände wie Produktpaletten oder Artikel, Autoreifen und Spielzeuge bis hin zu Rindern, Pferden, Schafen, Hunden, Katzen, Wellensittichen (kleiner Scherz) und natürlich auch Menschen, obwohl die meisten Exemplare unserer Spezies trotz massiver Werbung irgendwie nicht so recht gechippt werden wollen.

Die hohen Ziele der KI-Entwickler

Wenn sich die Entwicklungen weiterhin so rasch wie bisher überschlagen, ist es weise, sich zu fragen, wohin die Reise bei all den Cyborgs und gentechnischen oder nanotechnischen Entwicklungen inklusive Mikrochips künftig für uns aus Sicht der Entwickler und Forscher gehen wird. Natürlich erkennen bereits Spezialisten, dass hier noch alles offen ist. Doch ein hohes Ziel ist bereits abgesteckt: Unsterblichkeit! Wenn Sie meinem Rat folgen und das Buch von Michio Kaku „Die Physik der Zukunft – Unser Leben in 100 Jahren" lesen, werden Sie eine Ahnung bekommen, wohin die Reise geht. Kaku ist in die Labors der verschiedenen Fachrichtungen und Visionäre (oder modernen Dr. Frankensteine?) gegangen und hat sich ein Bild über die Entwicklungen verschafft: Organe, die im Körper nachwachsen und nicht mehr durch OPs und Organspenden ersetzt werden müssen, Chips und Implantate, die uns – wie erwähnt – zu Supermenschen machen und synthetische Hirn-Neuronen, die komplett dupliziert werden sollen, um sie auf unsterbliche, künstliche (Metall-)Körper zu übertragen und uns damit ewiges Leben zu ermöglichen. Nun, in den Medien wird uns schmackhaft gemacht, dass manche Milliardäre bereits darauf spekulieren und sich einfrieren lassen, um in einer besseren und dann wohl auch komplett gechipten Zeit wieder aufzuerstehen. Recherchieren Sie hier ruhig selbst ein wenig.

Aber gehen wir darauf interessehalber kurz einmal näher ein:

- Warum nicht in einer Lebenszeit unzählige Ausbildungen statt nur einer oder ein paar wenigen zu machen?
- Warum nicht ewig jung bleiben, in einem alterslosen nicht mehr verfallenden Körper?
- Warum nicht mehrere Musikinstrumente spielen und tausend Jahre, statt nur einem knappen Jahrhundert einplanen?
- Warum es nicht wagen, wenn die Technologie es ermöglicht?

- Warum nicht Mond, Mars, die Ozeane oder den Weltraum besiedeln?
- Und warum deshalb 5G nicht einführen, das die Basis für all das kreative Wirken künftiger Generationen schaffen soll?

Wenn das menschliche Gewebe zu schwach ist, verbessern wir es eben …

Kritische Sichtweisen zur KI und Chiptechnologie

1. Unerschlossene Potentiale

Der Mensch strebt im Zeitalter fortschreitender Technologie danach, Technologie immer mehr zu verbessern, um, wie wir gesehen haben, auch den Menschen selbst zu verbessern. Doch muss der Mensch wirklich verbessert werden? Besitzt unser Gehirn nicht genügend Potential, um all die Fähigkeiten auszubilden, die wir durch Technologie wie Mikrochips und Gehirnimplantate künstlich in unser Gehirn hochladen wollen? Brauchen wir die mit Milliarden finanzierte Technologien, Forschungen und Experten, die aus uns Menschen künstliche Superhirne machen wollen, denn überhaupt? Es gibt viele Belege für dieses Potential. Die menschliche Evolution kann noch in eine ganz andere Richtung gehen. Jedoch würde dieser Ansatz sofort viele Forschungsbereiche überflüssig machen und schüfe gleichzeitig neue (siehe weiterführende Literatur am Ende dieses Buches).

Weshalb ist es der Wissenschaft und Forschung dann so wichtig, unbedingt an unser Gehirn zu kommen? Weshalb will die KI-Forschung unser Denken über Computer analysieren und Computer schaffen, die dann unser Denken überwachen oder sogar nachempfinden? (Buchtipp: Michio Kaku: Die Physik des Bewusstseins“, Rowohlt-Verlag 2015) Oder das Gehirn mit Chips ausstatten, um es als Sende- und Empfangsantenne von außen steuern zu können? Was, wenn der Chip einmal gehackt wird und wir dann an den Fäden irgendeines Drahtziehers hängen, der Freude daran hat, uns als Marionette zu benutzen? Wir leben schließlich im Zeitalter der Datenunsicherheit, der Gefahr globaler Hackerangriffe und der ständigen Datenspionage.

Weshalb sollte sich die Menschheit also Chips einpflanzen, dafür Geld ausgeben, wenn sie doch nur ihr Gehirn zu aktivieren bräuchte, um all das viel kosteneffizienter zu tun? Wir können dies zum Nulltarif haben, wenn wir wissen, wie wir unsere Gehirne besser nutzen können. Sind wir bereits so technikbesessen, dass wir alles besser als die Natur machen wollen?

- Wir kennen nicht einmal die vollen Möglichkeiten unseres Gehirns, über die unsere Wissenschaft bei sogenannten Superbegabten staunt, wollen es aber künstlich „verbessern" (DVD-Tipp: Petra Höfer und Freddie Röckenhaus: „Expedition ins Gehirn. Eine Reise in die mysteriöse Welt der Superbegabten", TR-Verlagsunion GmbH, ASIN: 3805837720).
- Wir wollen in die Tiefen des Alls, haben aber nur einen Bruchteil der Ozeane oder Höhlensysteme der Erde erforscht.
- Wir kennen immer noch nicht ausreichend die Arbeitsweise unseres „inneren Schweinehundes", (sonst hätten wir dies längst gelöst) aber wollen vollautonome Waffen auf andere Länder und Nationen richten, die diese Waffen nicht haben und mit denselben ethischen Problemen wie wir kämpfen.

Und all das nennen wir dann „Fortschritt". Der zugegebenermaßen technologisch ja auch stattfindet, aber geistig-emotional sich im Kreis dreht.

Ist es nicht eher Verrücktheit und sollten wir daher nicht eher einen Psychologen oder Verhaltenstherapeuten aufsuchen, der uns lehrt, unser Potential zu voller Blüte zu bringen, statt mit KI-Technologie zu experimentieren?

Idealerweise könnte Evolution auch so laufen, dass wir unsere Potentiale erforschen und gleichzeitig Supertechnologie nutzen. Also warum nicht Kernfusion als Weltraumantrieb oder Roboter, die auf dem Meeresboden Städte bauen und somit Platz für viele Milliarden Menschen mehr schaffen? Warum nur einseitig und rein technologisch bei der Evolutionsfrage über die KI nachdenken? Eine berechtigte Frage, oder?

2. Mikrochips, Funkstrahlung und Gesundheitsbedenken?
Durch die vorangegangene Auseinandersetzung mit der Thematik dürfte jedem inzwischen klar sein, dass die Funkchips unter der Haut auch funken können und Informationen austauschen. In Kapitel 3 haben wir uns mit den nichtthermischen Wirkungen der Funktechnologie auseinandergesetzt, die bereits bei einem zigtausendfachen Bruchteil der gesetzlich genehmigten, als unbedenklich eingestuften technischen Grenzwerte destruktive Auswirkungen haben. Was passiert nun also mit Funkchips unter der Haut, die praktisch ununterbrochen funken? Gibt es hierzu Langzeitstudien?

Bei Wikipedia gibt es einen interessanten Artikel über den „Verichip" mit der Produktbezeichnung VeriMed. Es handelte sich dabei um einen passiven RFID-Transponder, der bis 2010 von der Firma PositiveID hergestellt wurde und sich zur Implantierung in Lebewesen eignete. Der Transponder befand sich in einem 12 mm langen und 2 mm dicken Glaszylinder und wurde üblicherweise in den Arm gespritzt und war somit für das Auge unsichtbar. Zur Funktionsweise heißt es:

> *„Da der Transponder mittels Induktion mit Energie versorgt wird, benötigt er keine Batterien. Wird der Chip auf der richtigen Frequenz angesprochen, antwortet er mit einer eindeutigen sechzehnstelligen*

Nummernfolge, die den Träger des Chips in einer Datenbank identifizieren kann. So können beispielsweise Zugangsberechtigungen abgefragt werden oder auf medizinische oder andere Unterlagen zur Person zugegriffen werden. Der VeriChip ist der erste RFID-Chip, der von der US-amerikanischen Food and Drug Administration für den Implantationseinsatz am Menschen zugelassen wurde. Die FDA-Zulassung erfolgte 2002."[171]

Die 16-stellige Identifikationsnummer könnte man natürlich leicht durch die in Europa inzwischen eingeführte 11-stellige ID[172] ersetzen und hätte denselben Effekt.

Die Produktion lief also an und bis Januar 2006 hatten sich angeblich 68 Krankenhäuser vertraglich bereit erklärt, den Chip zu implantieren. Etwa 2000 Personen machten davon im Laufe der Zeit Gebrauch. Doch offensichtlich war das Interesse der Öffentlichkeit nicht sehr stark, denn einige Kliniken gaben später mangels Patienteninteresse und einer zu großen Angst vor der Verletzung der Privatsphäre das Experiment wieder auf. Datenschützer wandten sich ebenfalls gegen die VeriChips und warnten vor den „Schnüffelchips", dem Verlust sensibler Daten und der damit einhergehenden allgegenwärtigen Überwachung, da der Chip nicht verschlüsselt war und Daten ohne Erlaubnis von jedem von außen ausgelesen werden konnten. Laut Wikipedia setzte am 10.02.2006 erstmals eine Überwachungsfirma in Cincinnati den Chip ein, um den Zugang ausgesuchter Personen zum Rechenzentrum zu steuern. Doch neben den allgemeinen auch recht interessanten Informationen gibt es bei Wikipedia ebenfalls einen kurzen Absatz zu den möglichen gesundheitlichen Bedenken, der mich nachdenklich stimmte:

„Der Chip als Implantat steht im Verdacht, Krebs hervorzurufen. Bei Versuchstieren (Mäuse und

Ratten), denen der Chip zu Studienzwecken implantiert wurde, hat sich Tumorgewebe um den Chip gebildet. Die Herstellerfirma verweist darauf, dass nicht zwingend von den Versuchstieren auf den Menschen geschlossen werden könne.“[173]

Wenn wir an die Ratten mit Tumoren in den Studien beim Mobilfunk denken, wie ich sie in den vorangegangenen Kapiteln erwähnte, haben wir hier Parallelen:

1. Es kommt es zu einer Wirkung auf organisches Gewebe (Tumorbildung bei Tieren).
2. Diese Wirkung wird, wie beim Mobilfunk, beim Menschen bestritten. Obwohl Ratten normal als Versuchstiere der Pharmazie und andere Bereiche genommen werden, um Gefahren beim Menschen vorzubeugen und sie recht widerstandsfähig sind, haben also Tumorgewebe um den VeriChip für den Menschen mutmaßlich keine Bedeutung. Ich denke, es besteht auch kein Interesse daran, Chips mit Gesundheitsgefahren in Zusammenhang zu bringen, wenn man diese Technologie weltweit vermarkten will. Daher wird der Suchende hier wenig Belege finden.

3. Grenzenlose Überwachung

Ohne jeden Zweifel wäre der Mikrochip für alle Menschen die letzte Hürde der Privatsphäre, die damit fallen würde. Der Mensch wäre durch die Integration in die smarten KI-gesteuerten Netze komplett gläsern, ja sogar abhängig vom Netz. Jede Sekunde seines Lebens und Wirkens könnte durch die von außen abrufbaren und als Superwanzen einsetzbaren smarten Netze aufgezeichnet werden. Wenn man weiß, was er sagt, womit er sich beschäftigt oder womit eben nicht, kann man ihn leicht katalogisieren.

Darüber spricht man nicht gern, doch die Möglichkeiten sind da und werden auch schon in gewissem Umfang genutzt. Die individuelle Freiheit, eben nicht immer zu wissen, was jemand macht und wo er sich gerade aufhält, würde verschwinden. Eine Million technischer Augen würden alles jede Millisekunde beobachten und aufzeichnen.

4. Bewusstseinskontrolle und Totalitarismus

Wir haben bereits im Kapitel der militärischen Möglichkeiten über Mobilfunkstrahlung, Millimeterwellen und den Möglichkeiten der Bewusstseinskontrolle oder Mikrowellenwaffen für den Polizeieinsatz gesprochen. Einen Minisender oder Empfänger unter der Haut oder sogar im Gehirn zu haben, ist aus dieser Sicht daher nicht sinnvoll. Dass man mittels Dioden im Kopf das Bewusstsein kontrollieren kann, ist der Öffentlichkeit bereits in den 1960er Jahren durch den Yale Professor Josè Delgado präsentiert worden. Er wagte sich nur mit einem seltsamen Kästchen bewaffnet in eine Stierkampfarena im spanischen Cordoba. Der wütende Stier konnte jeden Moment auf ihn zurasen, was ihn nicht weiter zu beunruhigen schien:

> *„Wütend starrt der Stier den Professor an. Plötzlich greift er an und zielt mit seinen gefährlichen Hörnern nach ihm. Der Professor läuft nicht weg. Vielmehr hält er ein Kästchen in der Hand. Dann drückt er direkt vor den Kameras einen Knopf auf dem Kästchen und der Stier hält wie vom Blitz getroffen mitten im Angriff inne. Der Professor ist sich seiner selbst so sicher, dass er sein Leben riskiert hat, um zu beweisen, dass er das Bewusstsein eines verrückten Stiers kontrollieren kann.“*[174]

Die Technologie ist seitdem unheimlich fortgeschritten. Die heutigen Möglichkeiten scheinen daher hier viel besser und präziser (ausgereifter) zu sein. Aber auch die Öffentlichkeit wurde schon im Jahr 2009 auf diesbezügliche Entwicklungen hingewiesen:

Die Augsburger Allgemeine berichtet in einen Artikel aus dem Jahr 2009 über den Patentantrag eines arabischen Erfinders, der einen Mikrochip zur Überwachung oder sogar mit Tötungsfunktion anmelden wollte. Dabei könne man zwischen einem normalen Überwachungschip (für „brave Bürger"?) und einem Modell B für „Bad Boys" (Terroristen?) wählen, das über eine extra Kammer für Gift wie Cyanide oder Blausäure verfüge und kriminelle Subjekte schlicht und einfach via Satellit ausschalte. Es lebe die Terrorbekämpfung per Satellitenüberwachung![175]

Der Physik-Professor Max Tegmark teilt in seinem Werk „Leben 3.0 – Mensch sein im Zeitalter künstlicher Intelligenz" diese ethischen Bedenken bei der Entwicklung von KI-Waffensystemen oder totalitärer Möglichkeiten:

> *„Ein dritter technologischer Weg zum Omnizid könnte mit relativ dummen KI-Waffen einhergehen. Nehmen wir an, eine Supermacht baut Milliarden dieser hummelgroßen Angriffsdrohnen aus Kapitel 3 und verwendet sie, um alle Menschen außer ihre eigenen Bürger und Alliierten zu töten, die sie aus der Ferne durch eine Funkfrequenz-ID-Kennzeichnung identifizieren kann, wie es bei den meisten Supermarktprodukten von heute der Fall ist. Diese Kennzeichen könnten an alle Bürger verteilt werden, die sie in Form von Armbändern oder als Implantat unter der Haut tragen müssen wie in dem Abschnitt über Totalitarismus. Das würde vermutlich eine gegnerische Supermacht anstacheln, etwas Entsprechendes herzustellen. Wenn versehentlich ein Krieg ausbricht, würden alle Menschen getötet,*

sogar neutrale, in Abgeschiedenheit lebende Stämme, weil niemand beide ID-Kennzeichen trüge.“[176]

Ich möchte anmerken, dass ich dies nicht teile, um Panik zu schüren (das Patent für einen Gift-Chip wurde nicht erteilt), sondern um zu zeigen, in welchem Maße hier geforscht und entwickelt wird und welche unbegrenzten Möglichkeiten in nahezu alle Richtungen hier bestehen.

5. Mythen, Verschwörungstheorien und Fakten rund um den Chip für Menschen

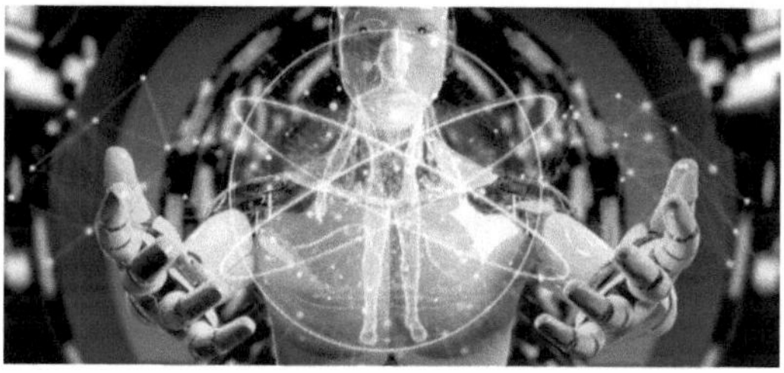

Mensch im Netz der künstlichen Intelligenz
(Quelle: www.depositphotos.com)

Seit Jahrzehnten postulierten immer wieder verschiedene Menschen, dass eines Tages alle Menschen mit einem Chip versehen werden. Lange Zeit wurden sie belächelt. Nun bewerben sogar Banken, Medien und Visionäre wie Elon Musk die Mikrochips für Menschen. Firmen bieten Chips für verschiedene Zwecke an und die einstigen Kritiker sind womöglich selbst zu Befürwortern und Bewerbern dieser Technologie geworden. Einige Leute beziehen sich jedoch nicht nur auf die Entwicklungen von Dr. Zhou und seinem Chip namens „Digital Angel“, sondern zitieren auch aus den heiligen Schriften längst vergangener Tage. So zum Beispiel aus der Offenbarung des Johannes, in dem das Zeichen „eines Tieres“ erwähnt wird, dass man auch mit etwas Phantasie auf einen Chip, der in die Hand oder den Kopf (die Stirn?) gegeben wird, herauslesen könnte:

> *„Die Kleinen und die Großen, die Reichen und die Armen, die Freien und die Sklaven, alle zwang es, auf ihrer rechten Hand oder ihrer Stirn ein Kennzeichen anzubringen.*
> *Kaufen oder verkaufen konnte nur, wer das Kennzeichen trug: den Namen des Tieres oder die Zahl seines Namens."*
> Offenbarung 13, 16-17[177]

Nun, wenn Bargeld wirklich eines Tages abgeschafft werden sollte, wir alle komplett vom Internet der Dinge abhängig sind und als Individuum als Nummer im Zahlenmeer verschluckt werden sollten, die Maschinen und Algorithmen das Leben steuern und niemand mehr ohne Chip oder Smartphone einkaufen gehen kann, weil diese Geräte dem damaligen Johannes mit ihren blinkenden Lichtern und Tastaturen, in denen Zahlen eingegeben und verarbeitet wurden, wie ein wildes Tier vorkamen (falls er eine reale Vision unserer Zeit hatte), dann leben wir wohl wirklich in einer Zeit, die den Aufstieg oder Fall einer ganzen Zivilisation bedeuten kann.

Und das „Tier", das wir dann fürchten sollten, wäre dann der Computer, der das menschliche Leben völlig beherrscht und prägt.

Doch da wir Menschen auch wählen, nachdenken und nein sagen können, könnte unser Handeln so manche Prophezeiung zunichtemachen. Auch Wissenschaftler mussten das schon sehr oft eingestehen.

Wird der Chip für alle Menschen kommen?

Während des Schreibprozesses an diesem Buch teilte mir ein besorgter Bekannter mit, dass die EU-Führung plane, europaweit allen Menschen bereits ab Januar 2021 einen Chip zur

Identifizierung einzupflanzen. Auf meine Nachfrage zur Quelle dieser gegen das Grundrecht der Unversehrtheit und Unantastbarkeit der Menschenwürde verstoßenden Informationen stieß ich auf folgenden Hinweis eines umstrittenen, aber im Netz viel diskutierten Onlineartikels vom 20.07.2019 bei www.neue-weltpresse.de, in dem behauptet wird, dass die EU-Führung plant, ab 01. Januar 2021 allen Bürgern der EU schrittweise einen Chip – so wie bei Hunden und Katzen längst üblich – zu implantieren.[178] Angeblich solle damit der Personalausweis endgültig abgeschafft und die Identifikation der Bürger oder Hilfe bei Unfällen durch schnelleres Auslesen der Daten vereinfacht werden:

> *„Durch die 16-stellige europäische PIN (Personen-Identifizierung-Nummer) könne man für einen Zeitraum von mehr als 100 Jahren jedem europäischen Bürger eine eigene Nummer zuordnen, die auch über den Tod hinaus Gültigkeit haben werde.*
>
> *Mittelfristig werden auch Scheckkarten und Kreditkarten überflüssig, da sich jeder EU-Bürger durch den in seinem Arm implementierten Chip in jedem Geschäft eindeutig ausweisen kann. Hierzu wird man seinen Arm nur über einen aufgerüsteten Barcodeleser führen, der dazu mit einem Mini-Detektoren-Zusatzmodul aufgerüstet wird.“*[179]

Was jedoch bei näherem Hinsehen zu diesem prekären Artikel auffällt, ist, dass es sich laut Isabel Obleser, einer Journalistin vom Stadtanzeiger Ortenau in einem Gegenartikel vom 24.07.2020 um einen Fake oder Scherz handelt, der jedoch in einem so authentischen Ton verfasst wurde, dass der Unterschied nicht gleich auffällt:

So gibt es schon in der Überschrift der neuen Weltpresse den Hinweis, sie liefere Online-Nachrichten seit 1492, oder werden darin

Behauptungen aufgestellt „Mediziner und Datenschützer haben keine Bedenken". Auch erklärt die neue Weltpresse in der „Über-Uns-Seite", dass alle Beiträge erfunden seien und ausschließlich der Belustigung und Unterhaltung der Bürger dienen sollen. Und so sehe ich mich hier in der Pflicht, darüber zu informieren.[180]

Könnte aus dem Spaß auch einmal Ernst werden?

Gleichzeitig werden jedoch immer mehr Menschen in unserer digital orientierten Welt biometrische Chips implantiert, wird diese Art des „sorglosen Lebens" immer mehr als großer Fortschritt beworben und werden immer mehr Mikro-Chips in immer mehr Produkten zu finden sein. Die Betreiber, Hersteller und Mediziner weisen natürlich auf ihre Unbedenklichkeit hin oder bestreiten eine schädliche Wirkung, wie wir bereits über das Tumorgewebe um RFID-Implantate gesehen haben.

Diese Freiwilligkeit könnte jedoch – rein hypothetisch – durch plötzlich eintretende unerwartete Ereignisse oder Beschlüsse außer Kraft gesetzt werden. Wie wir es jetzt in der Coronasituation erlebt haben, wo plötzlich Grundrechte wie Versammlungsfreiheit usw. den politischen Maßnahmen weichen mussten. Da bargeldloser Zahlungsverkehr, die Erprobung biometrischer Chips, die massive Werbung für diese Technologie und das politisch geäußerte Ziel der Sammlung aller Daten und der Digitalisierung aller Lebensbereiche (Internet of Things) parallel stattfinden, werden wohl immer größere Teile der Bevölkerung diesen Weg ausprobieren wollen. Bis vielleicht – in naher Zukunft, wenn das 5G-Netz steht – die Freiwilligkeit in eine (politische?) Notwendigkeit umschwenken wird. Die Tendenzen in diese Richtung sind bereits da. Inwieweit die Bevölkerung dann „ja oder nein" dazu sagt und zum Beispiel wie gegen eine Corona-Zwangsimpfung demonstriert, bleibt abzuwarten.

Doch vom technischen Know-How ist die Technologie bereits, wie viele Menschen befürchten, da, um uns – so wie Hunde und Katzen auch – zu chippen. Derzeit wird diskutiert, ob Mikrochips für Menschen in Europa nicht bald „Normalität" sein werden, wie wir in einen Euro-News-Artikel vom 13. Mai 2020 nachlesen können.[181]

Vom gesellschaftlichen Standpunkt aus sehe ich hier die nächsten 5-10 Jahre unter Berücksichtigung des 5G-Netzausbaus als entscheidend an, um genauer zu definieren, wohin die Gesellschaft sich entwickeln wird. Ob sie sich dann „chippen" lässt oder der Chip für Menschen, der die Gesellschaft derzeit spaltet, dann freiwillig oder per Gesetz kommen wird, werden wir sehen. Die Entwickler dieser Chiptechnologie werden natürlich weiterhin ihre Erfindungen in den höchsten Tönen anpreisen und versuchen, es den Menschen so gut wie möglich „schmackhaft" zu machen:

> *„Es ist extrem futuristisch, obwohl es bereits Realität ist. Diese Technologie wurde geboren, um uns zu helfen, um uns kleine Supermächte zu geben."[182] Eric Larsen – Biohax Italia*

Schlussbetrachtungen zur KI

Schließen möchte ich dieses Kapitel mit einer eher greifbaren Vision von KI-Forschern und Entwicklern unserer Tage, die sprichwörtlich alle Möglichkeiten offenlässt, die führende KI-Forscher als potentielle Wahrscheinlichkeiten voraussehen (Buchtipp: Max Tegmark; „Leben 3.0 – Mensch sein im Zeitalter Künstlicher Intelligenz"/Ullstein-Verlag 2017):

1. KI könnte, wenn wir sie nach menschlichem Ebenbild erschaffen wird, uns eines Tages geistig weit hinter sich lassen.

2. Wenn nur eine Gruppe von Menschen intelligente KI beherrscht, würde diese Gruppe wohl sehr mächtig werden und wahrscheinlich zur Weltherrschaft aufsteigen.
3. Ein langsamer Prozess der KI-Ausbreitung über viele Jahre könnte zu einem multipolaren Mächteverhältnis zwischen einer großen Zahl unabhängiger Einheiten führen und das Machtverhältnis wäre ausgewogener.
4. Wenn KI nicht kontrolliert wird und selbst die Kontrolle übernimmt, könnte sie selbst die Weltherrschaft übernehmen.
5. KI kann totalitäre und lebensfeindliche oder lebensförderliche und das Individuum stärkende Kontrolle und Entwicklungen annehmen.
6. Wissenschaftler erwarten entweder das höchste und beste an Möglichkeiten oder das erschreckendste Szenario bis hin zum vollständigen Untergang durch vollautonome KI-Waffensysteme und raten daher zu einem besonnenen vorsichtigen Umgang mit KI. Sie schlagen vor, genau zu formulieren, was wir damit erreichen und bewirken wollen, denn offensichtlich gehen hier die Wünsche, Ziele und Vorlieben weit auseinander.
7. Bitte denken Sie daran, dass Sie als Mensch wichtiger sind als alle KI und alle Milliarden, die dafür ausgegeben werden, weil ohne Menschen so etwas wie KI gar nicht existieren würde.

Kapitel 10

5G, die neue Dimension globaler Überwachung und das Grundrecht auf freien, individuellen Selbstausdruck und Unversehrtheit der Menschenwürde

Dass ich mir einmal Gedanken um Freiheit und die Würde des Einzelnen machen würde, hätte ich niemals gedacht. Doch lesen wir nahezu überall, dass mit 5G immer mehr Daten in immer kürzerer Zeit und über einfach alles gesammelt und dann auch zu gigantischen Servern, die die Energiepolitik vor große Herausforderungen stellen, geleitet werden, wie ein WDR-Artikel zeigt:

> *„Der schnelle Mobilfunkstandard 5G wird den Stromverbrauch von Rechenzentren kräftig nach oben treiben. Nach einer Studie für den Stromversorger Eon wird der Energiebedarf der Rechenzentren durch 5G bis zum Jahr 2025 im Vergleich zu heute um bis zu 3,8 Milliarden Kilowattstunden steigen."*[183]

Es bleibt daher interessant, wie die Politik den in Deutschland bevorstehenden Ausstieg aus der Atomkraft, den wachsenden Energiebedarf und die gesteckten Klimaziele erreichen will, ohne hier Kompromisse zu machen oder manche gesteckte Ziele nach hinten zu schieben und zum Beispiel die Laufzeiten der

Atomkraftwerke oder den Ausstieg aus fossiler Energie zu verschieben. In diesen gigantischen Rechenzentren und überdimensionalen Datenerfassungsknotenpunkten mit Terrabits an Datenvolumen wird natürlich auch umfassend ausgewertet. Denn was nutzt das Sammeln von Daten in dafür extra gebauten kostspieligen riesigen Anlagen, wenn man damit letztlich nichts anfangen – oder in einer Welt, die kauft und verkauft – nichts verdienen kann? Jedoch ist es ohne jeden Zweifel eine enorme technische Leistung, alles – sozusagen in Echtzeit – abrufen, senden oder empfangen zu können, wie es der Telekom-Konzern auf seiner Webseite unter „5G Geschwindigkeit ist Datenkommunikation in Echtzeit" beschreibt.[184]

Doch wem bringt es nun etwas, zu erfassen, ob wir mit Chips ausgestattete Markenschuhe oder Billigschuhe tragen? Ob wir einfach und schlicht leben oder auf größerem Fuß, wie es umgangssprachlich heißt? Was wir zu jeder Tages- und Nachtzeit tun, nicht tun, einkaufen oder sonst so treiben?

Wissen ist Macht und Daten bedeuten Wissen und Macht

Gehen Wirtschaft und Politik hier vielleicht nicht ein wenig zu weit, wenn sie vorhaben, wirklich alles zu erfassen? Datenschützer, Wissenschaftler und Mediziner meinen Ja! Sogar die eigenen Geheimdienste haben in großem Maße Interesse an der Erfassung der riesigen Datenmengen und darüber hinaus besteht auch die große, nicht zu unterschätzende Gefahr des Datenraubs.

Dass die Geheimdienste mehr Interesse an der eigenen Bevölkerung haben, ist der Öffentlichkeit spätestens nach Edward Snowden bewusst. Und dass die erfassten Daten auch gegen

Missbrauch nicht geschützt sind, zeigen zahlreiche Skandale um Facebook oder Google und andere Onlineportale, auf denen Milliarden von Menschen einen Account betreiben. Trotz all der Versprechen, alles sei sicher, sicher, sicher. Sogar das Bundesamt für Sicherheit in der Informationstechnik mit seinem Präsidenten Arne Schönbohm bestätigt:

> *„Schönbohm gab [..] zu bedenken: „Weltweit gibt es hunderte Millionen Schadprogramme und jeden Tag kommt eine sechsstellige Anzahl neuer Schadprogramme dazu." Diese richteten sich „gegen Bürger, Wirtschaft, den Staat und gegen sogenannte kritische Infrastrukturen."*[185]

Doch trotz all der Warnungen „soll oder muss man" auch etwas Vertrauen in das System mitbringen, so heißt es allgemein, während zeitgleich der Ausbau der 5G-Netze euphorisch vorangetrieben wird. Man würde für alles schon eine (technische?) Lösung finden, außerdem bringe es nichts, sich schon vor der Einführung der neuen Super-Technologie „verrückt" zu machen. Schließlich wissen wir ja auch, wenn wir online gehen, dass wir ausspioniert werden, oder? Also was soll das Ganze? Schließlich ist bei allem immer ein Risiko dabei, sogar wenn wir ins Auto, Flugzeug oder auf das Fahrrad steigen.

So in etwa lautet die Argumentation, die ich von Menschen, die sich auf den neuen superschnellen, extrem leistungsstarken 5G-Standard freuen, zu hören bekomme.

Und was ist mit jenen, die mit all diesen Neuerungen und Spionageprogrammen nicht einverstanden sind? Gelten sie als Terrorverdächtige und werden in einer Art „Blacklist" sortiert, nach „wirtschaftlich nicht so relevant" oder „wirtschaftlich interessant und marktnah" eingestuft? Es gibt hier leicht zugängliche

Dokumentationen und Hinweise, die bereits heute eine starke Tendenz in diese Richtung – Menschen in verschiedene Gruppen einzuteilen – zeigen. Mit speziellen Suchprogrammen werden Analysen durchgeführt und Menschen durch Suchalgorithmen speziellen Vorlieben und potenziellen Möglichkeiten zugeordnet. Das läuft oftmals bereits voll automatisch im Hintergrund und wird mit 5G, laut Datenschützern und Gegnern, Dimensionen erreichen, die unvorstellbar sind. Und das nur, weil wir auch einfach ohne weiter nachzudenken alles preisgeben. Das Datenerfassungssystem läuft Gefahr, sich komplett zu verselbstständigen. Datenschützer warnen, warnen und warnen, und doch gibt es täglich millionenfachen Missbrauch. Der Kampf der Datenschützer gegen das immer perfider werdende System gleicht dem belächelten Kampf von Don Quijote gegen die Windmühlen. Auch scheint ein Vergleich mit dem biblischen Kampf, David gegen einen immer gewaltiger werdenden Goliath, nicht abwegig.[186]

Die Hauptnutznießer sind meist wirtschaftliche Interessengruppen, aber auch die Geheimdienste und damit einhergehend auch wieder verschiedene Regierungen. Die mit jedem Bit Information an Wissen auch mehr Macht und Kontrolle bekommen. Der Spruch „Wissen ist Macht“ findet hier wortwörtlich seine Berechtigung und kann über die ganze Geschichte hindurch zurückverfolgt werden.

Theoretisch und praktisch wäre es mit dem neuen Mobilfunkstandard möglich, alles in Echtzeit zu erfassen, zu katalogisieren und auszuspionieren. In welchen Regionen werden zum Beispiel welche Produkte in welchem Maß gekauft oder verkauft? Das motiviert dann wieder die Inhaber von Produktionsstätten, dort entsprechende Produkte vermehrt zu vermarkten oder die Produktion zu drosseln, wenn der Umsatz schlecht ist. Schlüssel für diese globalen Marktanalysen wären hier dann nicht mehr die heute noch recht umständlichen von Menschen durchgeführten Umfragen, sondern natürlich Datenanalysen durchgeführt von Computerprogrammen. Auch Wähler oder Gruppen mit rebellischem Charakter oder Vorlieben könnten – egal ob links, rechts oder für die Umwelt aktiv – besser ausspioniert werden. Oder unsere Einkommensverhältnisse, anhand unseres Kaufverhaltens (was bereits geschieht), sowie Alter, Geschlecht und Anzahl der Kinder.

Wie weit wollen wir gehen?

Wir sagen, das alles sei schon längst erfasst und in gewissem Umfang da, doch mit 5G wird es noch millionenfach umfassender und intensiver. Denn dann könnten all diese Mega-Daten in Echtzeit heruntergeladen und jederzeit aktualisiert werden: von Ihrer Sockengröße, was diese gekostet, wo Sie diese gekauft und welche Farbe sie haben. Was dann in Ihrem Benutzerprofil gelistet wird. Vielleicht können Sie noch den Button, „will ich angeben oder will ich nicht angeben" drücken. Vielleicht werden wir dann nur noch diese Art „Freiheit" besitzen?

Aber was ist mit Lecks im System? Immer wieder versprechen Firmen, dass ihre Produkte sicher sind. Laut Statistik passiert so etwas aber doch „hin und wieder" und zwar öfter als gedacht. Ausgeschlossen werden kann es schon gar nicht. Und damit sind wir wieder bei den Skandalen um die Datendiebstähle.

Würden die Menschen noch so sorglos ins Netz gehen und so viel von sich preisgeben, um neue Follower zu gewinnen, wenn alle bisherigen Diebstähle in vollem Umfang bekannt geworden wären? Natürlich werden diese Skandale unterdrückt, denn sie verunsichern die Märkte. Sie sind schlecht fürs Geschäft. Da rutschen schnell einmal die Aktien einer betroffenen Firma nach unten. Und die Nutzer gehen zur Konkurrenz, die mehr Sicherheit verspricht. Bis dann das „sichere System“ auch wieder gehackt wird.

> *„Als der Smartphone-Hersteller Apple sein iPhone 5s vorstellte, enthielt dies eine als „Touch ID“ bezeichnete, „höchst sichere“ Anwendung, die das Handy über Fingerabdruck vor Missbrauch schützen sollte. Zwielichtige Kreise setzten 20.000 Euro aus, um diese zu knacken – was binnen eines Tages auch gelang.“*[187]

Gibt man den Suchbegriff „Datendiebstahl“ bei Google ein, kommen fleißig Zahlen. So meldeten verschiedene Anbieter verschiedene Missbräuche und Datendiebstähle, die Milliarden Menschen betrafen:

- Yahoo hat laut Google drei Milliarden Kundendaten verloren.
- Bei Uber wurden von Hackern 57 Millionen Daten gestohlen.
- Bei eBay wurden 145 Millionen Personendaten gestohlen.
- Bei Adobe wurden 153 Millionen Daten entwendet.
- Bei LinkedIn wurden 164 Millionen Daten gestohlen.
- Und bei Dropbox wurden 68 Millionen Nutzerdaten entwendet.

In anderen Artikeln zu dem Thema lese ich, dass pro Sekunde 75 Datensätze kompromittiert werden und pro Tag 6,5 Millionen Datensätze abhandenkommen.[188]

Was bedeutet es dann erst, wenn sich die 5G-Welle bereit macht, mit endlosem Datenvolumen auf uns zuzurollen, womit dann sogar so etwas Simples wie z.B. unsere mit Chips ausgestatteten Socken einfach miterfasst werden?! Doch das Risiko ist es uns wohl wert, denn jeden Tag gehen neue Anwender ans Netz. Jeder möchte Zugang zum unendlichen technisch verfügbaren Datenmeer.

Weshalb wird Unterwäsche oder sogar eine Babywindel künftig überhaupt mit einem Chip versehen, der Informationen sendet, die per Smartphone empfangen und extern abgerufen und gesammelt werden können, frage ich mich?

Eine Antwort lautet: Um uns zu „helfen", unsere Lieblingssocken zu finden, wenn wir diese einmal in der Waschmaschine vergessen haben. Also tatsächlich, um uns zu helfen, unser Gehirn und Gedächtnis weniger zu nutzen oder zu trainieren und mehr auf die Technologie zu vertrauen und diese immer öfter zu nutzen. Denn Technik ist nicht korrumpierbar und vergesslich wie der Mensch. Die Technik wird – oder ist schon – unser neuer Gott, ohne den wir nicht mehr leben können und wollen.

Technik – der neue Gott

Je mehr der Mensch besitzt, umso mehr muss er sich kümmern, es auch instand zu halten und zu pflegen. Welchen Stress wird es im Zeitalter der „smarten Netze" wohl auslösen, sein Smartphone zu verlieren, über das in Zukunft praktisch alles gesteuert wird? Oder es zu Hause zu vergessen? Denn Smartphones sind als zentrale Steuerstelle im allumfassenden häuslichen oder gesellschaftlichen 5G-Netz fest mit eingeplant. Sie werden schrittweise bereits jetzt mit immer mehr Möglichkeiten ausgestattet, was uns dann noch mehr in die smarten Netze einbindet. Dann schauen wir noch mehr auf den Computer und befinden uns immer mehr in den virtuellen Computerwelten, während wir eigentlich auf der Erde herumspazieren. Nun, Medienberichten zufolge starren bereits einige Leute mehr in ihr Smartphone als auf den Boden und verursachen dadurch sogar Unfälle, vom Schaden für die eigene Gesundheit einmal ganz abgesehen:

„Immer mehr Verkehrsunfälle geschehen durch Ablenkung mit Mobiltelefonen oder anderen elektronischen Geräten. Das haben Unfallforscher aus Dresden und Hannover ermittelt. „Allerdings lässt sich das sehr schwer beziffern, weil Betroffene oft Schutzbehauptungen vorbringen. Keiner gibt gern zu, dass er gerade mit dem Handy beschäftigt war, als der Unfall passierte", sagte Henrik Liers, Geschäftsführer der Verkehrsunfallforschung an der Technischen Universität in Dresden."[189]

Zwar wird auf diese Gefahr hingewiesen und wir selbst stellen es auch fest, aber dennoch wird das Leben im Netz den Menschen immer schmackhafter gemacht. Alles soll immer technologischer werden, weniger einfach, weniger menschlich. Und so werden wir immer mehr verführt von diesem neuen Luxus. Sogar ich als kritischer Betrachter bemerke, wie ich hier auch als Autor versucht bin: Mir eben diesen Bericht oder jenen Bericht noch anzuschauen und mich dabei immer tiefer ins Netz der Möglichkeiten zu begeben.

Daten, das neue Öl

Daten seien das neue Öl, heißt es offiziell, das neue Gold, und daher eins der größten Geschäfte überhaupt. Sie haben sogar eine neue Berufsgruppe geboren: den Datenbroker. Dieser sammelt tagtäglich Daten und verkauft sie dann weiter. Eine Studie, die im Auftrag des Justiz- und Verbraucherministeriums erstellt wurde, soll allein in Deutschland bei der „Vermarktung" der Adress- und Datenhandel-Branche eine Summe von 610 Millionen Euro im Jahr 2014 beziffert haben.[190]

Wir reden hierbei nur vom Datengeschäft mit Adressen, noch nicht vom Online-Verhalten, Online-Einkäufen und Suchanfragen,

Digitale Transformation
(Quelle: www.depositphotos.com)

die wir täglich wohl alle tätigen. Und die Studie untersucht die Situation nur in Deutschland im Jahr 2014. 2019 waren es Schätzungen zufolge weltweit 4,39 Milliarden Menschen, die Zugriff auf das Internet hatten. 10% mehr als 2018.[191]

Der Markt boomt also in vielerlei Hinsicht. Von der Datenerfassung bis hin zum Ausbau der Netze oder dem weltweiten Vertrieb und der Nutzung der Hardware. Die Umsätze sind gigantisch gewachsen. Datenanalytiker registrieren unser Verhalten und Suchmaschinen erstellen fast schon automatisch Profile. Deshalb bekommen wir auch gleich Werbung für das, womit wir uns zuletzt im Netz endloser Datenmengen beschäftigt haben. Wir und unsere Vorlieben sind irgendwo, an irgendeiner Stelle vermerkt. Und Andere, denen wir womöglich niemals im Leben begegnen werden, haben darauf Zugriff.

Und dennoch nutzen wir Programme, Internet, Handys weiter. Sie versprechen Anonymität und welche Chance haben Sie und ich als Laien schon, das wirklich zu prüfen? Und 5G bietet Ihnen nun an, Sie künftig mit allem zu versorgen. Dafür will es aber alles von Ihnen wissen. 5G ist damit so eine Art „neue technische Mutter“, die alle Ihre Bedürfnisse stillt, so wie eine richtige Mutter. Und dafür müssen Sie nur Ihre Bedürfnisse mit einem „kleinen Klick oder durch Spracherkennung“ bekanntgeben, und schon liefert der Lieferservice Coca-Cola ins Haus.

Sagen Sie der großen Mutter einfach, was Sie wollen. Im Hintergrund laufen die Suchmaschinen und versorgen uns mit allem, was wir wollen. „Google weiß alles", sagte einmal ein junger Mann in der S-Bahn zu seinem Freund, wie ich beobachtete. Google ist der neue Gott. Und Datenbroker sind die neuen Gurus, die diesen Gott anbeten. Es ist ja auch ein gutes Geschäft.

Wieviel Freiheit hat der Mensch noch?

Ich muss bei all dem an meine einfache, freiwillige Zeit in der Einsiedelei denken. Ich lebte ohne Strom und fließend Wasser, mit Kerzen statt mit Stromkabeln und Rechnungen, wie sie heute jeden Monat automatisch abgebucht werden. Und trotzdem hatte ich damals trotz physischer Herausforderungen unglaublich tiefe, erfüllende Momente.

Wie einfach und frei ich damals doch war und wie kompliziert heute alles, sogar in meinem bescheidenen eher vom gesellschaftlichen Rummel zurückgezogenen Leben, geworden ist. Ich habe mehr Freiheiten, wie das Surfen und Abrufen von Daten im Internet – auch für meine Bücherrecherchen -, den bequemen Strom aus der Steckdose, die Waschmaschine statt des Waschbretts, die Fernwärmewasserleitung statt des Brunnens. Und die Wärme kommt nicht mehr vom Holzofen, sondern wird über weit entfernte elektronisch gesteuerte Anlagen in meine Wohnung geleitet. Für all das muss ich nun Stunden, Tage, Wochen und Monate in Arbeit investieren, um mir diese Dinge leisten zu können. Doch wenn die Dienstleister einmal nicht liefern, weil zum Beispiel ein Sturm die Strommasten kappt oder ich nicht pünktlich zahle, habe ich ein Problem. Denn dann kann ich nicht in den Wald zurückgehen, Windbruch sammeln und mich mit Wärme oder Wasser vom Brunnen versorgen. Denn heute bin ich – so muss ich mir eingestehen – im Grunde nicht mehr frei.

Und nun soll ich diesen Rest an Freiheit auch noch aufgeben, zugunsten einer neuen Technologie, die mich noch mehr in

Netze und Verpflichtungen einbindet? Denn all der Service kostet letztlich ja Geld. Das Geld muss wiederum verdient werden und bei all dem „Geldverdienen" habe ich dann noch weniger Freiheit, einfach nur einmal „zu sein". Mich zum Beispiel in den ewigen Strom der Natur einzubinden, die nichts erwartet, aber alles gibt, oder inspiriert davon, aus dem Moment heraus ein Gedicht zu Papier zu bringen.

Menschen, die immerzu im Netz surfen, und in gewisser Hinsicht süchtig danach sind, oder Workaholics, die nur noch Bestätigung durch ihre Arbeit und ihr unersättliches Tun suchen, bedauere ich sehr. Denn sie wissen nichts mehr von der Freiheit, die ich schmecke, wenn ich Stunden einfach einmal nur bin, und wie sich die Zellen im Einfach-Nur-Sein aufladen können...

Wir brauchen dazu nicht einmal Yoga oder Meditation, was ich den stressgeplagten, niemals ruhenden Menschen, früher sogar als Lehrer und Seminarleiter in Kursen als Entspannungsfachmann lehrte. „Sein", ohne etwas tun zu müssen, ist eigentlich ein natürlicher, angeborener Zustand, den Kinder oder Tiere noch haben oder auch Visionäre und Menschen, die die Stille suchen und in einen Augenblick grenzenloser kreativer Gedanken eintauchen können. Für sie zählt nicht pausenlose Aktivität, die sogar im Urlaub nicht mehr stillstehen kann.

Und nun kommt 5G und verführt uns Stressgeplagte zu noch mehr Aktivität, zu noch mehr Von-Uns-Weggehen. Es verführt uns, noch dies, das oder jenes zu machen, zu nutzen, hier und dort hinzuschauen, immerzu aktiv zu sein. Welche Möglichkeiten haben Menschen wie ich, die auch in Zukunft noch mehr geistige Stille und Unabgelenkt-Sein suchen, um daraus unfassbare geistige Erkenntnisse zu ziehen, die den Alltag weit übersteigen, wenn die Freiräume dafür immer mehr verschwinden? Wenn immer mehr Gesetze verabschiedet werden, die uns in die „Pflicht" nehmen und ein solches Leben mehr und mehr unmöglich machen?

Wenn ich heute zurückgehen wollte, in meine wilde, harte, herausfordernde und auch freie Zeit im einfachen klapprigen, windumwehten Bauwagen, zu der Obstwiese, die mich versorgte, zu dem Brunnen, der mir kostenlos Trinkwasser bot, zu meinem Holzofen, der „kostenlos“ für Wärme sorgte, so könnte ich dieses Leben im Gesetze liebenden Deutschland gar nicht mehr führen.

- Der Freund, bei dem ich damals polizeilich gemeldet war, würde heute gegen jetzt neue geltende Gesetze verstoßen, die mit einem Bußgeld von bis zu 50.000 Euro geahndet werden.
- Das nächste wäre der Versicherungszwang. Da ich damals noch freiwillig wählen konnte, ob ich in eine Versicherung einzahle oder nicht und es nicht tat, da ich mich geistig und körperlich fit hielt, benötigte ich auch keine Versicherung. Heute wäre ich trotz des Wunsches hier selbstverantwortlich zu leben, per im Jahr 2009 verabschiedetem Gesetz verpflichtet, monatliche Abgaben zur in Deutschland inzwischen geltenden „Pflichtversicherung“ abzuführen. Ich könnte dadurch in meinem einfachen Bauwagen gar nicht mehr in Ruhe SEIN, denn ich müsste ständig arbeiten, um das Geld für die Versicherung aufzubringen.

Eine Freundin wollte zurückkehren, in ein solches einfaches Leben im Bauwagen auf dem Land und brach zusammen, weil sie sich per neuem Gesetz nicht von der Versicherung abmelden konnte. So etwas geht nur noch in einigen Nachbarländern, deren Sprache sie leider nicht spricht. Sie hatte tiefste Depressionen, weil sie begriff, wie sehr wir inzwischen in Pflichten und Gesetze eingebunden sind, und dass sie ihren Traum „frei und unabhängig in ihrer geliebten Heimat Deutschland zu leben“, nicht verwirklichen kann. Die Gesetzgebung verbietet auch hier das Recht auf Selbstbestimmung und Selbstverantwortung, welches der Bürger bisher noch hatte.

- Ja, selbst das Aufstellen eines Bauwagens auf einer Obstwiese, wie ich es damals noch völlig unproblematisch mit einem von mir organisierten Traktor aus der nahen Genossenschaft durchführen konnte, ist heute nicht mehr so einfach. Denn dafür braucht es inzwischen eine Baugenehmigung. Was ein Witz ist, wenn man bedenkt, dass ein Bauwagen auf Rädern steht und nicht neu gebaut werden muss! Durch gewaltige Flüchtlingsströme wurde jedoch Wohnraum in Deutschland recht knapp und Tinyhäuser, Bau- und Zirkuswägen sind plötzlich eine begehrte Modeerscheinung oder Notunterkunft. Und der Staat verdient daran kräftig mit. Der klapprige alte Bauwagen, den ich damals noch für 50 Euro weggab, wäre heute wohl tausende Euro wert, und Tinyhäuser oder einfache Bauwägen werden inzwischen von 20.000, 50.000 bis 80.000 Euro gehandelt. Was für eine unglaubliche Geschäftemacherei!

Nun, vielleicht kommt der Mensch irgendwann auch auf die Idee, ein auf Rädern fahrendes etwas größeres Auto, das als mobile Schlafstätte dienen kann, oder einen LKW mit einer Baugenehmigung zu versehen? Das klingt verrückt, doch was die Gesetzgebung betrifft, sind wir Deutschen da sehr erfinderisch. Denn hier bauen wir nicht ab, sondern es kommen immer neue Gesetze hinzu. Die Deutschen lieben ihren Schilder und Gesetzeswald, in dem sich manchmal nicht einmal mehr Experten zurechtfinden.

Doch es gibt auch alternative Ansätze: In Russland oder England stellt inzwischen sogar der Staat Menschen, die dieses einfache wie auch herausfordernde oder harte Leben führen wollen, ein kleines Stück Land zur Verfügung. Ebenfalls gibt es immer mehr Menschen, die auswandern und lieber in einem Land leben wollen, wo solche Gesetze noch nicht den Wunsch nach einem einfachen, bescheidenen Leben erschweren.

Aussteigen – eine neue Modeerscheinung?

Das geschieht nicht nur in Deutschland, sondern im wachsenden Maße weltweit, dass sich immer mehr Menschen entgegen der ständig wachsenden virtuellen und technischen Vernetzung zu einem einfacheren Leben gerufen fühlen. Der Buchautor, Fotograf und Regisseur Eric Valli, war überrascht, hier sogar eine von den Medien völlig unbeachtete stark wachsende Gegenbewegung von Systemaussteigern zu entdecken. Darunter teilweise hoch gebildete, gut qualifizierte Erfolgsmenschen, die heute lieber ein einfaches freies und natürlicheres Leben, als einen komplett vernetzten technologisch abhängigen Albtraum bevorzugen. Er begab sich auf die Suche nach einer Bewegung, die in den USA „Of The Grid", („Die Netzunabhängigen") genannt wird. Deren bereits beachtliche Zahl jedes Jahr weltweit wächst, um sie zu porträtieren und ihre Beweggründe für diesen Aufbruch in eine völlig andere Richtung in der hoch technologisierten USA, der wir eigentlich das Smartphone verdanken und sich selbst ein Bild von ihnen zu machen:

> *„2007 hatten auf amerikanischem Boden 300.000 Haushalte den Sprung gewagt. 2010, also nur drei Jahre später, waren es bereits 500.000. Konkret stellen sie heute beinahe eine Million von insgesamt 305 Millionen Amerikanern dar. Erleben wir gerade die Entstehung einer Bewegung, die so nur in Amerika denkbar ist?"*[192]

Die Gegenentwicklung im Zeitalter digitaler Vernetzung und 5G ist beachtenswert und findet nicht nur in den USA statt. Offensichtlich will ein wachsender Teil der Bevölkerung nicht die totale Vernetzung, sondern lieber in Richtung Natur und in die letzten verbliebenen globalen Funklöcher flüchten. Was aber im öffentlichen

Diskurs nicht in dem Maße abgebildet wird. Zwar hat die Politik sich „gesprächsbereit“ erklärt, signalisiert aber gleichzeitig, jedes letzte Funkloch schließen zu wollen.

Bei diesen sich abzeichnenden Entwicklungen bin ich mir inzwischen nicht mehr sicher, wie viel Freiheit Sie und ich eigentlich noch haben oder haben werden, wenn wir immer mehr vernetzt sind und es bald keine netzfreien Regionen mehr gibt, weil politische Gesetze sich oftmals an wirtschaftlichen und nicht an den persönlichen Interessen des Individuums orientieren.

Wie viel Freiheiten und Möglichkeiten werden wir hier also künftig noch besitzen, eine andere Meinung, Denkrichtung, Lebensorientierung oder Bedürfnisse zu haben und diese praktisch oder verbal ausdrücken zu können? Denn Kritik an der öffentlichen Gesetzgebung und Politik ist immer weniger erwünscht. Auch gelten kritische Stimmen heute schnell als rechtsextrem, linksextrem, politisch nicht korrekt, zuwandererfeindlich oder was auch immer, auch wenn das Grundgesetz jedem Menschen das Recht auf freie Meinungsäußerung zuspricht.

Das politische Recht, Gesetze durch neue Gesetze unwirksam zu machen

Das Grundgesetz besagt im Artikel 2[193]:

> *(1) Jeder hat das Recht auf die freie Entfaltung seiner Persönlichkeit, soweit er nicht die Rechte anderer verletzt und nicht gegen die verfassungsmäßige Ordnung oder das Sittengesetz verstößt.*
> *(2) Jeder hat das Recht auf Leben und körperliche Unversehrtheit. Die Freiheit der Person ist*

unverletzlich. In diese Rechte darf nur auf Grund eines Gesetzes eingegriffen werden.

Und im Artikel 5 steht:

(1) Jeder hat das Recht, seine Meinung in Wort, Schrift und Bild frei zu äußern und zu verbreiten und sich aus allgemein zugänglichen Quellen ungehindert zu unterrichten. Die Pressefreiheit und die Freiheit der Berichterstattung durch Rundfunk und Film werden gewährleistet. Eine Zensur findet nicht statt.
(2) Diese Rechte finden ihre Schranken in den Vorschriften der allgemeinen Gesetze, den gesetzlichen Bestimmungen zum Schutze der Jugend und in dem Recht der persönlichen Ehre.
(3) Kunst und Wissenschaft, Forschung und Lehre sind frei. Die Freiheit der Lehre entbindet nicht von der Treue zur Verfassung.

Artikel 2 – die Freiheit der körperlichen Unversehrtheit – darf also nur durch Gesetze außer Kraft gesetzt werden. Doch ich beginne mich durch diese Buchrecherche und auch in Bezug auf den Sturm und die Bemühungen all der zehntausend und Millionen Menschen weltweit zu fragen, ob wir noch in einer Demokratie leben, in der die kritische Auseinandersetzung mit der Politik oder Gesetzen und Entscheidungen einen Eckpfeiler der Demokratie darstellt. Wo – wie es ursprünglich als Gedanke einer Demokratie wohl gedacht war – der Wille des Volkes mehr zählt als der Wille der Wirtschaft. Zu deren Gunsten wird nun auch 5G eingeführt, obwohl man sich gleichzeitig bewusst ist und zugibt, dass diese Technologie noch nicht ausreichend in ihrer Langzeitwirkung erforscht ist.

Eine andere wichtige Frage ist, ob wir bei all den die kleinen Freiheiten beschneidenden Gesetzen vielleicht nicht schon im Zeitalter einer beginnenden politischen Diktatur aufwachsen? Die Politik verabschiedet nämlich immer mehr Gesetze vornehmlich im Sinne wirtschaftlicher Interessen und nur noch an zweiter Stelle im Interesse des Volkes. So ist aktuell auch 5G vornehmlich gewinnbringend für die Wirtschaft. Und all die zu tausenden auffindbaren Belege und Bemühungen von Zehntausenden und Millionen Menschen weltweit gegen diese noch nicht ausreichend erforschte Technologie und eine damit mögliche große Gesundheitsgefahr, werden nicht ernst genommen, unterdrückt oder als nicht relevant eingestuft.

Doch sind kritische Stimmen nicht genauso wertvoll für die Gesellschaft oder auch Politik wie ökonomische? Oder die der Befürworter der 5G-Technologie? Macht gesunde, faktenbasierte Kritik nicht gerade auch eine gesunde Demokratie und Staatengemeinschaft aus? Sollte Politik nicht die Bedürfnisse ALLER Menschen fördern und Gesetze verabschieden, die diese Freiheit des individuellen Selbstausdrucks unterstützen, statt sie immer mehr zu beschneiden und mit Bußgeld oder Verboten zu belegen? Wir Deutschen sind stolz, ein Volk der kulturellen Vielfalt zu sein. Doch was ist mit dem individuellen Selbstausdruck, der immer mehr durch Gesetze beschnitten wird, mit dem Argument des Wohlbefindens aller?

Weshalb werde ich beispielsweise per Gesetz gezwungen, als Nichtfernseh- und Radiobesitzer Rundfunkgebühren zu bezahlen? Obwohl ich nur Internet besitze, muss ich trotzdem eine Abgabe an die großen Fernsehsender und Rundfunksender leisten, die ich seit Jahren nicht nutze. Und wenn ich nicht überweise, zahle ich Strafe. Wenn ich nicht zahle, bin ich ein „Gesetzesbrecher“ und werde entsprechend strafrechtlich verfolgt oder bestraft.

Und so bin ich wieder etwas mehr in der Pflicht, arbeiten zu müssen, um etwas zu bezahlen. Warum nimmt man mir die individuelle Freiheit, hier selbst zu entscheiden, ob ich es – wie dann auch den 5G-Mobilfunk – nutzen oder nicht nutzen will? Die Antwort lautet: Weil es im Zeitalter der Digitalisierung nicht mehr möglich ist, das eine vom anderen zu trennen. Aber wo bleibt dann die individuelle Freiheit und Menschenwürde, die durch solche Gesetze immer mehr beschränkt wird? Das ist politisch sehr heißes Pflaster, welches nicht nur die Diskussion um 5G bewegt, sondern Kritik daran, was gerade in vielen Bereichen geschieht und ein gesellschaftliches Phänomen ist.

Wir müssen als Gemeinschaft wohl den Kurs, den wir eingeschlagen haben, nochmals gründlich überdenken, sonst landen wir in einer Art elektronischem Gefängnis, das nur noch Zahlen, Gesetze und Märkte kennt, in dem das Individuum, das diese Technologie in der Stille und Abgeschiedenheit seiner Gedanken einst erdachte, nicht mehr zählt. Gewisse Dinge verselbständigen sich bereits, während man das Ich mit technologischen Errungenschaften „verbessert". Dabei erlaubt jeder jedem aber nicht mehr, er selbst zu sein, sondern jeder überwacht jeden, und zwingt ihn dadurch dazu, möglichst so wie der andere zu sein oder zu werden. So werde auch ich bereits als Fossil kritisiert, weil ich nur noch teilweise mit dem, was wir Fortschritt nennen, mitgehe, weil ich Fortschritt mehr geistig als technisch definiere. Das ist aber politisch wie gesellschaftlich nicht unbedingt fortschrittlich, sich diesem technologischen Fortschritt zu verweigern.

All diese Tendenzen sehe ich seit einiger Zeit bedauerlicherweise immer mehr zunehmen. Und darin liegt eine Gefahr: Denn, wenn all die kleinen Freiheiten verschwinden, die das Leben eigentlich wunderbar machen, durch Pflichten, Abgaben und Gesetze ersetzt werden, wird eines Tages auch die große Freiheit verschwinden. Denn die große Freiheit besteht aus vielen kleinen

Freiheiten. Oder anders ausgedrückt, an ihrer Stelle wird die einzige verbliebene „Freiheit" stehen: dem einzigen Gesetz zu folgen, das verlangt, immerwährend in der Pflicht zu sein, Zahlungen zu leisten und mit 5G-vernetzt zu sein.

Das menschliche Paradoxon

Ich weiß, das ist ein emotionales, vielleicht auch recht düsteres Bild. Soll uns Technologie nicht angeblich immer mehr Freiheit verschaffen? Doch die Herausforderung, die ich sehe, ist auch recht schnell an einem einfachen Beispiel festgemacht:

Seit dem Zeitalter der Technologie haben wir wunderbarerweise immer mehr Dinge erfunden, die unser Leben zusehends angenehmer gestalten: Flugzeuge lassen uns innerhalb kürzester Zeit riesige Entfernungen überbrücken, für die wir früher Monate brauchten. Waschmaschinen nehmen uns das mühsame Waschen in der Schüssel, am Fluss oder mit dem Waschbrett ab, so dass wir die frei gewordene Zeit für andere, schöne Dinge übrighaben. Onlinebanking ersetzt uns den Weg zur Bank, so dass wir auch hier viel Zeit übrighaben. Und Unzähliges mehr. Eigentlich müssten wir aufgrund der gewonnenen Freiheit und mehr zur Verfügung stehenden Zeit damit die zufriedensten, harmonischsten, zivilisierten Menschen sein.

Seltsamerweise blicke ich aber auf meinem Weg in die Stadt meist in ausgezehrte, gehetzte, unruhige oder sogar gereizte, fast schon aggressive Gesichter, die bei all dem Luxus und all den Erfindungen immer weniger Zeit und/oder immer mehr Stress haben. Manchmal, wenn ich wie ein Kind vor mich hinstarre und innerlich größere Gedanken umarme, passiert es mir, dass Menschen plötzlich voller Aggression auf mich losgehen, ich solle sie nicht anstarren. Ich bin dann jedes Mal fassungslos, weil ich eigentlich gar nicht sie, sondern ich in mich selbst hineingestarrt habe. Um mich sind aber „menschliche Pulverfässer," die es nicht mehr aushalten, angeschaut zu werden. Das ist etwas, das ich früher so nicht kannte. Nicht nur während der Coronakrise erfährt dabei das öffentliche Leben immer mehr Aggressivität[194], sondern auch die Technologienutzer und Autofahrer ergreift eine wachsende Aggressivität, welche in aktuellen Studien zum Beispiel im SWR-Fernsehen publik gemacht werden.[195]

Dabei haben wir zivilisierten Länder doch einen Luxus und einen Wohlstand, von dem viele ums Überleben kämpfende Entwicklungsländer nur träumen können. Könnte es sein, dass in unserer Gesellschaft etwas grundlegend falsch läuft? Wie ist es dazu gekommen, dass wir als technologiestrotzende Gesellschaft derart überfließen mit Hightech, aber uns aggressiv anfauchen, wenn es nicht mehr schnell genug geht, oder wir voreinander Angst haben und einander nicht mehr in die Augen schauen können? Was passiert hier mit uns, wenn wir dann noch mehr Technologie und Möglichkeiten konsumieren und wohl noch weniger „menschlich" in unserem Verhalten werden? Werden wir letztendlich zu dem, auf das wir uns fokussieren? Zu „lebenden Robotern" die nur noch funktionieren und nicht mehr innehalten?

Offensichtlich sind wir Meister darin geworden, die durch Technologie gewonnene freie Zeit nicht mehr zu genießen, sondern mit Aktivitäten vollzustopfen. Dabei entsteht ein gewaltiger Druck, der inzwischen sogar junge Menschen tötet. Sie setzen sich dermaßen unter Druck, dass der Körper irgendwann mit Krankheit antwortet. Krisen wie die Coronakrise sind aber gleichzeitig auch eine Riesenchance zur globalen Entschleunigung. Doch die Menschen scheinen diese über sie hereinbrechende Ruhe nicht mehr genießen oder aushalten zu können. Denn jeder möchte nun – wo die Grenzen sich wieder öffnen – schleunigst wieder zurück in die Normalität: In den Urlaub, in die Gaststätten, in die Ausstellungen, in all das, was uns als dynamische ruhelose Gesellschaft ausmacht.

Ich denke, dass wir – bei diesem unbändigen Drang, immer schneller zu werden – als nächsten Schritt mit 5G noch schneller werden wollen und bald erschrocken feststellen werden, was uns mit all dem immer schnelleren Nach-Außen-Gehen und Nicht-Mehr-Warten-Können an Lebensqualität verloren gegangen ist. Weil wir uns dann für den 5G-Standard im Raum, für den Sendemast an der Straßenlampe schräg gegenüber, für den augenblicklichen Datentransfer und den Abruf von unseren Nutzerkontos entschieden haben. Und wenn wir uns dann mit all den superschnellen Netzen langweilen und diese nicht mehr schnell genug sind, wird der nächste Standard eingeführt: 6G!

> *„6G (Sixth Generation Wireless) ist der Nachfolger der 5G-Mobilfunktechnologie. 6G-Netzwerke werden in der Lage sein, höhere Frequenzen zu nutzen als 5G-Netzwerke sowie eine erheblich höhere Kapazität und deutlich geringere Latenz zu liefern. Eines der Ziele von 6G-Internet wird darin bestehen, Kommunikationsvorgänge mit einer Latenz im Mikrosekundenbereich zu unterstützen. Das bedeutet, 1.000 Mal schneller als 5G mit einer Millisekunde, also ein Tausendstel der 5G-Latenz.“*[196]

Wir haben also noch nicht einmal 5G eingeführt und planen bereits das noch viel schnellere 6G einzuführen, während die hitzige Diskussion um 5G noch im vollen Gange ist. Wobei, wie ich jetzt erfuhr, auch bereits Schritte bis 9G oder 10G angedacht werden. Der Mensch hat also kein Interesse daran, den Entschleunigungsknopf zu drücken. Alles muss immer schneller, schneller, schneller, schneller, schneller, schneller werden.

Michio Kaku berichtet in seinem neuen Werk „Abschied von der Erde – Die Zukunft der Menschheit", wie die Wissenschaft sich vorstellt, vielleicht einmal in Lichtgeschwindigkeit zu reisen oder sogar den Geist, der bereits 21 Lichtjahre in die Zukunft reist, zu digitalisieren. Die Lösung, die sie durchdenken, heißt Laser-Porting, womit man innerhalb von Sekunden zu fernen Sternen aufbrechen will. All unsere Empfindungen, Gedanken und menschlichen Eigenschaften könnten dann rein theoretisch auf einen Laser übertragen und durch die Weiten des Alls befördert werden: Reisen mit Lichtgeschwindigkeit. Wenn Sie also einen Ferrari oder Porsche Ihr Eigen nennen können, vergessen Sie es! Lichtgeschwindigkeit ist der nächste Trend. Und 5G und 6G oder dann vielleicht auch einmal 10G werden dafür die Basis bilden. Beschleunigung ist in, Entschleunigung ist überholt und passt nicht in dieses System.

Der Dämon der Beschleunigung

Ich sitze also da und denke darüber nach, was der neue Luxus bringt und an Positivem auch verschlingt, poetisch ausgedrückt. Und welcher Dämon uns da reitet, immer schneller zu werden, eigentlich immer mehr Zeit übrig zu haben und doch gleichzeitig unter immer mehr Zeitmangel zu leiden. In meinen Seminaren saßen bereits vor über 15 Jahren all die ausgebrannten und erschöpften Erfolgsmenschen. Ich weiß also aus der Praxis, als ehemaliger Coach und Entspannungstrainer, wovon ich spreche. Schon lange vor 5G hatten Menschen ein Problem mit der Entschleunigung, mit Stille und Konzentration. Und das 5G-Konzept bringt nun eine gewaltige Beschleunigung für die gesamte Welt mit sich, eine Welt, die doch erst einmal dringend lernen müsste, durchzuatmen.

Viele Rentner kommen bereits jetzt oftmals mit all dem technischen Schnickschnack nicht mehr zurecht. Das passiert heute schon, auch ohne 5G. Für sie hatte Leben bisher eine völlig andere Bedeutung. Doch die Jugend wächst mit den neuen Möglichkeiten auf. Ist das ein Glück oder eher ein Fluch? Können die jungen Menschen die Werte der Alten dann nicht mehr schätzen, die ohne all diese Technologie ein glückliches und zufriedenes Leben führen konnten?

Nun, Zufriedenheit scheint nicht mehr unser Lebensziel zu sein. Denn das was gut oder ziemlich perfekt ist, muss in unseren Augen ständig verbessert werden:

- Das Smartphone wird immer besser und verrückter von den Anwendungen her.
- Die Wirtschaft darf nicht stillstehen, muss ständig wachsen. Und es bereitet uns Depressionen, wenn sie es nicht tut.
- Und so werden schnell verschleißende Teile in früher länger haltbarere Geräte gebaut, damit öfter nachgekauft, „Besseres“ mit immer mehr teurer Elektronik gekauft wird.

Und ich sitze nun mit meinem alten Handy als Beobachter da, mit dem ich anrufen kann, angerufen werden kann, SMS und MMS verschicken und sogar Fotos machen kann und lebe doch in der Steinzeit. Weil es keine Wetter App hat, keinen Reisebericht, keine aktuelle Corona-App, keine Millionen-Lieblingslieder-App, keinen Onlinezugriff, kein Life-Screenings bietet.

Doch wenn 5G kommt, wird irgendwann das Smartphone zur Pflicht und mein altes Handy nicht mehr sinnvoll für die Alltagsbewältigung sein. Solche Oldtimer wie ich oder mein Handy sind dann nicht mehr kompatibel mit dem allumfassenden System grenzenlosen Datentransfers. Werden technisch nicht mehr versorgt. Und vielen Millionen Menschen wird es dann so gehen wie mir. Grenzenloser Datenkonsum ist dann überall möglich, sogar an den extrem kalten Polen. Doch lebensspendende Stille ohne Frequenzen im unmittelbaren Umfeld gibt es dann leider nicht (mehr).

Und wir alle werden dann das, was Leben vielleicht noch beinhalten könnte, jenseits all der Technologie und Frequenzen, vergessen. Unsere Kinder werden sprichwörtlich schon im Mutterleib in diesen Frequenzen baden und noch vor der Geburt daran „gewöhnt" werden.

Vielleicht entwickeln wir uns daraufhin genetisch weiter und werden dagegen immun? Vielleicht werden aber auch viele von uns davon krank und sterben womöglich daran. Die Wahrheit werden wir wohl erst erkennen, wenn das letzte Funkloch geschlossen, der letzte Funkmast gesetzt und die letzte kritische Stimme gegen diese anrollenden Technologietsunamis verstummt ist und wir alle darin gefangen sind.

Politik kann historisch gesehen auch demütig sein

Politik war nicht immer so fordernd, so mächtig in ihren Entscheidungen, Gesetze für Millionen oder Milliarden zu erlassen. Politik war in ihrer Anfangszeit dem Volk gegenüber verpflichtet, Rechenschaft abzugeben und Rechenschaft zu leisten. Zu dienen, statt zu „herrschen". Auch nicht so mächtig, mit einem Wort Armeen loszuschicken, um in fremde Regionen einzumarschieren oder den Abwurf von Atombomben und die Umweltzerstörung und das Ausbluten eines Planeten zu rechtfertigen. Politik war angehalten, die Grundstruktur des Lebens und der Lebensgemeinschaft einer Kultur und im Miteinander zu schützen.

Die alten Griechen wussten das. Ein Politiker unterstand dort dem Volk, war abhängig von der Stimme und den Bedürfnissen des Volkes. Er hätte damals niemals eine Entscheidung über den Willen des Volkes hinweg durchsetzen können. Andreas Popp zeigte dies anhand historischer Fakten auf dem Kongress, „Wissenschaft trifft Spiritualität“ am 07.09.2013 in seinem Referat „Wirtschaft ohne Krise“ (DVD-Tipp: „Ereignishorizont – die Synthese“). Doch irgendwie ist diese Einfachheit auch in der Politik verloren gegangen. Und so gibt es heute politische Machthaber, die danach streben, andere Länder im Kampf darum, die mächtigste Nation zu sein, auszustechen. Oder Entscheidungen zuerst für Wirtschaftsinteressen zu treffen.

Und so sind wir stolz darauf, Nummer eins in der Welt zu sein. Wir sind Teil der Olympiade der Nationen um die ökonomische Weltspitze geworden. Etwas, dass maßlose Gier genannt wird, hat von uns allen Besitz ergriffen. Wir wollen ständig mehr: Mehr Luxus, mehr Einkommen, mehr Aufträge, mehr Konsumgüter, mehr Informationen, mehr Datenvolumen, mehr Möglichkeiten. Das alles setzen wir mit mehr Lebensqualität und Fortschritt gleich. Wir feuern uns sogar gegenseitig bei diesem Wettlauf nach mehr und Größerem ständig an.

Doch frage ich als jemand, der auch gelernt hat, mit einfachem glücklich zu sein und ohne all das „Brauchen und Haben-Müssen“ im Frieden zu leben; ob es wirklich Fortschritt ist, was da mit immer mehr Technologie auf uns zukommt? Denn unser Rohstoffhunger ist inzwischen so groß geworden, dass wir dabei sind, diesen Planeten zu vernichten und schon heute zwei Planeten brauchen, um ihn zu stillen.

Und damit immer noch nicht zufrieden, nehmen wir dieses Denken mit futuristischer Technik mit ins All. Mit der Technik also auch den Hunger nach mehr und das Bedürfnis, der Größte zu sein. Und mit dieser Wirtschaftsolympiade nehmen wir auch die Abfälle, die Kriege und die Müllhalden mit.

Das Wachstum und der Reichtum werden gigantisch sein. Aber eben auch die andere Seite, die Seite derer, die weniger haben.

Da ja bereits heute viele Billionäre nicht bereit sind, auch nur einen Bruchteil ihres Vermögens einzusetzen, um mit dem Reichtum sofort das Welthungerproblem zu lösen. Und die Superreichen besitzen den Großteil des Weltvermögens, was wir in diesbezüglichen Studien leicht nachlesen können.

Und all diesen intergalaktischen Luxus und die intergalaktischen Probleme, die wir versäumten, schon auf der Erde zu lösen, verdanken wir dann einer Technologie, die historisch gesehen, mit Mobilfunk begann. Und dank des Mobilfunkausbaus im All können wir dann sogar den einfach in seiner Jupitermondhütte lebenden Mann oder Frau rein datentechnisch auch dort noch erfassen.

Kapitel 11

5G, einseitige Transparenz und Privatsphäre: Wenn wenige Menschen alles über jeden wissen und viele nichts mehr über wenige

> *Die Digitalisierung hat noch lange kein Ende erreicht. Derzeit stehen wir an der Schwelle zum „Internet der Dinge", wodurch sich die Menge der freigesetzten personenbezogenen Informationen noch potenzieren wird. Die Folgen betreffen nicht nur unsere sozialen Beziehungen; hier kann am ehesten mit flexiblen Anpassungen an die neue Lebenswelt gerechnet werden. Weitaus problematischer ist, dass dem Internet dicht auf den Fersen in der Regel der Markt und der Staat folgen, also Gewinn- und Herrschaftsinteressen. Die Privatsphäre, bislang wesentliches Element einer gesellschaftlichen Machtbalance zwischen Individuen, Wirtschaft und Staat, ist dabei hinderlich, sie wird von Wirtschaft und Staat mehr oder weniger gezielt unterlaufen: „Collective investment in the capability to fuse data is many times greater than investment in technologies that will enhance privacy".*[197]

Ein wichtiges Merkmal unserer Gesellschaft ist, dass wir Privatsphäre als ein hohes Gut und Recht erachten. Diese gibt es aber nur noch in einem bedingten Rahmen, den wir mit 5G und künstlicher Intelligenz noch mehr einschränken. Was früher für viele Menschen noch undenkbar schien, wird im Zuge der Digitalisierung des Lebens immer mehr als „normal“ angesehen und folglich akzeptiert. So gab es etwa zu Beginn der 90er Jahre in Deutschland noch „VoBo-Aktivisten“, die in bundesweiten Kampagnen dazu aufriefen, die Weitergabe von Daten zu boykottieren und politischen Ungehorsam unter dem friedlichen Motto „Meine Daten müsst ihr raten“ zu zeigen. Heute haben wir uns wohl an all die Überwachung und Datenerfassung gewöhnt. Hin und wieder erscheint ein Artikel, der vor immer perfideren Spionageprogrammen warnt. Aber im Grunde ist das Überwachen und Erfassen von Daten im Zeitalter der Terrorismusbekämpfung und Digitalisierung mit all den Datenerhebungen im Hintergrund beim „unbeschwerten Surfen im Netz“ normal geworden. Vielleicht haben wir diese Bedenken aber einfach auch nur „verdrängt“ und akzeptieren all dies, da wir uns dem gegenüber einfach nur noch machtlos fühlen? Könnte es sein, dass wir als Gesellschaft die Kontrolle verlieren, weil sich das System immer mehr verselbständigt?

5G wird über diese „zusätzlichen Möglichkeiten“ nun in jede noch verbliebenen Ecke und jeden übrig gebliebenen weißen Fleck des sich ständig ausweitenden Datennetzes eindringen und danach streben, möglichst alle verfügbaren Daten in immer kürzerer Zeit zu erfassen, zu analysieren und auszuwerten. Damit wird die Welt noch gläserner – oder letztlich sogar absolut transparent.

Und gerade das setzen wir ja auch bewusst um und bewerben es als „wunderbar“: Der gläserne Mensch und die gläserne Welt sind keine Bedrohungen mehr, sondern alltägliche Realität. Sie sind allgemeine Begriffe geworden, mit denen wir leben und an die wir uns bis zu einem gewissen Grad auch schon gewöhnt haben.

Schließlich sollen alle Lebensprozesse digitalisiert und somit digital erfasst werden. Das Digitalisierungssystem umfasst bereits zahlreiche Forschungsbereiche mit vielen Forschungsgebieten[198]:

- der Kerninformatik,
- der biologieorientierten Informatik,
- der Erforschung der KI-Ergebnisse in der Psychologie,
- der Neurologie und den Neurowissenschaften,
- der Mathematik und Logik,
- der Kommunikationswissenschaft,
- der Philosophie und Linguistik

Noch sind wir nicht ganz dort, wo wir eigentlich hinwollen, denn es gibt – wie erwähnt – noch ein „paar weiße Flecken" in der bereits allumfassenden Datensammlung, doch mit 5G und der Weiterentwicklung der KI wird sich das ändern. Nachdenklich stimmt, dass dies schon seit langer Zeit vor unseren Augen geschieht und uns sogar bewusst ist:

> *„Die Begründungen der Behörden für das Sammeln und Speichern von Daten wechseln: Früher war es der Dauerskandal des sexuellen Missbrauchs von Kindern. Dann rückte die Bekämpfung des internationalen Terrorismus in den Vordergrund. Aber längst gibt es andere Dimensionen bei der Datenjagd: Adressenhändler und Unternehmen sammeln Informationen über Einkommensverhältnisse, Zahlungsmoral und Konsumverhalten und verknüpfen ihre Erkenntnisse mit Stadtplänen und digitalen Landkarten. „Geomarketing" heißt das. Straßenabschnitte mit säumigen Zahlern bekommen schlechte Noten; gute Noten erhalten*

> *Stadtviertel mit guter Zahlungsmoral. Orwell und Kafka verbinden sich dieser Tage – und keiner schaut mehr hin.“*[199]

Berichten zufolge geschieht dies auf Drängen „der Wirtschaft“, wobei „die Politik“ es in die Wege leitet und dann „die Behörden“ für „die Politiker“ oder „die Interessengruppen“ für „die Konzerne“ Daten sammeln:

> *„Die Politik will Ermittlern den Zugriff auf Daten digitaler Sprachassistenten ermöglichen. Für kommerzielle Zwecke scheint dies mithilfe von Smartphones schon längst zu geschehen. Einem Bericht der „NY Times“ zufolge spielt das Start-up-Unternehmen Alphonso eine große Rolle in diesem Geschäft. Alphonso hat eine Software entwickelt, die mithilfe des Mikrofons von Smartphones Daten sammelt. Sie erkennt beispielsweise anhand von Audiosignalen, welche Fernsehprogramme oder Filme man schaut.“*[200]

Doch wer steht hinter diesen Allgemeinbeschreibungen wie; **die** Wirtschaft, **die** Behörden, **die** Konzerne und **die** Politik, auf die Bürger und Datenschützer mit dem Finger zeigen, oder gegen die sie sich mit ihren Beschwerden richten? Denn irgendwie sind wir meisterhaft darin geworden, keine Namen, sondern nur noch Nummern zu nennen, während plötzlich Kataloge in unser Haus flattern, von Firmen, die wir nicht kennen, aber die nun unseren Namen haben.

Und sind die Wirtschaft, Behörden, Konzerne und Politik dann mit 5G letztlich auch so transparent, erfasst und gläsern wie wir, die Bürger? Oder wird es hier Unterschiede geben? Also den transparenten „Mob“ und die privilegierten „Obrigen“, wie Orwell in seinem Klassiker zum Überwachungsstaat bereits zeigte?

Auch hier weist der gerade zitierte Artikel der Münchner Abendzeitung vom 13.06.2019 bereits in eine gewisse Richtung:

> *„In welchen rund 1000 Apps diese Abhörsoftware eingesetzt wird, darüber schweigt Alphonso. Die Firma verweist lediglich darauf, dass in den App-Beschreibungen aufgezeigt werde, wie das Abhören genau funktioniere."*[201]

So viel als Einleitung zum Thema Transparenz, in der es Firmengeheimnisse, Staatsgeheimnisse, Bankgeheimnisse, militärische Geheimnisse, Behördengeheimnisse usw. gibt, aber eben keine privaten Geheimnisse, da Suchalgorithmen schnell ein Profil von uns Bürgern anhand unseres Lebens und Verhaltens erstellen.

Wie sieht es also aus mit der Privatsphäre, in einer „äußerlich gleichgemachten" transparenten Welt, die mit 5G nun in jeden noch verbliebenen Winkel der Privatsphäre des Bürgers hineindrängt? Werden dann auch die sexuellen Vorlieben und Verhaltensweisen zu Werbezwecken miterfasst und bringen in der Entwicklung von Sex-Robotern oder Sex-Dolls neuen mechanischen Schwung in den Alltag?[202] Ja, Sie haben richtig gehört, auch im Bereich der Sexualität wird der Mensch jetzt noch kreativer, und soll das künftige Leben etwas „mechanischer" werden. Eines Tages könnte dann – ich spekuliere natürlich – die dort hinein gegebene „Biomasse" nach einer sexuellen Erleichterung (von „Liebe" möchte ich hier nicht mehr sprechen) gleich automatisch aufgefangen, eingefroren und zu internationalen Samenbanken weitergeleitet werden. Dort blättern dann Frauen in wunderschön eingerichteten Vorzimmern in Hochglanzkatalogen und wählen, welches Erbgut sie für ihr im Reagenzglas perfekt und ohne Makel gezüchtetes Baby haben wollen.

Sie lachen? Belesen Sie sich über die ersten mit KI ausgestatteten Sexroboter. Hier wird trotz des recht happigen Einstiegspreises von 5.848,74 € zum Beispiel für Lassiefay, die sprechen und sich bewegen kann[203], ein riesiger Markt aufgestoßen. Zahlreiche Männer sind bereits begierig, sich auf dieses „Abenteuer" einer Mensch-Maschine-Interaktion einzulassen. Das älteste Gewerbe der Welt bekommt also bereits digitale Konkurrenz und muss wohl bald auch radikal um Einnahmen fürchten. Das nur am Rande zur milliardenschweren Sexindustrie, die künftig mit im Trend liegen möchte und daher bereits kräftig bei der Entwicklung der KI als Objekt der sexuellen Begierde mitmischt.

Der Mensch ist also vom einstigen „Jäger und Sammler" im modernen 21. Jahrhundert zum Jäger nach Informationen, Möglichkeiten und zum Sammler von Daten geworden. Ein Entwicklungssprung in eine „perfekte Welt", oder etwa nicht?

Aber werden in dieser zukünftigen, gläsernen Welt mit 5G, 6G und künstlicher Intelligenz, mit Chip versehenen Alltagsgegenständen nicht wenige vieles über alle wissen? Und viele nichts mehr über die Wenigen? Wird diese Welt für alle gläsern sein oder doch nur für das einfache, konsumierende Volk und die sogenannte „Mittelschicht"?

Der 2017 produzierte Film „The Circle" mit Tom Hanks und Emma Watson als Darsteller greift diese Entwicklung auf: Eine junge Frau bekommt einen „tollen Job" in einem internationalen Konzern, der es sich zum Ziel gesetzt hat, die Welt zu „verbessern" und gläserner – oder wie wir es heute politisch korrekt nennen „transparenter" – zu machen. Der Konzern und seine Hintermänner selbst allerdings behalten das Recht auf Privatsphäre, was die junge Frau nach dramatischen Ereignissen irgendwann bemerkt. Durch ihr gläsernes Leben als Aushängeschild des Konzerns nimmt ihr Stress immer mehr zu, während der Konzern weiterhin die Fäden in der Hand hält, ihre Daten „verwaltet", besitzt, auswertet oder zu lukrativen Zwecken nutzt.

Ist das wirklich so realitätsfern und „nur“ ein Film? Oder steckt womöglich eine große Portion Wahrheit darin? Unsere Daten sind doch jetzt schon zum Geschäft geworden.[204]

Die dunkle Seite der Digitalisierung und Datenerfassung

Wir können derzeit beobachten, wie Behörden, Politik, Internetanbieter, Inhaber der sozialen Netzwerke, Datenbroker, Geheimdienste, Konzerne und Datenanalysten alle möglichen Daten über uns sammeln und damit eigentlich täglich und mit 5G dann in Echtzeit „Dinge“ über uns in Erfahrung bringen können. Aber was wissen wir über sie? Wo sie gerade tanken, einkaufen, wie viel Strom sie (privat) verbrauchen oder nicht verbrauchen, welchen Urlaub sie gerade planen, wo sie am liebsten einkaufen oder Geld abheben, mit wem sie sich treffen? Das sind doch angeblich alles „harmlose“ und heute noch „normale“ Dinge?

Täglich ist eine ganze Armee an Datensammlern, Suchprogrammen und künstlicher oder echter Intelligenz damit beschäftigt, Daten über uns zu sammeln, während wir diese unsichtbaren Sammler nicht einmal sehen oder nichts von ihnen wissen. Außer, wenn die bisher unbekannten Datensammler oder Auftraggeber zum Sammeln selbst bei Facebook einen Account einrichten und sich dort präsentieren: Hier bin ich und das mache ich, esse ich gern, gehe ich gern hin und fahre gern dieses Auto, trage diese Mode, wobei ich auf diesen oder jenen Typ stehe – willst du vielleicht mein Freund sein?

Die Antworten darauf freuen oder nerven (mit den entsprechenden Emojis) und so mancher Analyst und Seelentröster meinte schon, dass hier auch viel Schindluder betrieben wird und „das Netz“ Menschen in tiefe Depressionen stürzt, weil sie meinen, zu wenige Likes und Follower und Freundschaftsbekundungen zu haben. Die in den sozialen Medien gezeigten Bilder und Einblicke in das Leben zeigen oft nur ein verzerrtes und nicht ganz reales Bild des Menschen dahinter. So hat sich durch groß angelegte Feldstudien gezeigt, dass sich die Gesellschaft seit Aufkommen der sozialen Medien stark verändert und deren intensive Nutzung sich inzwischen als sehr schädlich erwiesen hat:

> *„An der Studie nahmen etwa 200.000 Jugendliche unter 18 Jahre und rund 400.000 Erwachsene teil. Von 2005 bis 2017 mussten die Probanden jedes Jahr einen umfassenden Fragebogen ausfüllen, der sich mit ihrer psychischen Gesundheit befasste...Die Ergebnisse sind erschreckend. Bei den Erwachsenen konnten die Wissenschaftler einen Anstieg der Selbstmord-Gedanken von 47% feststellen. Bei den jungen Erwachsenen stieg die Rate sogar um 52% an... Neben den Forschern der APA beschäftigten sich zahlreiche andere Wissenschaftler ebenfalls mit dem Zusammenhang von Social Media und Depressionen. Sie stellten ähnliche Ergebnisse fest. Außerdem seien Frauen und junge Mädchen häufiger betroffen."*[205]

Und nun planen wir einen nie dagewesenen Ausbau des Internets der Dinge, der künstlichen Intelligenz und der Möglichkeiten, einfach alles über uns in Echtzeit zu sammeln. Einerseits gibt es viele Befürworter, andererseits führt es in eine sozial „kranke" und menschlich entfremdete Gesellschaft. Eine Gesellschaft, die mehr Zeit mit künstlicher Intelligenz und Robotern verbringt als mit realen Menschen, Dingen, Orten oder Ereignissen.

Währenddessen bleiben die Konzerne wie im Film „The Circle" im Hintergrund, wir wissen nichts über sie, während sie ALLES über uns wissen. Sicher gibt es einmal pro Jahr einen Jahresbericht, der über das, was in den letzten Quartalen erreicht wurde und was nicht, informiert, wozu vielleicht auch einmal die Presse eingeladen wird. Und das erweckt dann den Anschein der Transparenz. Es gibt Hitlisten einiger Milliardäre, die dieses Ranking gewonnen haben und jenes Geschäft abgeschlossen haben oder hier oder dort fusionierten oder in Konkurs gingen und sich von einem unrentablen Unternehmen trennten.

Doch dazwischen klafft ein gewaltiger weißer Fleck auf der Landkarte allumfassender Datenerfassung. Sind Sie schon einmal mit ihrer bei Ebay käuflichen Minidrohne über ein Militärgebiet geflogen oder über den Bundestag während einer Sondersitzung oder das Privatanwesen eines hohen Politikers, Multimilliardärs oder sonstigen öffentlich geschätzten Geschäftsmannes? Sie denken, dass die Beschränkungen berechtigt sind? Aber die Lenker der globalen Wirtschaftsmärkte kennen die Grenzen nicht, sie bringen all das mittels KI, Supertechnologie und ihren Algorithmen in Erfahrung. Und mit 5G werden sie das noch sehr viel intensiver tun. Denn 5G legt die technischen Voraussetzungen für künstliche Intelligenz und die damit einhergehende Industrie 4.0 und das Internet der Dinge mit grenzenlosem, von außen abfragbaren Datenverkehr.

Und niemand stellt sich die Frage: Guten Tag, Herr Konzernchef, guten Tag, Herr Datenbroker, Sie schauen in meine Karten „beim globalen Spiel“ der Digitalisierung, darf ich bitte auch in Ihre schauen oder ist das verboten? Und wenn ja, warum? Was wird er antworten?

Er wird wahrscheinlich denken: „Oh, um Gottes willen, bitte nicht diese unbequemen Fragen!“

Und sagen wird er: „Wir brauchen diese Arbeitsplätze und diese fantastischen, technischen Innovationen, wir brauchen mehr Roboter im Alltag, aufgrund des Fachkräftemangels, um diese

Lücke zu schließen. Wir brauchen mehr Wissen über Sie als Kunden, um besser auf Ihre Wünsche und Bedürfnisse eingehen zu können. Und wir brauchen diese Daten für die internationalen Marktanalysen, da die Gesellschaft davon abhängt. Denn Daten zu erfassen ist im Zeitalter der Digitalisierung und Umstellung auf E-Akten die Zukunft. Bitte stellen Sie sich nicht gegen die Zukunft. Sehen Sie denn die Vorteile nicht? Die riesigen Speicher werden schließlich künftig gebraucht, um das Erbe der Menschheit und die Daten der ganzen Welt für künftige Zivilisationen zu bewahren."

So erklärt „man" es dem einfachen Bürger, der sich am Kopf kratzt und trotzdem nicht ganz versteht, weshalb er mit funkgesteuerten Chips in den Socken oder mit seinem Kaufverhalten und bestimmten Vorlieben für das Erbe und die Zukunft der KI und transhumanen Menschheit mit Blick auf den Kosmos eine Rolle spielt.

Aber vielleicht kennt der Leser dieses Buches eine Antwort auf die Frage, warum alle möglichen Daten über ihn gesammelt werden, während er an elektronischen Kassen mit der Karte – künftig bargeldlos, mit KI-gesteuertem Chip im Arm – bezahlt, dabei registriert und ausgewertet wird, während er mit dem Einkauf zum selbstfahrenden, funk- oder sprachgesteuerten, per Satellit überwachten Auto geht, welches ihn zu seinem intelligenten funkvernetzten KI-Haus bringt, wo gerade die Kinder mit ihrem funkvernetzten Roboterhund spielen, der glücklicherweise keine Flöhe mehr bekommt, während der per App funkgesteuerte Rasenroboter den Rasen auf voreingestellte politisch korrekte Normhöhe trimmt?

Vielleicht „funkt" es gerade beim Leser, wofür all die Datenmassen gebraucht werden, während ich als Autor noch „im geistigen Funkloch" sitze, es sich mir nicht erschließt, sich mir aber gleichzeitig der Magen zusammenzieht beim Gedanken an all das Wissen über mich, das mit 5G irgendwohin gesandt und dann global und zentral von künstlicher und menschlicher Intelligenz ausgewertet wird.

Es wäre wirklich sehr interessant, was im Zeitalter künstlicher Intelligenz, Politik, Wirtschaft, Konzerne, Geheimdienste und Datenbroker, aber auch jene, **die** ich noch nie gesehen habe, dazu sagen würden, dass wir alles preiszugeben haben, während **sie** weiterhin anonym und „geschützt“ bleiben. Datenschützer und auch Entwickler von KI warnen ja vor einem gläsernen System, das sich verselbständigen und sich zu einem Zweiklassenstaat entwickeln könnte, einem System aus Anonymen und Gläsernen. . Was wir in dem Film „Elysium“ mit Matt Damon in der Hauptrolle gut gezeigt bekommen. Vielleicht haben wir diesen Zustand einseitiger Transparenz längst erreicht und werden nun mit 5G und den „unendlichen Möglichkeiten allumfassender Vernetzung“ einfach noch mehr unter die Lupe genommen?

Nach den langjährigen Debatten um die Genehmigungen der Langzeitvorratsspeicherung und auch dem Wirken eines Mannes wie Edward Snowden dürfte jedem klar sein, dass ein weitaus größeres Interesse daran besteht, das eigene Volk auszuspionieren als den „Feind im Außen“. Zwar wird die geplante Überwachung öffentlich diskutiert, am Ende dann aber doch beschlossen und genehmigt. Und der Bürger weiß nicht mehr, was Regierung und Datenanalysten letztendlich über ihn wissen. Man kann (recht umständlich) Akteneinsicht beantragen, aber auch da gibt es immer wieder Hindernisse und Schwierigkeiten.

Dieses Thema bietet reichlich politischen Zündstoff, doch diktatorische Zustände wie in „The Circle“ sind genau DAS, was Datenschützer und Kritiker der ausufernden Algorithmen und künstlichen Intelligenz in allen Lebensbereichen vorhersehen. Zu diesen Kritikern gehören auch Nobelpreisträger wie der kürzlich verstorbene Stephen Hawking, der zu Lebzeiten meinte, dass das größte Ereignis in der Menschheitsgeschichte – die Zukunft mit der KI – auch das letzte sein könnte, wenn wir nicht aufpassen.[206]

Die Standpunkte des EU-Parlaments und des Deutschen Bundestages zum Datenschutz

Die deutsche Regierung betrachtet die Einführung der KI als notwendig, um den Anschluss an eine KI-industrialisierte Welt nicht zu verlieren. Gleichzeitig möchte sie aber die Menschenrechte der Bürger garantieren.

Trotzdem ist es für sie schwierig geworden, das Sammeln von Daten einzuschränken und sie plant immer bessere Datenschutzgesetze oder Datenerhebungsverbote zum Schutz der Daten vor Missbrauch einzuführen. Was sie wohl aber nicht 100% garantieren kann, da es immer wieder, sogar trotz Zusicherung und Vereinbarungen zum Datenschutz, zu Missbrauchsskandalen kommt:

> *„Die nächste peinliche Entwicklung für Facebook:*
> *Der Konzern hat anderen großen Unternehmen*
> *weitreichenden Zugriff auf Nutzerdaten ermöglicht –*
> *in einigen Fällen ohne das Wissen der Nutzer.*
> *Zugriffsrechte bekamen etwa Microsoft,*
> *Amazon, Yahoo und Netflix, geht aus einer*
> *Recherche der New York Times hervor.*
> *Etwa 150 Unternehmen konnten demnach Daten*
> *der Nutzer abgreifen, selbst wenn diese überhaupt*
> *keinen direkten Kontakt mit den jeweiligen*
> *Firmen gehabt hatten."*

Weiter heißt es in dem Artikel:

> *„Die internen Dokumente verraten der Times zufolge auch etwas über die mysteriöse Facebook-Funktion „Personen, die du kennen könntest". Sie verunsichert Mitglieder des Netzwerkes seit Jahren, weil sie Verbindungen mit Menschen herstellt, die nichts mit dem Facebook-Freundeskreis der Betroffenen zu tun haben."*[207]

Willkommen im Zeitalter der KI-vernetzten Algorithmen und steigenden erfassbaren Datenmengen, die ohne Ihr Wissen, aber von bezahlten Programmierern gezielt entwickelt wurden, um Ihre Daten sammeln, weiterleiten und damit ein Riesengeschäft ermöglichen zu können. Willkommen auch in einer Welt, die diese Skandale im Kleingedruckten versteckt, während vorn die Wirtschaftszahlen stehen.

Wie soll also die komplette Transparenz des „Internets der Dinge" und die Ablesbarkeit aller Daten von außen mit der Unverletzbarkeit der Menschenwürde und des Rechtes auf Privatsphäre miteinander verknüpfbar werden? Oder bleibt nur der Weg, ständig Kompromisse schließen zu müssen, durch die dann doch wieder – quasi durch die Hintertür – unter bestimmten Umständen jeder Schutz aufgehoben werden kann? Analysten, die durch Sondergesetze doch wieder Zugang erhalten, Datenschutz, der „versehentlich doch übersehen" wurde. Was bedeutet, dass es diesen angeblichen Schutz gar nicht gibt.

> *„Auch Microsofts Suchmaschine Bing konnte bis 2017 auf Daten nichtsahnender „Freunde" von Nutzern zugreifen, obwohl Facebook erklärt hatte, diese Möglichkeit 2014 abgeschafft zu haben. Facebook gab*

zu, einige Schnittstellen nicht geschlossen zu haben, auch nachdem die heiklen Features offiziell abgeschafft worden sind."[208]

Wie kompliziert, sensibel und schwierig der Datenschutz im Zeitalter der kompletten Digitalisierung, Globalisierung und der nun mit 5G immer mehr kommenden künstlichen Intelligenz ist, zeigt David Bernet in seiner Dokumentation „DEMOGRACY – Im Rausch der Daten" von 2016, worin er mit seinem Kamerateam über zwei Jahre die Gesetzgebungsprozesse einer Handvoll EU-Politiker begleitet, die die Bürger der EU im Zeitalter von Big Data vor Missbrauch schützen wollen.

Der Zuschauer wird in eine Welt großer Entscheidungsfindung und Verhandlungen entführt, die sich unglaublich zäh und langsam gestaltet, was die kleine Handvoll Datenschützer fast zwei Jahre zur Verzweiflung bringt. Alle Anwesenden wollen möglichst den besten Deal für sich herausschlagen, wozu auch Unternehmen und Konzerne gehören.

Doch dann ging Edward Snowden mit seinen Botschaften an die Öffentlichkeit und verunsicherte Konzerne und Regierungen. Weltweite Massenproteste waren die Folge, die Märkte reagierten verunsichert und in die Verhandlungen in Brüssel kam plötzlich Bewegung. Prozesse, die zuvor noch 1,5 Jahre gedauert hatten, wurden plötzlich auf wenige Wochen oder Monate beschleunigt, weil ein Mann die digitale Welt der grenzenlosen Datenerfassung mit seinem Insiderwissen das Fürchten gelehrt hatte. Nun, das strenge Datenschutzabkommen wurde zwar nochmals mit Kompromissen abgeschwächt, so dass letztlich alle wieder glücklich damit waren, doch immerhin zeigt die Dokumentation sehr lebendig, wie Bewegung in ein sonst recht starres System kommt, wenn man den richtigen Knopf drückt und das anonym ablaufende Datenkontroll- und Geschäftssystem plötzlich ein Gesicht und greifbare Namen bekommt.

Im Jahr 2018, also zwei Jahre nach Edward Snowden, veröffentlichte der Deutsche Bundestag einen 57-seitigen wissenschaftlichen Bericht zu den Menschenrechten im digitalen Zeitalter, den der Interessierte vom Wissenschaftlichen Dienst der Bundesregierung als PDF-Datei (WD-2-107-18-pdf-data.pdf) einsehen oder herunterladen kann.

Dieser lesenswerte Bericht zeigt, dass es mit der Digitalisierung eben auch zu großen Problemen, Verschiebungen oder Neustrukturierungen der Menschenrechte kommen wird. Mit der Digitalisierung ändern sich eben auch einige Parameter der Gesellschaft. So verfügten früher eher Regierungen über die Macht der Information, während mit der Digitalisierung diese Macht immer mehr in die Hände privater Personen und Konzerne übergeht. Auf welche diese Einzelnen Mächtigen dann natürlich auch politisch Einfluss nehmen können. Ja Konzerne haben heute sogar das Recht; Staaten auf speziellen Gerichtshöfen zu verklagen. Was die Macht dieser „Einzelnen" unterstreicht. Auch sind im Zeitalter globaler Vernetzung nicht mehr nur einzelne Staaten, sondern die Menschenrechte global betroffen. Internetkriminalität sowie Hass-Mails, Stalker, Pädophilen-Netzwerke, Betrüger, Hacker u.a.m. stellen die Gesellschaft vor große Herausforderungen. Dasselbe gilt für Verletzungen der Privatsphäre durch digitale Überwachung, auch wenn sie – dem Bericht zufolge – dem Schutz der Bürger dienen sollen. So könnten bestimmte Gesetze, die das heikle Thema eigentlich regeln sollten, selbst zum „Problem" werden: beispielsweise das Löschen bestimmter Inhalte oder ganzer Webseiten durch das neue, zum 1. Oktober 2017 verabschiedete Netzwerkdurchsetzungsgesetz (NetzDG), das soziale Netzwerke, also privatwirtschaftliche Unternehmen, dazu verpflichtet, bestimmte Inhalte zu löschen. Auch wenn es dazu gedacht ist, kriminelle und hassbedingte Vergehen einzuschränken, kann es genutzt werden, um das Recht auf freie Meinungsfreiheit und Informationsfreiheit einzuschränken.

> *„Im Gesetzgebungsprozess zum NetzDG brachte sich im April eine „Allianz für die Meinungsfreiheit“ in Stellung – ein ungewöhnlich breites Bündnis aus Industrieverbänden, Journalistenvereinigungen, Bürgerrechtsorganisationen und netzpolitischen Initiativen. [...] Wegen des breiten Widerstands wurde das Gesetz zumindest in Teilen entschärft. So wurden beispielsweise die ursprünglich geplanten Inhalte- und Uploadfilter wieder gestrichen.“*[209]

Durch derartige Gesetze entsteht aber nicht nur ein breiter Widerstand in der Bevölkerung, sondern gleichzeitig auch das Problem einer um sich greifenden Angst vor einem Verlust der Meinungsfreiheit, einer Diktatur durch den Staat, und letztendlich eine Verunsicherung, mit der Situation umzugehen. Dies führt zu einer übervorsichtigen Löschung von Inhalten (Overblockings), die eigentlich nicht durch das neue Gesetz betroffen sind und daher nicht gelöscht werden müssten. Hinzu kommt, dass die Nutzung digitaler Angebote so immer komplizierter wird und keine Freude mehr bereitet.

Auch sind interessanterweise die jeweiligen gewählten Staatsoberhäupter trotz öffentlich anhaltender Datendebatte selbst hinter den Daten ihrer Bürger her. Aus welchem Grund auch immer, wird hier der Geheimdienst mit immer größeren Befugnissen ausgestattet. Wie ein aktueller Pressebericht vom 30.11.2020 bei www.netzpolitik.org zeigt, den Sie unter folgendem Link nachlesen können. Worin das Abhören aller Kommunikation und das Sammeln dieser Daten dann doch wieder erlaubt sind:

https://netzpolitik.org/2020/bnd-gesetz-ausspaehen-unter-freunden-wird-legalisiert-und-ausgeweitet/. So findet nicht nur ein gewaltiges Verwirrspiel rund um die „nicht vorhandene“ Datensicherheit statt, sondern beißt sich die Katze tatsächlich in den „eigenen Schwanz“, wenn man von Seiten der Staatsführung behauptet, mit sensiblen Daten „vorsichtig“ umzugehen und gleichzeitig über die Medien bekannt gibt, dass das „Ausspähen unter Freunden durch den eigenen Geheimdienst“ nun per Gesetzesbeschluss legalisiert und sogar ausgeweitet wird. Die vom Volk gewählten Regierungen wollen also selbst an die Daten ihrer Bürger und legalisieren das mit entsprechenden Gesetzen. Womit sie durch ihre Wähler autorisiert wurden, welcher es hört, aber nichts dagegen unternimmt. Natürlich setzen sich die Verantwortlichen hierbei mit gut bezahlten Anwälten zusammen, um bei den neuen „erstellten Gesetzestexten“, was ich Hintertüren zur Datenspionage nenne, auf der „gesetzlich vertretbaren, sicheren Seite“ zu bleiben. Wobei aber der Freiraum einer „unantastbaren“ Privatsphäre immer mehr beschnitten wird und Edward Snowden mit seiner mahnenden Botschaft in Vergessenheit gelangt.

(**Anmerkung des Autors:** Bitte verzeihen Sie mir meine doch etwas durchdringende Emotionalität, da das Thema „Beschneidung der Privatsphäre und einhergehender Grundrechte“, mir als Liebhaber dieser gesetzlich verankerten Freiheiten doch etwas nahegeht)

Letztlich sehen wir, dass das Thema „Folgen der Digitalisierung für die Privatsphäre“ unglaublich komplex ist. Denn die Auswirkungen der Technologie stellen die Welt nicht nur vor große internationale Probleme bezüglich der Kosten für den Netzwerkausbau, der kontroversen Strahlungsdebatte oder den Möglichkeiten unendlicher Datenerfassung, sondern auch vor eine große Herausforderung für eine gerechte Gesetzgebung. Unser bisheriges Leben und die Menschenrechte prallen in der digitalen Welt in vielen Bereichen aufeinander. Und die Grundfrage, ob dann

Wenige alles über Viele wissen und Viele nichts mehr über Wenige (Zweiklassenstaat) oder das System für alle gleich transparent sein wird, wartet weiter auf ihre Klärung.

Kapitel 12

Alternative Forschungen und Entwicklungen zu 5G – Wir müssen nicht in der Höhle leben!

Seit Bekanntwerden der ersten kritischen Forschungsergebnisse gesundheitsschädlicher nichtthermischer Wirkungen durch WLAN, Handys und Mobilfunk, hat der Wunsch nach Alternativen und Schutzmöglichkeiten vor der zunehmenden Strahlungsintensität und Funkdichte immer mehr zugenommen. Eine aktuelle Umfrage des Bundesamtes für Strahlenschutz (BfS) vom Ende des Jahres 2019 macht dies deutlich:

> *„Fast drei von vier Befragten (73,9 Prozent) gaben demnach an, dass sie das Thema* **radioaktive Strahlung** *durch Kernkraftwerke „sehr" oder „eher" beunruhige. Mehr als jeder zweite (51,4 Prozent) macht sich Sorgen um* **Strahlung von Mobilfunk-Masten**, *fast ebenso viele (51 Prozent) über Handys und Tablets."*[210]

Wenn ich mich in meinem persönlichen Umfeld umhöre und auf meine nun etwas vertieften Erkenntnisse hinweise, kommt vermehrt der Kommentar, dass wir ja doch nichts dagegen tun können, wenn wir nicht wieder in der Höhle und in der Steinzeit leben wollen.

Doch das stimmt nicht!

Die Suche nach Alternativen

Dr. Florian König aus Wörishofen/Deutschland zeigt dies seit Jahrzehnten, durch praktische Forschung und mit über 160 teils internationalen Patenten zur Neutralisierung und Abschirmung von Wohn- und Arbeitsplätzen vor breitbandigem NF-/ HF-Elektrosmog.

Auf einem neuen Energiekongress zum Thema „Technologien der Zukunft“, stellte er beispielsweise am 21. Juni 2019 die Möglichkeit der Elektrosmog-Neutralisierung von WLAN und 5G durch Mehrkammer-Hohlleiter-Rohr-Systeme (MHRs) vor. Dazu heißt es in einem Artikel des Jupiter Verlages, der online leider nicht mehr abrufbar ist:

> *„Diese sog. H-Plus-MHRs (www.fk-e.de) und erstmals gezeigten SHLS-Steckdosenleisten sind als gesamte Häuser versorgende Systeme oder für Insellösungen an einem Arbeitsplatz konzipiert, womit speziell ein potenziell aggressiver elektrischer Verbraucher mit negativem Strahlen-Impact hoch effektiv neutralisiert werden kann. Dies bestätigen neueste Zelllinientests von 2018 (vergleichende mit früheren MHRs) sowie eine Bestrahlungssituation von menschlichen Zellkulturen via aktueller 4G-Smartphones (LTE). Exakt deswegen waren dies vorausschauende Versuche zur nachweislichen Bändigung der Strahlenbelastung des zukünftigen 5G mit deren einhergehenden LTE-A Pro / LTE-U.“*[211]

Dr. Florian König unterscheidet in seinen Technologiekonzepten und Erfindungen zwischen schädlichen Technics, die technisch gepulste (künstliche) Strahlung abgeben, und natürlichen Sferics, wie sie in der Natur seit Jahrmillionen bestehen und woran sich das Leben, einschließlich den Menschen, angepasst hat. In einem Artikel in der Zeitschrift „Raum und Zeit“ (Nr. 223) vom Januar/Februar 2020 erläutert Dr. Florian König die Möglichkeiten bioverträglichen Mobilfunks. Dieser beruht auf den in der Natur natürlich vorkommenden Sphären-Energien und den Übertragungseigenschaften der Atmosphäre. König erforscht diese Möglichkeiten des natürlichen Mobilfunks seit Jahrzehnten und nennt ihn heute Bio-5G, weil er in diesen sphärischen Bereichen der Erde ebenso hohe, aber für das Leben eher unschädliche Leistungsstärken sieht. Diese haben natürlich eine völlig andere Wirkung auf Mensch, Tier und Umwelt als der von uns überall genutzte technische Mobilfunk.

> *„Sferics statt Technics! In der Raumfahrt erkannte man das noch am schnellsten, denn ohne Abschirmung sowie künstliche Klimaversorgung zum Beispiel in der ISS mit einer Schumann-Resonanz-Simulation geht dort kein halbwegs gesundheitsverträglicher Aufenthalt.“*[212]

Sferics sind also einfach und konkreter ausgedrückt atmosphärische Impulsstrahlungen (AIS) oder auch das impulshafte Auftreten elektromagnetischer Wellen natürlichen Ursprungs in der Erdatmosphäre. Sie wurden bereits zu Beginn des 20. Jahrhunderts erstmals als Knistern und Knacken in Radios wahrgenommen und untersucht. Gezielt wurden ihre Wirkungen aber erst in den 80er Jahren durch Hans Baumer, Josef Eichmeier und Walter Sönning erforscht. (Buchtipp: Hans Baumer: Sferics, die Entdeckung der Wetterstrahlung. Rowohlt, 1987) Doch das Interessanteste an dieser natürlichen Wetterstrahlung ist, dass sie über erhebliche Bandbreiten verfügten, die sich NICHT neben dem gesundheitlich eher bedenklichen technischen Mobilfunk zu verstecken brauchten:

> *„Sferics sind sehr kurz dauernde, oft nur aus wenigen Schwingungen bestehende Wellenpakete, die durch Ladungsverschiebungen/-wanderungen in der Troposphäre entstehen. Es handelt sich um sogenannte gedämpfte Schwingungen. Die Frequenzen liegen zwischen 3 und 100 kHz, die Amplituden beim bis zu 1000fachen normaler Radiostrahlung, wobei noch zwischen vertikal und horizontal polarisierter Strahlung unterschieden werden muss. Die Impulsfolgefrequenz liegt bei maximal 150 Hz, die typische Impulsdauer zwischen 35 und 250 µs."*[213]

König stellte nach eigenen Angaben bereits im Oktober 2001 einem Münchener Großkonzern ein Handy vor, das via MU-Metall-Schalung sämtliche Nieder- und Hochfrequenz-Wechselfeldanteile nachweislich um 80% reduzierte. Leider zog sich der Konzern bald darauf aus der Mobilfunkbranche zurück. Doch die strahlungsarme Technologie existiert heute noch als strahlungsarmer Kopfhörer (SFERICS-HEADFONE SH-S1).

Dem denkenden Menschen stellt sich nun natürlich die Frage, warum diese Alternativen sich nicht am Markt durchsetzen konnte, wo das Thema Mobilfunk doch schon so lange umstritten ist. König erklärt es so:

> *Warum scheitern solche Verfahrensdurchsetzungen? Nicht nur an international unterschiedlich denkenden Normengremien (bin selbst Mitglied gewesen), sondern wahrscheinlich an der „moralischen Machbarkeit": Allen Beteiligten war damals bekannt, was 1996 der Mobilfunkforscher Dr. George Carlo durch seine Studie für die US-Telekom auslöste.*

Was wäre bis dato passiert, wenn man indirekt zugegeben hätte, dass Mobilfunk schädlich ist?[214]

Wenn wir König also in normales Deutsch übersetzen, herrscht große Angst davor, zuzugeben, dass der heutige Mobilfunk – egal ob der völlig veraltete 1G oder der künftige 5G und 6G – stark gesundheitsbedenklich, wenn nicht sogar gefährlich ist.

Das hat auch die WHO eingeräumt, wir wollen es aber nicht hören oder sehen. Offiziell lebt man daher besser mit der einseitigen Sicht, dass alle thermischen Messungen eine Gesundheitsgefahr ausschließen. Was ja auch stimmt, wenn man die nichtthermischen Studien allesamt weglässt.

Doch inzwischen ist der technische Mobilfunk so weit ausgedehnt, so tief in die Gesellschaft eingedrungen und so weit vernetzt (zivil, militärisch, global, im Weltall), dass es einen gewissen Druck und großen Willen bräuchte, hier umzudenken und umzukehren.

Ich möchte den Leser aber nicht mit zu vielen technischen Details und Fachbegriffen zu der von König von der Natur abgeschauten und in seinem Unternehmen weiterentwickelten gesundheitlich besser verträglichen Technologie langweilen. Zum Thema „bioverträglicher Mobilfunk“ wird jedoch mit denselben Leistungsstärken wie beim umstrittenen 5G-Standard geforscht und damit liegen Alternativen bereit, die „biologische Masse Mensch“ mit besser verträglichen und an unsere Biologie besser angepasste Möglichkeiten der Kommunikation ausstatten zu können. Laut König muss auch nichts „neu erfunden“ werden, sondern die Umstellungen auf diese Sferics-Technologie wäre laut seinen Aussagen eine reine „Software-Programmierungssache“.

Wenn wir also als Nutzer, Politiker oder Betreiber und Nutznießer dieser menschengemachten, nicht naturkonformen technischen

Mikrowellentechnologie nicht einsehen (wollen?), dass es ein zweischneidiges Schwert ist, mit dem wir vom einfachen Telefonat bis hin zum WLAN-Router oder vollautomatischen 5G-Produktionsanlagen und Internet der Dinge hantieren, können wir auch keine Veränderung erwarten. Denn der Gedanke ist der Vater des Willens, der wiederum die Mechanismen des Handelns anregt. Und so lange wir „Angst vor einem Umdenken“ haben, geschieht natürlich nichts.

Doch was haben wir zu verlieren und was können wir gewinnen? Diese Fragen müssen jetzt diskutiert werden. Doch werden sie es auch tatsächlich oder leben wir einfach immer weiter mit den kommenden Technologiewellen? Und wenn es Probleme gibt, wird eben etwas Neues erfunden, um das Problem zu beheben. Mehr Technologie als Lösung für die schon vorhandene. Nach 5G folgt dann bald 6G und so weiter.

Und so bleibt dem besorgten Bürger nur, Deckung zu nehmen, in einer Welt der sich täglich schließenden Funklöcher und sich immer weiter ausbreitenden künstlichen Intelligenz. Er muss selbst die Innovation vorantreiben, um sich, seine Kinder, seine Tiere und anderen ihm anvertrauten Lebewesen zu schützen. Und so entsteht eine technische Gegenbewegung und Forschung, die neben 5G wachsende Umsätze erzielt. Denn so mancher Bürger fühlt sich bei all den vollautomatischen, funkgesteuerten Abläufen und Prozessen nicht mehr so sicher wie früher. Und das, obwohl doch alles angeblich immer „sicherer, schneller und strukturierter“, also „besser“ wird. Doch der Wunsch der Industrie und Politik kann auch komplett nach hinten losgehen, weil sie (Werte und Ideale?) produzieren und erschaffen, ohne zu fragen, ob es überhaupt in dem Umfang gewünscht wird.

„Smarte Häuser und Wohnungen sollen sich in Zukunft an die Bewohner anpassen und ihre Gewohnheiten lernen. Entsprechend kontrollieren sie automatisch das Licht, regeln die Temperatur und wissen sogar, welche Lebensmittel nachgekauft werden müssen. Allerdings gibt es dabei ein Problem: Die meisten Deutschen wollen das gar nicht. Das zumindest ist das Ergebnis einer repräsentativen Studie des Marktforschers Ipsos im Auftrag des TÜV-Verbandes (VdTÜV). Die Umfrage unter 1000 Personen ab 16 Jahren dürfte vielen Herstellern die Augen öffnen. Denn 57 Prozent der Menschen in Deutschland würden ***nicht*** *in ein Smarthome ziehen, in der künstliche Intelligenz den Menschen unterstützt – selbst dann nicht, wenn dies kostenlos möglich wäre."*[215]

Konkret hätten demnach:

- über die Hälfte der Befragten Angst vor dem Verlust der Autonomie und Selbstbestimmung
- 50% Sorge, dass Ihre Daten unrechtmäßig verwendet werden
- 44% sähen die Gefahr, zu sehr von der Technik abhängig zu sein
- 38% fühlten sich gegenüber KI machtloser
- und jeder Dritte sorgt sich um Hackerangriffe.

Das wäre der Stand in Deutschland zu KI Anfang 2020, wenn Deutschland ein Dorf mit 1000 Einwohnern wäre.

Schutzmöglichkeiten vor Mobilfunk, smarten Netzen und 5G

Auch in Wohnbereichen hält die Digitalisierung Einzug und werden immer mehr elektronische Geräte verknüpft. Der Nutzer ist dadurch mehr Funk oder Elektrosmog ausgesetzt, die zu den derzeitigen Strahlenquellen wie Laptop, Handy, Schnurlostelefonen, WLAN usw. noch hinzukommen. Durch GSM (2G), UMTS (3G), LTE (4G) und WLAN (Wi-Fi) oder Bluetooth sind wir ja bereits unterschiedlichen Leistungsstärken und Strahlenintensitäten ausgesetzt. Laut Bürgerwelle e. V. ist die Schädlichkeit von WLAN und Co – für uns zur Erinnerung – wissenschaftlich längst erwiesen. In einem dort kostenlos erhältlichen Flyer unter der Überschrift „WLAN-Strahlung schädigt die Gesundheit" heißt es:

> *„Eine kanadische Studie belegt einen direkten Einfluss der Strahlung von DECT-Schnurlostelefonen und WLAN Acces Points auf die Herztätigkeit, z.B. Extrasystolen und Herzrasen (Havas et al.2010; Wiederholung 2013). – Eine argentinische Studie fand Schäden bei menschlichen Spermien, die unter einem mit WLAN sendenden Laptop-Computer platziert waren. Die Beweglichkeit der Spermien war vermindert und ihre Erbsubstanz war geschädigt (Avendano et al. 2011)."*[216]

Grund genug, sich die eigenen vier Wände und die Strahlungsquellen, denen wir täglich ausgesetzt sind, einmal näher anzuschauen. Ideal wäre es natürlich, einfach alles abzuschalten oder zu den Sferics – wie von Florian König beworben – zu wechseln. Doch leben wir im Zeitalter der Kommunikation, die mit der Digitalisierung des Lebens ihren Höhepunkt erreichen wird. Da ist es eben nicht jedem möglich, sich einfach aus dem Netz „auszuschalten". Was wären also die Alternativen?

Auch hier gibt es eine „Armee von Kreativen", die sich bereits Gedanken machten und eine Vielzahl an Lösungen anbieten: Entstörungschips, Aufkleber für Handys, Smartphones und Computer, Abschirmbeutel aus Spezialgewebe, die vor Strahlung schützen sollen, speziell konstruierte WLAN-Schutzboxen, Stecker und Steckdosenleisten und vieles mehr. Der interessierte Laie (wie ich) wird sprichwörtlich überrollt, wenn er sich informieren möchte, wie man mit einfachen Handgriffen seine starke Strahlungsquelle in eine schwache Strahlungsquelle umwandeln kann.

Wenn man sich nicht selbst durch die Fülle der Informationen arbeiten will, ist ein baubiologischer Berater mit entsprechender Messtechnik und Fachkenntnissen sinnvoll. Für alle, für die auch das nicht geht, liste ich im Folgenden einmal auf, was ich herausgefunden habe. All diese „Schutz-Möglichkeiten" ersetzen jedoch nicht – so wie Sferics es könnten – den Mobilfunk, sondern neutralisieren oder schirmen „nur" davor ab.

Bioverträglicher 5G – Austausch mit einem Erfinder

In einem persönlichen Gespräch vom 10. 12. 2020 mit Herrn D. Sc. König aus Bad Wörishofen wurde mir nochmals klar und ging ich mit dem Erfinder konform, dass erst die Physik bioverträglich gestaltet werden müsse, bevor wir auf die Schutzmöglichkeiten hinarbeiten, wie er es seit nunmehr einigen Jahrzehnten praktiziert. Doch genau an diesem Punkt stoßen wir auf Widerstand, da:

1. Kein Interesse der Betreiber und Politik an einer Kehrtwende hin zu den Sfericstechnologien besteht – und
2. Wir mit den aperiodischen, künstlich erzeugten Mobilfunkfeldern seit ihren Ursprüngen mit nicht naturkonformen, von Menschen geschaffenen, künstlichen Feldern hantieren, die sich auf breiter gesellschaftlicher und wirtschaftlicher Ebene verbreiteten. Worüber wir eigentlich nicht genau wissen, was damit für an periodisch angepasste Lebensformen bis auf Zellebene passiert. Weshalb – nach Aussage dieses Experten für Sfericstechnologien – wir hier dringend Lehrstühle für

naturnahe Energiefelder und Technologien bräuchten, um den großen Wissensmangel der Gesellschaft und Fachkräfte zu beheben.

Nun, auf den offensichtlich vorhandenen Bildungsverlust der Gesellschaft war ich selbst gestoßen:

Am 6.12.2020 hatte ich eine offene, erfrischend undogmatische Diskussion um den Vergleich von Technics mit Sferics mit einem staatlich anerkannten Elektrotechniker. Dieser reiste um die Welt, um autonome 5G-fähige Produktionsanlagen aufzubauen, konnte sich unter Sfericstechnologie jedoch nichts vorstellen. Er dachte, oder meinte, die technischen Mikrowellen mit der Sfericsenergie identisch übereinanderlegen zu können, ohne einen Unterschied zu haben und argumentierte, dass in der Natur schließlich auch (diese Art) Mikrowellen vorkämen. Tatsache ist, dass das Erdmagnetfeld uns jedoch vor der schädlichen Strahlung abschirmt und es zwischen Sfericsenergien und technisch erzeugten Mikrowellen explizite Unterschiede gibt, worüber Herr König in den USA seine Dr. Arbeit verfasste (siehe auf seiner Webseite www.fk-e.de). Hieraus entstanden dann in drei Jahrzehnten Forschung und Entwicklung zahlreiche patentierte strahlungsarme oder neutralisierende Produkte (Patent-Nr. EP1150544A2. und weitere), wie der weltweit erste komplett strahlenfreie Sferics-basierende Kopfhörer SFERICS-HEADFONE SH-S1. Herr König wäre – wie sich in dem Gespräch zeigte – sofort bereit, in Versuchsfeldern entsprechend modulierte Sfericstechnologie zu demonstrieren, die über erstaunliche Bandbreiten verfüge, welche sich hinter technischem 5G / 6G oder 7G nicht verstecken bräuchte. Vorstellbar wäre zum Beispiel, dies in einem Gebiet einmal praktisch umzusetzen, das statt technischen Mikrowellen offen für neue bioverträgliche Innovationen wäre und lieber bio5G oder 9G (Sferics statt Technics) haben möchte. So wäre selbst für Kritiker bewiesen, dass wir auch naturkonforme Technologien nutzen können. Herr König stände bereit, diesen Traum zu verwirklichen.

Was mich anstachelte diese Vision bioverträglichen Mobilfunks in einem Folgewerk der Öffentlichkeit detaillierter zu präsentieren.

Ich war berührt, von der geistigen Tiefe, Vision, wie auch Aufrichtigkeit dieses Erfinders, für den sogar die Fragen eines „einfachen Buchautors und Technik-Laien“ wie mich wichtig genug schienen, seinen Firmenbelangen in der Zeit des Telefonats nicht nachzugehen. Niemand bräuchte also Angst vor einer strahlen- und E-Smog verseuchten Zukunft zu haben, bzw. viele heute noch sehr emotional geführte Diskussionen rund um die Wirkung des Mobilfunks würden überhaupt nicht geführt werden müssen, wenn wir einfach auf die von Herrn König vorgeschlagenen naturkonformen Sfericstechnologien umstiegen. Vielleicht wird bei den derzeit ablaufenden Entwicklungen bald ein Tag kommen, wo die Forderungen nach natürlichen Alternativen lauter werden? Bis dahin wird Abschirmung weiterhin eine große Rolle spielen.

Abschirmung in der Praxis

Leider war es mir nicht möglich, diese Möglichkeiten alle in ihrer Wirkung selbst zu testen, deshalb weise ich vorsorglich darauf hin, dass ich keine Garantie dafür übernehme, dass diese Möglichkeiten im Einzelfall funktionieren. Ich bin auch kein baubiologischer Berater, der hier über genügend Erfahrung und Sachkenntnis verfügt. Doch angesichts einer zunehmenden Funkdichte und einem enormen Zuwachs von elektrisch gesteuerten Geräten, die wiederum Elektrosmog oder Funkwellen abgeben, lohnt es sich, sich darüber zu informieren.

1. Messgeräte: Es gibt spezielle Webseiten, die darüber informieren, ob in unserer Nähe beispielsweise ein Handymast steht.[217] Um dann zu erfahren, wo die Strahlung unserer Wohnung oder am

Arbeitsplatz und im Büro am größten ist – also ob wir überhaupt gefährdet sind – gibt es auf dem Markt eine Fülle an Messgeräten.

Bei Messgeräten ist es natürlich sinnvoll, solche Geräte zu kaufen, die mit ihren Messungen mit Null beginnen. In diesem Buch geht es ja auch um die nichtthermischen Wirkungen, die weit unter den offiziellen „unbedenklichen“ Grenzwerten liegen und viele Messgeräte beginnen bei diesen politisch korrekten „unbedenklichen“ Voreinstellungen. Manche dieser Messgeräte messen nur Elektrosmog, manche nur Hochfrequenz wie die von Mobilfunkmasten. Gute – von Fachkräften empfohlene – Geräte, die alle Strahlungsfacetten berücksichtigen, kosten dann etwas mehr.

Nachdem wir dann mittels einer Analyse durch einen Fachmann oder eines selbst gekauften Strahlenmessgerätes sehen konnten, wo in unserem trauten Heim die Strahlung am höchsten ist, können wir zur Tat schreiten. Und hier gibt es jetzt eine ganze Reihe von Möglichkeiten, eine strahlungsfreie „Atmosphäre“ zu schaffen. Die einfachsten Lösungen scheinen am besten zu sein. Das fängt dann bei dem Kauf von strahlungsarmen Geräten – egal ob strahlungsarmer Laptop, Smartphone oder Kopfhörer – an und geht von der Schaffung einer gesunden Raumatmosphäre bis zur äußeren Hausabschirmung (Spezialanstriche) und dem Fensterschutz. Die Strahlung, die 5G erzeugt, geht durch Wände. Elektrosmog wird aber auch von Steckdosen und Stromkabeln erzeugt. Auf das ganze Spektrum der Wirkung und Schutzmöglichkeiten der elektromagnetischen Frequenzen und Felder, kurz EMF genannt, geht der Arzt Dr. Joseph Mercola in seinem sehr umfassend und einfach erklärendem Werk „EMF – Elektromagnetische Felder“ ein, das ich mir extra für dieses Buchkapitel als Recherchematerial beschafft habe.[218]

2. Schutzanstriche: Es gibt beispielsweise Fassaden-Abschirmfarben wie die Geovital-Abschirmfarbe T98 Alpha, worüber es in der Produktbeschreibung heißt:

„T98 Alpha ist eine elektrisch leitende Grundbeschichtung zur Abschirmung und Ableitung vor elektromagnetischer Strahlung. Bei 2-fachem Streichen einer Fläche liegt die Abschirmwirkung hinsichtlich Hochfrequenzstrahlung bei einer Schirmdämpfung bis zu 50 dB. Das entspricht einer HF Abschirmwirkung von 99,999 %. Zu der sensationellen Schirmung von 50 dB kam jetzt ein Absorptionsanteil von 15% hinzu. D.h. 15% der hochfrequenten Strahlung wird „geschluckt" und in Wärme umgewandelt."[219]

Laut Baubiologen oder Architekten soll die Hauswand dadurch sogar einen unterstützenden Trocknungseffekt bekommen, wodurch feuchte Wände vermieden und letztlich sogar Energiekosten gespart werden. Um die Energie der Fassaden ins Erdreich abzuleiten, wird hierbei noch ein Erdungsband benötigt.

3. Spezialgewebe/Fensterschutz: Der Erfindungsreichtum des Menschen kennt keine Grenzen und so wurden zum Beispiel bereits Gardinen aus Spezialmaterial entwickelt, die die Mobilfunkstrahlen abwehren. Eine dieser käuflich erwerbbaren „Antimobilfunkgardinenstoffe" ist der Geovital-Abschirmstoff Nova. Das transparente und ebenfalls patentierte Hightech-Gewebe wurde für eine optimale Verträglichkeit mit hauchdünnen Kupferfäden versehen und mit Silber beschichtet, die in PU-lackierten Polyesterfasern eingesponnen werden, um elektrische Leitfähigkeit und Oxidation zu vermeiden. Laut Anbieter wurde die Schirmdämpfung von der Universität der Bundeswehr München nach den Standards MIL-Standard 285, IEEE-STD 299-1997, VG-Standard 95 370-15 und KS03 gemessen und in einem Gutachten bestätigt.

4. Für Boden und Wände: Wenn man hier Strahlungsquellen aus den Nachbarräumen oder -wohnungen lokalisiert, gibt es laut

Aussagen verschiedener Sachverständiger ebenfalls Möglichkeiten, diese mit metallhaltigen Spezialgeweben, Metallfolien oder leitenden Materialien wie Grafit, Kohlestaub oder Carbonfaser abzuleiten. Magnetfelder durchdringen alles, auch Hauswände und können deshalb nur lokal mit Spezialfolien oder -blechen gedämpft werden.

5. Mehrkammer-Hohlleiter-Rohr-Systeme: Diese Entwicklungen auf Basis von CU-Rohren mit Silizium-/Karbon-Metall-Schichtungen (näheres auf der Seite des Entwicklers unter http://www.fk-e.de/dienst.html) bieten zuverlässigen Schutz vor Mobilfunkstrahlung. Florian König bietet inzwischen eine ganze Reihe patentierter, in ihrer Wirkung erprobter und käuflich erwerbbarer Mehrkammer-Hohlleiter-Rohr-Systeme (MHRs) für Räume, Büros oder auch Häuser in unterschiedlichen Größen und Preisklassen an. So kostet ein nur 265 mm langes und 55m dickes Gerät für bis zu 60 qm Wohnfläche ca. 465 Euro, während die große Variante für Haus, Wohn- oder Bürogebäude mit 350 mm Länge und 55 mm Durchmesser etwa 730 Euro kostet (Stand 06.07.2020).

6. Strahlungsarme Steckdosenleisten: Nach Anschaffung eines Messgerätes oder einer entsprechenden fachkundigen Beratung werden Sie schnell feststellen, dass Ihre Geräte im Bürobereich (Telefon, Drucker, Scanner) oder der Steckleistenbereich je nach Fabrikat oder Alter mehr oder weniger starken Elektrosmog abstrahlen. Die normale Steckdosenleiste könnte gegen eine etwas teurere strahlungsarme Variante ausgetauscht und der komplette Bereich mit einem von Florian König entwickeltem Mehrkammer-Hohlleiter-Rohr-Systeme abgeschirmt werden.

7. Telefone mit Piezo-Technik und andere strahlungsarme Telefone: Die technologische Innovation bietet im Bereich der Telefonie eine Vielzahl von Möglichkeiten, um Strahlung zu vermeiden. Umweltbiologen und Fachleute befürworten hier schnurgebundene Telefone. Die mit Elektronik vollgepackten Geräte strahlen mehr, daher sollte beim Umbau Wert auf möglichst große Einfachheit gelegt werden. So sind altmodische schnurgebundene Telefone mit Wählscheibe angeblich strahlungsfrei. Auch gibt es auf dem Markt bereits seit langem strahlungsarme, frei erhältliche, schnurgebundene Telefone mit extra umgerüsteter, strahlungsarmer Piezo-Technik. Ein Anbieter schreibt:

> *„Handelsübliche schnurgebundene Telefonapparate werden generell mit dynamischen Hörkapseln ausgestattet. Diese Hörkapseln werden durch sehr gute akustische Eigenschaften charakterisiert. Durch den inneren Aufbau bedingt, erzeugen diese Wandler starke magnetische Felder im niederfrequenten Bereich von einigen hundert nT bis zu einigen tausend nT (nano-Tesla) und sind damit definitiv nicht strahlungsfrei wie leider an manchen Stellen fälschlicherweise behauptet wird. Die hier angebotenen individuell von uns hergestellten Piezotelefone bilden hier jedoch eine Ausnahme. Sie entwickeln aufgrund ihrer Konstruktion kein niederfrequentes Magnetfeld!“*[220]

Der Piezo-Effekt ist bereits 1880 (!) von den Brüdern Jacques und Pierre Curie entdeckt worden. Bei Experimenten mit Turmalin-Kristallen fanden sie heraus, dass bei mechanischer Verformung auf der Oberfläche der Kristalle elektrische Ladungen entstehen, die heute meist als PZT-Keramiken (Blei-Zirkonat-Titanat) ihre Anwendung finden. Erste Anwendungen waren aber auch piezoelektrische Ultraschallwandler und Schwingquarze zur Frequenzstabilisierung. 1950 gelang Walter P. Kistler durch die Patenterteilung auf einen Ladungsverstärker der Piezo-Technik der

Durchbruch in der industriellen Anwendung. Die Kistler Holding AG mit Sitz in Winterthur/Schweiz ist heute ein international agierender auf Messtechnik spezialisierter Konzern mit über 2.200 Mitarbeitern an 61 Standorten in über 30 Ländern, der 2019 einen Gewinn von 466 Millionen Schweizer Franken erwirtschafte. Aber das nur am Rande, wie aus einer einfachen Idee etwas Großes werden kann.

8. Telefone mit Schallleitung und Luftschläuchen: Während die Piezo-Technik einen magnetfeldfreien Hörer bietet und die Strahlung dadurch auf ein Minimum reduziert wird, bietet ein Telefon mit Schallleitung durch zwei dünne, einen Meter lange Luftschläuche völlige Feldfreiheit, worüber die Bürgerwelle e. V. auf ihrem Flyer „DECT-Telefonstrahlung schädigt die Gesundheit" berichtet und diesen auch bewirbt. Bezugsquellen dieser Telefonsysteme bieten die verschiedenen Büros des Vereins „Bürgerwelle e.V. in Deutschland, der Schweiz oder Italien.

9. Glasfaserkabel: Der von Politik und Wirtschaft angestrebte 5G-Netzausbau und das Aufpeppen der Leistungsstärken macht aber auch die Nutzung einer kabelgebundenen Hochleistungstechnologie möglich: das Glasfaserkabel. Sie werden beispielsweise von elektrosensiblen Menschen wie dem Mobilfunkgegner Ulrich Weiner empfohlen. Dieser wartete – wir erinnern uns – als Techniker früher Mobilfunkmasten, wurde davon jedoch krank und lebt heute auf der Flucht vor der Technik im Wald.[221] Um zu geringe Leistungsstärken müssten wir uns dabei keine Gedanken machen.

> *„Glasfaser ist leistungsstark und zukunftsfähig. Die Datenübertragung erreicht Geschwindigkeiten im Gigabit-Bereich (bis zu 1000 Megabit pro Sekunde (Mbit/s)."*[222]

In diesem Vergleich der Leistungsstärken (vom 31.12.2019) zwischen VDSL, LTE und Glasfaserkabel, gewann – auch mit Blick auf gigantische Datenmengen für die Zukunft – klar das Glasfaserkabel. Verbunden mit einer auf von Florian König vorgeschlagenen Umrüstung auf seine Sferics-Technologie (anstatt Technics-Mikrowellentechnologie) stünde so einer umweltverträglichen Industrie 4.0 nichts im Wege.

10. Alternativen zur Mikrowelle: Durch Dr. Mercolas Buch „EMF" stieß ich auf eine Alternative zur häuslichen Mikrowelle. Diese Geräte strahlen demnach so stark, dass er unbedingt empfiehlt, sie loszuwerden. Denn es dürfte Ihnen – laut seiner Ausführungen – kaum gelingen, einen unbedenklichen Sicherheitsabstand von mindestens 60 Metern einzuhalten, wobei wir die offiziellen „Unbedenklichkeits-Richtlinien" vergessen sollen. Der Autor weist hier auf eine strahlungsärmere Alternative hin und empfiehlt, die Mikrowelle lieber durch einen Kompakt-Konvektionsofen zu ersetzen, der unser Essen genauso schnell, aber eben wesentlich gefahrloser erwärmen. Diese Öfen arbeiten sehr energiesparend und kostensparend mit heißer Luft, statt hoch gepulsten Mikrowellen und bieten viele Vorteile.

> *„In kleinen Haushalten, beim Camping oder bei StudentInnen mangelt es oft an einem vollwertigen Backofen. Abhilfe schaffen kann ein kompakter Konvektionsofen. Die Geräte sind extrem multifunktional und überzeugen durch die kinderleichte Bedienung und Reinigung ebenso wie die platzsparende Aufbewahrung. Natürlich können sich auch die gesunden und schmackhaften Ergebnisse sehen lassen!"*[223]

Kompakt-Konvektionsöfen liegen dabei preislich auf der Höhe von Mikrowellenherden oder sind sogar noch günstiger.

Fazit

Es gibt also eine ganze Reihe von Möglichkeiten und Technologien, die weniger oder gar nicht strahlen.

Die einfachsten Varianten scheinen auch die besten Lösungen zu bieten.

Es gibt sowohl strahlungsarme als auch strahlungsstarke Technologien.

Wenn wir uns auf Sferics statt Technics einlassen und sowohl Politik, Wirtschaft, Militär und der einfache Bürger als „Endverbraucher" und Nutzer hier einen Wandel vollziehen würden, müssten wir keine Angst haben und in der Höhle leben. Wir könnten womöglich sogar ebenso schnell surfen und gigantische Datenmengen übertragen, wie wir sie durch konventionellen Mobilfunk mit zahllosen Sendemasten erreichen wollen, um noch „fortschrittlich und konkurrenzfähig" zu sein, wie es in der politischen Argumentation oft heißt.

Interessant wäre über alle Maßen in diesem Zusammenhang, ob sich nicht ökologische gesinnte Kommunen, Gemeinden, Dörfer, Städte oder vielleicht sogar Staaten finden würden, die – wie bereits zuvor angesprochen – statt 5G und Technics lieber auf superschnelles Glasfaser und Sferics als ökologisch vertretbare Mobilfunkalternative setzen würden und damit für uns alle – physisch greifbar – ökologischen wie ökonomischen Fortschritt und zukunftsweisende Innovation repräsentieren könnten.

Dann könnte niemand mehr sagen: „Es geht nicht, weil ..." Ein großer Teil der Bevölkerung fühlt sich vom konventionellen Mobilfunk und insbesondere von 5G gesundheitlich „bedroht". Und eine ganze „Mobilfunkabschirmindustrie“ macht bereits sehr gute Umsätze mit der Abschirmung schädlicher Mikrowellen. Daher wäre vielleicht sogar ein recht großer Teil der Bevölkerung bereit, die Mittel für 5G lieber in den Auf- oder Ausbau der alternativen Sferics zu investieren. Und wenn Politik und Wirtschaft die nichtthermischen Wirkungen in ihre einseitige Argumentation miteinbeziehen würden, wäre hier nicht nur eine staatlich und wirtschaftlich finanzielle Unterstützung, sondern wie bei der geplanten Energiewende, auch eine strahlungsarme Technologiewende möglich. Da viele Nutzer Interesse daran hätten, wären auch die Umsätze der Sferics-Technologieanbieter sicher in einer Höhe, die sich rechnen würde. Über die Medienlandschaft, die heute ziemlich einheitlich für 5G wirbt, könnte man dann auch mit demselben politischen Nachdruck für die Sferics-Technologie werben. All das wäre laut Florian König, der diese Technologie erforscht und vermarktet, bereits technisch umsetzbar.

Was wollen wir also künftig haben: Sferics oder Technics? Wenn der Öffentlichkeit der Unterschied in der Wirkung bewusst wäre, würden Umfragen hier sicher ein klares Bild zeichnen, was sich der Mensch, der gern superschnell surft, dann aussuchen würde, wenn er im Ladengeschäft zwischen beiden Alternativen wählen dürfte.

Kapitel 13

Das globale Erwachen der Menschheit: Könnte Mobilfunk bald überflüssig werden?

> *„Gott schläft im Stein, träumt in der Pflanze, erwacht im Tier und handelt im Menschen*
> (Indianische Weisheit)“[224]
>
> *„Wir müssen aus dem Schlafe erwachen und unsere Verantwortung sehen“*
> (Albert Schweitzer 1875-1965)

Bisher haben wir uns vor allem mit Mobilfunk, Mikrowellentechnologie, 5G, Digitalisierung, künstlicher Intelligenz und (inter)nationalen, politischen, militärischen oder gar galaktischen Plänen rund um die Entwicklung, Einführung und den Ausbau von teilweise utopischen, technischen Möglichkeiten und deren Auswirkungen auf die Gesellschaft, Umwelt und die Menschen beschäftigt.

Parallel dazu laufen jedoch andere, tiefgreifende Veränderungen ab, die ein neues Zeitalter einläuten und die Technologie, wie wir sie heute lieben und fürchten, überflüssig machen könnten.

Angesichts von Klimawandel und Bedrohung durch Überbevölkerung, Nahrungsknappheit, Rohstoffengpässen oder sogar Kriegen und Flüchtlingsströmen, durch das Steigen der Meeresspiegel oder auch dem hitzigen Kampf rund um die neue 5G-Mikrowellentechnologie ist der Aufbruch von Teilen der Wissenschaft und Bevölkerung in eine völlig andere Richtung besonders interessant. Daher begann ich mich zu fragen, was hier los ist und ging dem visionären Denken eines von der öffentlichen Diskussion etwas vergessenen Themas und einer – wie ich bald sehen sollte – ständig wachsenden geistig-spirituellen Gegenbewegung auf den Grund. Dabei stieß ich auf eine ganze Reihe von beachtlichen Entwicklungen, die fundamental für uns und unsere Evolution, neben der immer mehr kommenden Technik, von Bedeutung sein können.

Die folgenden Informationen sind als Einstieg in ein komplexes Thema gedacht, dem ich mich in einem anderen Werk noch einmal ausführlicher widmen möchte (siehe Bücherliste im Anhang).

Evolutionssprünge

Ein einfaches Beispiel für einen plötzlichen, revolutionären Evolutionssprung wäre es zum Beispiel, wenn wir an einem Tag X – sagen wir nächste Woche Dienstag um 13:33 Uhr Ortszeit – die Möglichkeit, mit Lichtgeschwindigkeit zu reisen, entdecken würden.

Das würde alles über den Haufen werfen, was wir heute glauben oder wissen. Denn mit Lichtgeschwindigkeit würden viele Phänomene, die wir heute für Spinnerei halten, plötzlich greifbar werden. Auch würde diese Möglichkeit das ganze Konzept der Weltraumforschung – wie es im Kapitel 7 über die galaktischen Pläne der Mobilfunkbranche beschrieben wurde – fundamental verändern. Wir könnten uns den langen Weg erst zum Mond und dann zum Mars sparen und die riesigen Entfernungen des Weltalls völlig anders bewältigen als mit schweren Raketen, teuren, gefährlichen und kostbaren Raketentreibstoffen oder Mikrowellenantrieben. Lichtjahre entfernte Planetensysteme wären dann nur noch eine symbolische „Autostunde" entfernt. Das wiederum würde die Lehrpläne und Inhalte an den Schulen und die dort gelehrten Theorien, wie zum Beispiel, dass wir eben nicht in Lichtgeschwindigkeit reisen können, kippen. Dies wiederum würde die Gesellschaft komplett verändern und ein Zeitalter des erweiterten Denkens schaffen.

In der Tat wird in diesen Bereichen bereits seit langem geforscht und es wurde auch schon vor Einstein (und erst recht danach) einige inspirierende Thesen aufgestellt, wie wir es bewerkstelligen könnten, so superschnell wie das Licht zu sein. Ich empfehle hier die BBC-Dokumentation „Zeitreisen – Traum oder Wirklichkeit". Auch über die Ideen des mexikanischen Physikers Miguel Alcubierre wird heute heiß diskutiert. Dieser hat zumindest theoretisch einen Schlupfwinkel in den allgemein anerkannten wissenschaftlichen Theorien gefunden, wie Reisen mit Lichtgeschwindigkeit vielleicht doch möglich sein könnten. Aus seinem Blickwinkel bräuchte man nur genügend negative Energie zu erzeugen und um ein Raumschiff zu legen. Diese negative Energie hat man bereits im Zusammenhang mit dem quantenphysikalischen Casimir-Effekt beobachtet:

> *„Man müsste eine Art Raum-Blase um ein Raumschiff herum erzeugen. Vor dieser Blase, also in Flugrichtung, wird der Raum dann so verkrümmt (im Englischen sagt man dazu „warping"), dass er sich zusammenzieht. Hinter der Raum-Blase, die auch Warpblase genannt*

wird, dehnt sich der Raum stark aus. So zieht und schiebt der Raum selbst die Blase durchs All. Das Raumschiff im Inneren rührt sich nicht vom Fleck, reist aber mit der Warpblase mit. Und das sogar schneller als Licht. Wenn der Raum vor der Blase wieder „entkrümmt" wird, taucht das Raumschiff an einem anderen Ort im Universum wieder auf. Der Alcubierre-Antrieb entspricht damit in etwa dem Warp-Antrieb aus Star Trek."[625]

Dr. Paul A. La Violette, ein Physiker und Systemwissenschaftler, der sich seit Jahren intensiv mit Experimenten und Forschungen zu Antigravitationsantrieben beschäftigt hat, ist überzeugt, dass es solche Möglichkeiten gibt und diese seit Nikola Tesla und Thomas Tounsend Brown (1905-1985), einem amerikanischen Physiker und Erfinder, vom US-Militär schon erforscht werden:

„Stellen Sie sich ein Raumschiff vor, das das Gravitationsfeld, von dem es umgeben ist, verändert und künstlich einen Gravitationsschacht erzeugt, der sich direkt vor dem Bug des Raumschiffes befindet und Masse anzieht. Die Anziehungskraft des Gravitationsschachts würde das Raumschiff nach vorne ziehen, so als ob sich ein sehr massiver Körper von der Größe eines Planeten vor ihm befände. Das Raumschiff würde sozusagen vorwärts „fallen" und damit seinen selbst erzeugten Gravitationsschacht mit sich führen. Der Gravitationsschacht würde das Raumschiff ständig nach vorn ziehen, während er selbst ständig vor dem Raumschiff bleibt. Dadurch würde das Raumschiff fast Lichtgeschwindigkeit erreichen oder sie vielleicht sogar überschreiten, wobei keinerlei Energie erzeugt

werden müsste, außer die, welche erforderlich ist, um den Gravitationsschacht zu erzeugen."[226]

Die Entdeckung von Leben im All

Das Reisen mit Lichtgeschwindigkeit würde also einiges in unserer heutigen Welt verändern. Doch das ist nicht das Einzige, was in naher Zukunft kommen und die Welt schon morgen in eine völlig andere verwandeln könnte: Wenn wir bei unserem Streben, den Weltraum unter uns rohstoff-hungrigen Erdlingen aufzuteilen und Fähnchen auf Mond, Mars und Jupiter aufzustellen, plötzlich entdeckten, dass es woanders viel weiter entwickeltes Leben gibt und unsere Hoheitsgebiete bereits von Anderen beansprucht werden, hätten wir ein ganz neues Problem. Ganz zu schweigen von dem Schock, da einige unter uns ja immer noch beharrlich glauben, die einzige intelligente Lebensform im All zu sein.

Aber mit außerirdischem Leben käme schon morgen ein kollektives Umdenken auf uns zu, von einem „wir Amerikaner, wir Russen, wir Chinesen, wir Araber, wir Deutschen usw." hin zu „wir Erdenbürger" und „die Anderen/Aliens". Plötzlich würden Ländergrenzen und nationale Interessen, die heute noch wichtig sind, komplett überflüssig. Ja, selbst der Ausbau von 5G, der heute noch so heftig und kontrovers diskutiert wird, spielte in diesem Moment wohl keine tragende Rolle mehr. Etwas anderes würde plötzlich unsere volle Aufmerksamkeit erhalten.

Dass etwas derartiges geschieht ist nicht so abwegig. Wir leben in einer sich ständig beschleunigenden Zeit und dringen immer mehr in neue, nicht erforschte Gebiete vor. Einige Wissenschaftler rechnen damit, dass wir bis zum Jahr 2100 Leben auf anderen Planeten entdecken werden. Und scheuen sich auch nicht, das öffentlich bekannt zu geben:

> *„Wir werden bis dahin Leben außerhalb der Erde gefunden haben, wahrscheinlich eher in unserem Sonnensystem als in einem anderen. Am ehesten wohl auf Enceladus.“*[227]

Denken Sie an die vielen sensationellen Entdeckungen der letzten Jahre, von Planeten, die womöglich Wasser haben oder in der habitablen Zone mit dem richtigen Abstand zur Sonne liegen, um Leben, wie wir es kennen, hervorzubringen. Auch diese Wahrscheinlichkeit ist mit dem Aufbruch ins All in greifbare Nähe gerückt.

Teleportation

Die Quantenphysik bricht auf ihrer Suche nach den Möglichkeiten von Morgen ebenfalls immer mehr in unfassbare Bereiche auf und macht Dinge möglich, die wir uns heute vielleicht noch nicht vorstellen können, die aber morgen schon existieren könnten. Eine davon wäre, größere Distanzen durch Teleportation zu überbrücken. 2019 gelang es einem Team aus chinesischen und österreichischen Wissenschaftlern erstmals, die Teleportation von dreidimensionalen Quantenzuständen zu bewerkstelligen; ein Durchbruch in Richtung Quantencomputer und ungeahnter neuer technologischer Möglichkeiten. Was würde geschehen, wenn wir in naher Zukunft nicht mehr über Mobilfunknetze telefonieren, sondern stattdessen sekundenschnell teleportieren oder sogar Telepathie oder ähnliche heute noch als übernatürliche Phänomene bekannte „Dinge“ erleben?

Wir könnten einen Freund telepathisch „anfunken“, statt ein Mikrowellen abgebendes Handy via die Landschaft verunstaltenden Funkmast oder Satellit zu benutzen, statt einer E-Mail über das dann veraltete WLAN oder Mobilfunk- oder Glasfasernetz erst umständlich einzutippen und zu verschicken. Damit würden wir dann Brücken zu spirituellen Ebenen und Räumen bauen, auch wenn das unsere heute noch sehr „materiell orientierten" Wissenschaftler vielleicht gar nicht wollen.

Diese Realität könnte anhand neuer Erkenntnisse und latent in uns ruhenden heute besser erforschten Möglichkeiten vielleicht bald Wirklichkeit werden.

Bewusstseinsveränderung durch Weltraumreisen

Doch bevor wir uns über Telepathie und andere Potentiale Gedanken machen, schauen wir einmal, was es neben dem technologischen und wirtschaftlichen „Fortschritt" für uns „kleine" Menschen bedeutet, wenn wir das All betreten: Weltraumreisende berichten seit langem über eine bewusstseinserweiternde Erfahrung, wenn sie sich im Weltraum befinden und zur Erde schauen. Ein unbeschreibliches Gefühl von Einheit und Grenzenlosigkeit und auch Liebe zur Schöpfung überwältige sie dann oft.

Ja, das Erlebnis wird sogar als heilige, fast schon religiöse Erfahrung geschildert.

Was wird wohl passieren, wenn wir erst mit Weltraumtourismus beginnen oder Weltraumlifte bauen, wie sie die beiden Astrophysiker Zephyr Penoyre und Emily Sandsonvon von den Universitäten in Cambridge und Columbia mittels eines 322.000 Kilometer langen, extrem starken und reißfesten Kabels durchdacht haben? Ähnliches beschreibt auch Michio Kaku in einer Vielzahl seiner Bücher – wie im letzten „Abschied von der Erde – Die Zukunft der Menschheit". Damit könnten anfangs noch einzelne, dann später hunderte und eines Tages plötzlich tausende oder Millionen Menschen diese fast schon „spirituelle Erfahrung" machen und damit innerlich verändert – wie man es auch aus der Wüste kennt – zur Erde zurückkehren. Welchen Einfluss hätte eine sich so innerlich verändernde Menschheit auf die gesamte Zivilisation? Würden wir immer noch Kriege führen mit dieser größeren Einheit durch den Blick aus dem Kosmos auf die Erde im Herzen? Oder Tierversuche an Ratten und Mäusen dulden? Raubbau an der Natur zulassen oder Menschen verhungern lassen, während wir so viel produzieren, dass es für jeden Erdenbürger für drei Mahlzeiten am Tag reichen würde? Ich sehe hier eine Veränderung kommen, die mit mir schon geschah und die mit anderen gerade geschieht, ohne dass wir in den Weltraum gereist wären. Und diese Veränderung beginnt nun auch die Wissenschaft zu erfassen.

Das spirituelle Erwachen der Wissenschaft

In der Tat geschieht gerade etwas sehr Bemerkenswertes mit der Wissenschaft. Denn diese wird immer spiritueller. Das ist ein Trend, der sich noch verstärken und fortsetzen wird. Ausgelöst wurde er durch verschiedene Entwicklungen in verschiedenen Bereichen, zum Beispiel in der Quantenphysik durch die Entdeckung unbekannter Dimensionen und paralleler Räume und Möglichkeiten.

Dadurch beginnen sich Forscher und Entwickler ebenfalls geistig weiterzuentwickeln und vermehrt zu fragen, ob es nicht doch so etwas wie eine Seele oder vielleicht sogar einen Gott oder intelligente Schöpferkraft und ein Leben nach dem Leben geben könne. Oder, wie wir uns diese unsichtbaren Dimensionen vorstellen oder vielleicht in diese oder zu diesen für uns nicht greifbaren Orte reisen könnten. Ich empfehle hier das Buch „Die Physik der unsichtbaren Dimensionen – eine Reise durch Zeittunnel und Paralleluniversen“ von Michio Kaku.

Diesen Anfängen folgt eine immer größere Bereitschaft, unglaubliche Gedanken zu denken und diese auch öffentlich zu äußern. Dazu gehören Gedanken an eine alles durchdringende

Kraft oder Intelligenz – was die Religionen Gott nennen – und die Vorstellung, dieses unsichtbare „Etwas" zu „umarmen":

> *„Der Astrophysiker Günther Hasinger, Direktor am Max-Planck-Institut für extraterrestrische Physik in Garching, bringt ein anderes Gottesbild ins Spiel. „Es könnte ein alles durchdringendes Energiefeld geben, das auch da wäre, wenn sonst nichts existierte", so Hasinger. Als Beispiel nennt er die mysteriöse, unerforschte dunkle Energie, die das Universum beschleunigt expandieren lässt. Damit knüpft er an die Ideen von Pantheisten, wie dem niederländischen Philosophen Baruch Spinoza an, die glauben, „das Göttliche" manifestiere sich in allen Erscheinungen der Welt, somit sei das Universum gleichbedeutend mit Gott."*[228]

Diese Tendenz findet sich auch in anderen Wissenschaftsbereichen als der Physik, wie bei dem seinerzeit um zwanzig Jahre vorausdenkenden Zellbiologen Bruce Lipton, und in zahlreichen Publikationen, die vor einiger Zeit noch sehr kritisch betrachtet worden wären, wie „Der Gottesbeweis" (Deepak Chopra), „Das elegante Universum" (Brian Greene), „Warum Gott nicht würfelt" und „Die verborgene Intelligenz im Universum" (Bernard Haisch), „One Mind – Alles ist mit Allem verbunden" (Larry Dossey), „Viva Vortex – Alles lebt" (Gabi Müller) und eben dem Buch von Bruce Lipton „Intelligente Zellen".

Das bevorstehende Erwachen der Menschheit

Da wir in einer von der Wissenschaft sehr stark geprägten Welt leben und uns in der öffentlichen Diskussion auf wissenschaftliche Fakten stützen, ist diese Entwicklung umso bedeutender.

Wie bei der Diskussion um den 5G-Mobilfunkstandard stehen sich die Befürworter und Gegner eines Versuchs – Spiritualität und Wissenschaft wieder zu vereinen – unversöhnlich gegenüber. Und unbeeindruckt davon schreitet die Wissenschaft ständig weiter voran.

Zu der Einsicht, dass der Menschheit ein großes spirituelles Erwachen bevorsteht, kommen also nicht nur einfache Menschen wie ich durch meine zwei Jahrzehnte persönliche Auseinandersetzung mit der Thematik, sondern auch namhafte und international hoch geschätzte Wissenschaftler, wie der Biophysiker und mehrfache Patentinhaber Dieter Broers, der für seine hervorragenden Leistungen in das „International Council for Scientific Development" (ICSD) – dem auch 100 Nobelpreisträger angehören – berufen wurde.[229]

Die vermehrte Sonnenaktivität und ein stärkerer Einfluss der davon ausgehenden Energieschübe könnten neben der bereits stattfindenden Suche nach Antworten auf unsere Menschheitsprobleme eine wichtige Rolle spielen. So ist längst bekannt, dass bei Sonneneruptionen oder sogenannten „koronalen Masseauswürfen", manche Menschen „verrückt" spielen. Versicherungen kennen Panikverkäufe an den Börsen, die Suizidgefahr wird angeblich ebenfalls größer und andere seltsame Verhaltensweisen in der Natur oder bei Tier und Mensch sind ebenfalls bekannt. Russische Wissenschaftler fanden zum Beispiel im Jahr 2008 heraus, dass die Sonne auch für ein vermehrtes Herzinfarktrisiko verantwortlich sein kann:

> *„Bei solch einem Massenauswurf werden von der Sonne um die 10 Milliarden Tonnen Materie abgestoßen. Diese Materie erreicht Geschwindigkeiten von 3 bis 4 Millionen Kilometern pro Stunde und ist damit mehr als doppelt so schnell wie der normale Sonnenwind. Wegen*

dieses Geschwindigkeitsunterschieds erzeugt der Massenauswurf im Sonnenwind Schockfronten ähnlich wie bei einem Flugzeug, das die Schallgeschwindigkeit überschreitet. War die Eruption zur Erde hin gerichtet, dann trifft diese Schockfront auf das Magnetfeld der Erde und schüttelt es kräftig durch, ein Magnetsturm entsteht mit mannigfachen Konsequenzen. Neben den bereits geschilderten gehört dazu auch die Entstehung von elektromagnetischen Wellen, unter anderem die der Pc1-Pulse, die auf der Herzschlagfrequenz „senden“.“[230]

Laut Broers, der die Wechselwirkung zwischen Sonne, Verhalten und Bewusstsein jahrzehntelang sehr intensiv und tiefgründig untersuchte, kommt es jedoch nicht nur durch koronale Masseauswürfe zu negativen Auswirkungen, wie einem möglichen Totalausfall der auf Elektronik, Funk und Satellitentechnik basierenden Infrastruktur. Dieses Phänomen kann und wird auch eine große spirituelle Entwicklung auslösen, größere mentale Klarheit erzeugen und damit einhergehend ein spirituelles Erwachen der Menschheit hervorrufen.

Dieses könnten wir dann für positive Entwicklungen nutzen. Wir würden dann sogar Dinge mit unseren Augen erkennen, die wir heute noch nicht sehen oder wahrnehmen können. Dinge wie Hellsichtigkeit, Fernwahrnehmung oder Telepathie, über die spirituell orientierte Menschen seit langem berichten.

Auch die Astrophysikerin Giuliana Conforto sieht diesen Weg neben vielen anderen Wissenschaftlern für die Menschheit insgesamt im Kommen und spricht in ihrer Schau ebenfalls bereits von einem globalen Erwachen der Menschheit. In einem Kommentar auf der Rückseite zu Conforto‘s Buch „Das Sonnenkind – von der Geburt der inneren Sonne“ schreibt Broers dazu begeistert:

„Von allen Büchern, die ich in den letzten Jahren intensiv gelesen habe, zählt es nun zu meinen wertvollsten Schätzen. Der Hauptgrund hierfür ist für mich die einzigartige, umfassende und kompetente Aufklärung zum Thema „Erwachen der Menschheit“. Giuliana Conforto ist es gelungen, eine ganzheitliche Erklärung des Weltenwandels zu erstellen, mit ihrer ganzen Kompetenz als Astrophysikerin und – was sie ganz besonders auszeichnet – mit einem hohen Maß an Intuition.“[231]

Die Sonne und ihr Einfluss auf genetische Veränderungen

Es gibt hierbei noch weitere, für uns und unsere Evolution bedeutende Entwicklungen. Denn die Sonne hat einen tieferen Einfluss auf unser Leben, als wir es vielleicht glauben oder wahrhaben wollen. In der Natur lässt sie nämlich nicht nur die Pflanzen gedeihen, sondern vom Sonnenvitamin D ist inzwischen auch bekannt, dass es wie ein „Wundervitamin für unsere Zellen“ wirkt. Die Sonne kommuniziert mittels Lichtfrequenzen oder Impulsen zwischen unendlichen Lebensformen. Seit Jahrmillionen hat sich hier der menschliche Körper, wie auch die Natur insgesamt an diese natürlichen Impulse oder Energieschübe der Sonne angepasst.

Doch wenn die Sonne in Expansionszyklen tritt, wie sie Dieter Broers jetzt vorhersieht, und verstärkte Energieschübe auf die Erde und damit auf das Leben hier treffen, kann das zu spontanen genetischen Mutationen führen, zu Veränderungen in den Genen, die in der Fachwelt physikalische Mutagene genannt werden.

„**Ionisierende Strahlen** *wie UV-Strahlen, Röntgenstrahlen oder Strahlung aus dem radioaktiven Zerfall von Atomkernen radioaktiver Nuklide wie γ- und β-Strahlung* *führen auf physikalischem Weg durch Veränderungen an Nucleotidbausteinen der DNA zu Mutationen.“*[232]

Diese Veränderungen setzen jedoch auch wiederum Hormone in unserem Körper frei, die unser Bewusstsein erweitern oder verändern können, so dass dadurch eine erweiterte Wahrnehmung in Gang gesetzt wird. Diese erweiterte Wahrnehmung steht im Gegensatz zu der bei Drogenkonsum, die im eigentlichen Sinne nicht erweitert, sondern verzerrt, da die Chemikalien der Drogen unsere bewusste Wahrnehmung schädigen.

Mit großen, die gesamte Erde treffenden Sonnenplasmastürmen können also spontane Veränderungen auf der Erde einhergehen. Ich empfehle zur Vertiefung die wissenschaftliche Dokumentation „Revolution – 2012. Die Menschheit vor einem Evolutionssprung“ von Dieter Broers oder entsprechende Literatur zu lesen.

Das Thema ist jedoch insofern interessant, da manche „geerdeten“ Wissenschaftler hier bereits wohl Erfahrungen gemacht haben: So zum Beispiel die Physikerin Gabi Müller, die durch ihre Erkenntnisse und anhand neuer Entwicklungen in ihrem Werk „Viva Vortex: Alles lebt – Quanten sind Wirbel sind verschachtelte Rückkoppelungen“ eine weitreichende Synthese wagt, Geist und Energiewirbel mit materieller Weltsicht und historischen Belegen längst vergangener Zeiten durch sieben Dimensionen hindurch zu verbinden. Dabei spricht sie auch kurz über die Veränderung ihrer Weltsicht durch den Kontakt zu spirituellen Erfahrungen, etwas, das laut Broers und anderen Forschern der ganzen Welt unmittelbar bevorstehen soll:

„Hat man denn nie Menschen getestet, die das alles 1:1 vorführen können? Sie können es immer wieder, ohne Fehlschlag, ohne Unschärfe, solange sie Lust haben. Mir ist so einer begegnet, im Jahr 1992. Er hat es mir

und den Patienten fast täglich vorgeführt: Telepathie (Empfangen und Senden), Telekinese (das Zerbrechen eines Streichholzes in 3 Meter Entfernung), Aurasehen usw. In seiner Anwesenheit konnte ich selbst die Aura anderer Menschen erkennen. So verlor ich den Glauben an alles, was mir bis dato lieb und teuer war: Fachwissen, Verstand, Logik, auf nichts war mehr Verlass."[233]

Was, wenn Dieter Broers und andere Forscher auf diesem Gebiet recht behalten und Gabi Müller nicht die einzige auf unserem Planeten bleibt, der solche Erfahrungen bevorstehen? Was, wenn es bald auf uns alle zukommt und dann unser Leben fundamental verändern wird? Und was wird eine erwachende Menschheit, die vielleicht eines Tages Telepathie beherrscht, dann mit all den hunderttausenden Mobilfunkmasten-Wäldern und superteuren Mobilfunksatelliten und den Plänen für den Mobilfunkausbau im Weltall machen? Was werden die Konzerne und Technologieunternehmen machen, die ja Milliarden investiert haben? Was die Politik, die heute gemeinsam mit Teilen der Wissenschaft das letzte Funkloch auf der Erde per Gesetz so bald als möglich schließen will? Was, wenn recht bald dafür keine Notwendigkeit mehr besteht, da wir eines nahenden Tages – sagen wir in 20, 30 bis 40 Jahren – andere Kommunikationswege benutzen?

Hyperkommunikation – die Basis der Natur

Forschungen in vielen weiteren Bereichen lassen uns ebenfalls bereits in einem größeren Rahmen denken, als es bisher wegen mangelhafter Bildung noch gegeben ist. Sogar Nobelpreisträger bemängeln das, da der aktuelle Stand der Wissenschaft die momentanen Lehrstoffe in den Schulen weit überholt hat. Es gibt genügend Studien, die darauf hindeuten, dass ungeahnte Potentiale in uns ruhen, für die nur der Wille, sie zu heben und freizusetzen und keine moderne Mikrochipindustrie benötigt würde. Dies könnte die Mittel freisetzen, den Planeten auf eine Stufe I oder Stufe II-Zivilisation zu katapultieren.

Mann schwebt in Yoga-Position
(Quelle: www.depositphotos.com)

Genetiker, Zellbiologen oder Bewusstseinsforscher sind ebenfalls auf einer seltsamen Reise, spirituelle und ungeahnte Potentiale in uns Menschen zu entdecken, neben der hoch moderne Roboter wie Spielzeuge erscheinen.

So haben Forscher bei Termitenstaaten festgestellt, dass die Tiere ihre Arbeit fortführen, wenn man die Königin aus dem Bau nimmt, aber sofort alle Arbeiten einstellen, wenn man diese tötet. Die Wissenschaft nennt das Hyperkommunikation.

Russische Wissenschaftler um Sergej Garajew untersuchen in diesem Zusammenhang bereits seit der Jahrtausendwende die 90% unserer DNS, die von den Wissenschaftskollegen damals noch als Datenmüll (Junk-DNS) bezeichnet wurden, da sie sie nicht zuordnen konnten. Doch Garajew konnte sich nicht vorstellen, dass die Natur „Müll" produziert und begann nachzuforschen. Er fand heraus, dass in diesen Bereichen wohl genau die phänomenalen Fähigkeiten liegen, deren Kommen Broers und andere Wissenschaftler vorhersehen.

Diese 90% konnten im Verlauf der Untersuchungen durch Klang oder Lichtbestrahlung gezielt aktiviert werden. Dadurch wies Garajew nach, dass die Zellen und Gene auf Klangmuster der Sprache und Gedanken „hören", und diese Gedanken dann das, was wir Realität nennen, formen. Unsere Gedanken, Worte, aber auch geistigen Einstellungen formen also unsere Lebensumstände. Sie können uns demnach gesund halten oder krank machen und den Körper früher altern lassen.

Hier kommen jetzt auch neue Erkenntnisse in der Altersforschung hinzu, wofür Prof. Dr. Elisabeth Blackburn den Nobelpreis für ihre Forschungen zur Entschlüsselung des Alterns erhielt. In ihrem Werk „Die Entschlüsselung des Alterns – Der Telomer-Effekt" weist Blackburn darauf hin, dass Gedanken unseren Körper positiv wie negativ beeinflussen und das Leben, wie auch die Telomere, die für das Altern mit verantwortlich sind, dadurch verlängert oder verkürzt werden können:

> *„Sie können sofort damit beginnen, Ihre Telomere und Ihre Zellen zu regenerieren. So kam bei einer Studie heraus, dass Menschen, die sich auf das konzentrieren, was sie gerade tun, längere Telomere haben als Menschen, die in Gedanken ständig abschweifen. Andere Studien fanden heraus, dass der Besuch eines Kurses, in dem die Achtsamkeit geschult oder Meditationstechniken vermittelt werden, tendenziell die Telomer-Reparaturmechanismen verbessert."*[234]

Wenn man den Gedanken weiterdenkt, verkürzen Menschen ihre Telomere, die pausenlos in ihr Smartphone schauen oder vor dem Computer sitzen und immerzu von virtuellen Zwängen oder Ablenkungen bedrängt werden. Sie können dann auch keine Fähigkeiten wie Telepathie oder Hellsichtigkeit entwickeln, sondern meist nur jene, die für ein gesellschaftliches Leben akzeptabel sind. Doch weltweit brechen, wie wir bereits sahen, immer mehr Menschen aus und beginnen wieder, sich Zeit für Stille und Selbstbezug fernab der neuesten Wetterapp zu nehmen. Durch geistigen Fokus, Meditation oder ein tiefenentspanntes Leben entwickeln sie dann einen klaren Geisteszustand in der Stille. Das ist etwas, das ich selbst in der Zeit als Aussteiger erlebte. Diese Hyperkommunikation oder auch gottgleichen Fähigkeiten, wie sie Garajew in seinen Forschungen zu den als „Müll" bezeichneten DNS-Strängen fand, sollen letztlich jedem Menschen innewohnen, aber geboren werden sie erst in Stille und ohne Anspannung.

Das menschliche Gehirn – ein unterschätzter Supercomputer?

Im Moment setzt die Welt noch auf den Ausbau der Technologie, während gleichzeitig unsere Wissenschaftler immer mehr Möglichkeiten und grenzenlosen Potentiale auch unseres Gehirns, oder auch der Kraft unserer oftmals sehr unterschätzen Gedanken entdecken. Dabei vergessen wir, dass in allem, womit wir Zivilisation, Alltag oder sogar Leben definieren, Gedanken stecken: Wir können bei näherem Hinsehen einen schöpferischen Gedanken im Auto, im Haus, im Flugzeug, der Mobilfunktechnologie, einer Atombombe oder Suppenküche für Obdachlose, in einem Raumschiff oder einem „unbedeutenden" Schnürsenkel für unsere Schuhe finden. Sogar wenn wir mit unserem Hund Gassi gehen, steckt in dieser Lebensform der Gedanke „Hund". Gedanken begegnen uns einfach überall und sie sind ein unglaublich schöpferisches Element und spiegeln sich sogar in den Gesetzen oder der Verfassung eines Landes oder einer Zivilisation wider. Man könnte meinen, alles was wir kennen, also Realität, ist aus Gedanken gebaut.

Interessant ist, was wir mit dieser schöpferischen Energie, die wir Gedanken genannt haben, alles anstellen können. So können wir Zusammenhänge herstellen zwischen erbaulichen, lebensspendenden Gedanken und zerstörerischen Gedanken und wie diese unser Leben oder die gesamte Welt beeinflussen. In diesem Bereich gab ich auch Seminare, wobei die Besucher manch kleines Wunder in Form von Spontanheilung erfuhren, weil sie eben nicht in Beschwerden dachten, sondern sich vermehrt auf Heilung konzentrierten. Das wird in der Medizin zum Teil immer mehr erkannt. Ich sprach hier schon mit Ärzten, die diese geistige Kraft in uns nicht mehr so stark wie noch früher verneinen.

Historisch gesehen gibt es große Denker und Visionäre, an die wir uns noch nach tausenden von Jahren erinnern und dann gibt es jene, die einfach unbedeutend oder unerkannt mit ihren winzigen Gedankengängen bleiben werden, obwohl im Grunde jeder das Potential zur gleichen Größe in sich trägt, große Gedanken zu denken und anzustreben, sie zu verwirklichen.

Wenn wir das Gehirn eines dieser großen Denker nach seinem Tod mit dem eines unbedeutenden Normalmenschen vergleichen, würden wir erschrocken feststellen, dass es hier anhand der aktivierten Gehirnmasse große Unterschiede gibt. Denn der große Denker hat offensichtlich Areale aktiviert, die dem Durchschnittstypen fehlten. Dennoch gibt es heute eine recht hitzige Diskussion – geführt von Wissenschaftlern –, die das anzweifeln und den heutigen Menschen gern auf die volle Nutzung seines Gehirns emporheben, obwohl dieser nicht ansatzweise fähig ist, sich mit Superbegabten zu messen. Der Superbegabte nutzt nämlich offensichtlich Bereiche, die dem Otto-Normalbürger verschlossen bleiben. In Zahlen würde ich es persönlich so ausdrücken, dass der Mensch mit „weniger kreativem Geist“ nur bis 10 % seiner Möglichkeiten nutzt. Das reicht, um ein auf die physischen Sinne ausgerichtetes Leben zu führen: essen, trinken, arbeiten, schlafen, einen Beruf lernen, in den Urlaub fahren, Kinder zeugen und groß ziehen. Ein normales Gehirn, in dem Menschen, Orte,

Dinge, Zeiten und Ereignisse die Hauptrolle spielen. Doch unser Gehirn kann mehr. Sehr viel mehr.

Die Wissenschaft weiß inzwischen sehr gut, dass wir nur maximal 10% der Leistung unseres Gehirns bei einem zivilisierten oder sogar etwas gebildeteren Lebensstil nutzen. 90% unserer Möglichkeiten, von denen wir nicht einmal ahnen, was wir damit machen könnten, liegen brach.

Streit und Diskussion um das zu 100% aktivierte Gehirn

Wir können heute mit modernen Geräten messen, dass es eigentlich ständig in unserem Gehirn blitzt und funkt und Gedanken hin und her schießen. Sogar im Schlaf. Doch aus diesen Messungen schließen Wissenschaftler, dass wir alle Bereiche unseres Gehirns nutzen, und das verleitet sie zu der Annahme, dass wir unser Gehirn voll ausschöpfen oder besser gesagt insgesamt bereits zu 100 % nutzen.

Ich halte das persönlich für einen großen wissenschaftlichen Irrtum, denn der menschliche Computer wird aus meinen Erkenntnissen derzeit nur zu einem geringen Bruchteil genutzt, schöpft seine wahren Möglichkeiten nicht aus. Die persönliche Bekanntschaft mit superbegabten Kindern und Erwachsenen, aber auch eigene Erfahrungen aus über 20 Jahre persönlicher Auseinandersetzung mit sogenannten PSI-Phänomenen öffneten mir hier die Augen. Deshalb sehe ich die heutige Gesellschaft in einer Art Dämmerzustand, ja halte sie diesbezüglich teilweise sogar noch für völlig unbewusst. Und auch hierfür hat die Wissenschaft wieder Erklärungsmodelle, die wunderbar klingen. So arbeitet die Natur angeblich sehr energieeffizient, indem sie unser Gehirn nicht ständig voll nutzt oder am Laufen hält, da das zu viel Energie verbrauchen würde. Das stimmt natürlich bis zu einem gewissen Grad auch. Doch eine der daraus abgeleiteten Schlussfolgerungen von Universitätsprofessoren ist, dass wir, wenn wir ständig unser gesamtes Gehirn nutzen würden, also mit voller Leistung, ständig Hunger hätten. Denn dann verbräuchten wir so viel Energie, dass wir immerzu essen müssten.

Auch diesem Punkt kann ich sofort widersprechen, weil ein Mensch, der sich geistig zu MEHR weiterentwickelt – ich sage einmal ketzerisch über die maximal genutzten 10% Gehirn hinaus – Energien aus unsichtbaren Bereichen anzapft und dadurch größere Gedanken empfangen und größere Wahrnehmungen und Möglichkeiten entwickeln wird. Womit dann auch der Energiehunger des Gehirns und Nährstoffhunger des Körpers gestillt wird.

Vielleicht wäre es an diesem Punkt weise zu verstehen, dass der Körper auch – so wie unsere Technologie – von unsichtbaren „Energie-Ebenen" (Forscher formulierten den Begriff Raumenergie) genährt werden kann. Deshalb empfehle ich dem Interessierten einmal das Buch „Leben durch Lichtnahrung – Der Erfahrungsbericht eines Wissenschaftlers" von Michael Werner und Thomas Stöckli (AT-Verlag 2005). Darin wird ein solches von Wissenschaftlern begleitetes Experiment beschrieben, oder noch besser: Es gibt auch Möglichkeiten, diesen Prozess mit kompetenter Begleitung selbst zu erfahren. Denn nichts überzeugt uns mehr als die eigene Erfahrung.

Ich selbst kenne hier mindestens 4 Leute, die das ausprobierten und nicht verhungerten oder verdursteten, sondern sich pudelwohl fühlten. Weil der Körper seine Energie nicht mehr zur Verdauung, sondern für kreative Ideen nutzen konnte. Das war vor 20 Jahren! Weltweit gibt es inzwischen zehntausende Menschen, die diesen „Lichtnahrungs-Prozess" als Erfahrung besitzen. Lesen Sie als Einstieg in diese Möglichkeiten also das Buch eines wissenschaftlich begleiteten Selbstversuches dieses Wissenschaftlers und Sie werden die Welt, die Angst vor der

Überbevölkerung, dem angeblichen Ernährungsproblem und dem Hunger, ja allgemein, den enormen Energieaufwand, den wir rund um das Essen betreiben, mit völlig anderen Augen sehen. Weltraumreisen könnten mit dieser Art „Ernährung“ ebenfalls eine neue Dimension erreichen. Neben vielen Dingen mehr.

Doch damit stoßen wir auch auf ein „wissenschaftlich tief sitzendes Problem“:

Das Problem der heutigen rein physisch denkenden Wissenschaft besteht nämlich darin, dass diese sich scheut, metaphysische – oder anders ausgedrückt – nicht greifbare Bereiche anzuerkennen, und damit aber auf das rein physisch Messbare begrenzt bleibt. Bewusstsein hört für sie oft immer noch beim Gehirn und mit dem Tod auf. Oder diese machen eine außerkörperliche Erfahrung. Dann ändert sich alles, wie Gabi Müller eine Physikerin und viele andere Wissenschaftler erfuhren.

Und hier sind Leute im Vorteil, die diese Bereiche erforschen. Sie können weiter als in festen Messskalen denken. Auch ich konnte durch über 20 Jahre auch praktische Forschung in diesem Bereich lernen, dass wir Menschen mehr sind als nur Fleisch und Blut, während Universitätsgelehrte das immer noch anzweifeln. Und da sie sich weigern, in diese Bereiche vorzudringen und durch persönliche Erfahrung oder sich mit Experimenten in diesen Bereichen selbst von MEHR zu überzeugen, bleibt das ein Tabuthema.

Und das Rätsel bleibt bestehen, weshalb einige Menschen phantastische Dinge tun können oder erleben und andere wiederum nicht, obwohl sie doch angeblich „dasselbe“ Gehirn haben und nutzen. Doch nebeneinander auf dem Tisch liegend und mit Superbegabten (Gehirnen) verglichen, haben sie es eben nicht, denn 90% des Potentials liegt brach und ein Großteil dessen, was uns ausmacht, ist – wenn wir den Menschen nicht nur als Masse, sondern auch als geistiges Wesen sehen, unsichtbar. Denn das menschliche Wesen existiert gleichzeitig in und durch unsichtbare Ebenen und geht weit über das Physische hinaus.

Das muss man aber erleben, um es zu verstehen. Und: Auch nach dem Tod, wie wir das nennen, wenn die Bänder zur physischen Welt getrennt sind, haben wir noch einen Körper (den Lichtkörper) und denken wir noch mit einem Gehirn, dem des Lichtkörpers. Und nun denken Sie einmal darüber nach, was mit Menschen im Denken und ihrem Gehirn passiert, wenn diese beginnen, diese „übersinnlichen Bereiche und höheren, für das menschliche Auge unsichtbaren Ebenen wie den Infrarotbereich, den Bereich des sichtbaren Lichtes oder den Gamma-Strahlenbereich, in dem es auch vor für physische Augen unsichtbarem Leben wimmelt, zu nutzen. (Unsere Augen sind an die physische Ebene angepasst und können daher nicht diese unsichtbaren Ebenen sehen. Doch sie existieren, genauso wie der Atem, den wir auch nicht sehen können. Wenn Sie Schwierigkeiten mit diesen Denkrichtungen haben, so empfehle ich ihnen Literatur zu lesen, in der Gedanken nachgegangen wird, dass Leben sich auch ohne Wasser zu brauchen, sogar im Äther oder Feuer entwickelt haben könnte. Großartige Gedanken, die das Bewusstsein erweitern.

Die Potentiale für großartige Fähigkeiten sind auch in unserem physischen Gehirn zu finden. Liegen jedoch brach, weil wir unsere Aufmerksamkeit ständig woanders hinlenken. Doch es gibt auch Ausnahmen; und diese werden immer mehr. Nutzt dann ein solcher Mensch nicht sprichwörtlich mehr Gehirn als ein anderer?

Und doch laufen unsere hochgeehrten Wissenschaftler herum und sagen, wir nutzten bereits 100% unseres Gehirns, weil es hier aufflackert und da funkt und sich dort etwas regt, also das Gehirn insgesamt doch munter am Wirbeln ist. Das nennen sie dann 100% genutzte Gehirnkapazität. Das ist aber nur ein billiger Abklatsch für DAS, was wir wirklich mit unserem Supercomputer da oben tun könnten.

Wissenschaftler diskutieren dabei Begriffe wie „Neuroplastizität“, also der Fähigkeit des Gehirns sich anzupassen, flexibel zu sein und zum Beispiel bei Erblindung Bereiche zu aktivieren, die vorher nicht genutzt wurden. Das stimmt natürlich, definiert aber in einem anderen Zusammenhang noch nicht, dass wir eben viele unserer Gehirnmöglichkeiten gar nicht nutzen.

Vielmehr müsste hier auf die Milliarden Möglichkeiten unseres Gehirns eingegangen werden, neurosynaptische Verbindungen einzugehen. Diese Fähigkeit, Nervenzellen zu verbinden, ist erstaunlich hoch, sprießt bei Kleinkindern noch zu voller Blüte, verkümmert dann aber auf wenige hundert Millionen oder Milliarden neurosynaptische Verbindungen – bei den Zahlen kann man diskutieren – die dann reichen, um ein Leben als Normalmensch ohne besondere Fähigkeiten zu leben. Mit anderen Worten; unsere Kleinkinder wollen UNFASSBARES von uns als Eltern gezeigt bekommen und wir zeigen ihnen lediglich, wie man sich rasiert, ein Handy und Computer nutzt, Playstation spielt und zur Schule geht, um einen Job zu finden und dann mit dem Auto bis zur Rente hin und her zu fahren. Weil wir unser Gehirn eben nur so nutzen wollen.

Das ist nicht schlecht, aber auch nicht gut. Dennoch kann man daraus ableiten, dass es ein genutztes und ein ungenutztes Gehirn gibt. Soweit sollen diese Ausführungen nun jedoch reichen. Dem neugierig gewordenen Leser empfehle ich, hier eigene Erfahrungen zu sammeln oder sich zumindest geistig damit auseinanderzusetzen.

Die Natur verschwendet nichts

Die Natur verschwendet – wie wir auch durch die Garajew-Studie wissen – jedoch nichts und deshalb ist es hoch interessant, zu ergründen, was wir, die wir über immer mehr Technologie nachdenken, bei gleichbleibender Gehirnleistung alles versäumen. Und ob, wenn wir unseren Computer über unseren Schultern auf 50% oder 60% Mehr-Leistung durch bisher nicht genutztes Potential hochfahren, es nicht doch zu bahnbrechenden persönlichen wie gesellschaftlichen Veränderungen kommen könnte.

Seit langem und durch alle Zeitalter hindurch gibt es Überlieferungen von sogenannten Wunderheilern oder besonders begabten Menschen, die über erstaunliche Fähigkeiten verfügen. Offensichtlich können diese Menschen durch ihren Geist sehr viel machtvoller als wir, Materie nach Belieben einfach durch Gedankenkraft beeinflussen. Im Moment bewundern wir sie noch als „Freaks", Außergewöhnliche oder Begabte. Oder es macht uns Angst, weil sie so anders sind. Doch das könnte sich mit einem möglichen Erwachen der Menschheit bald ändern, da das Besondere dann das Alltägliche wäre. Ich möchte dabei nicht nochmals auf die Möglichkeiten der Mikrochiptechnologie, die stark im Kommen ist, eingehen, sondern auf die bereits in uns – ohne Technologie! – vorhandenen, potentiellen Möglichkeiten, die jede künstliche Intelligenz wahrscheinlich auch noch in hundert oder tausend Jahren in den Schatten stellen würden. Hierzu ein paar kleine von der Wissenschaft dokumentierte Beispiele:

1. Körpertemperatur

Mir begegnete vor vielen Jahren, als ich noch Lehrer für Autogenes Training (AT) war, ein Mann, der mir berichtete, dass er durch AT gelernt hätte, immer angenehm warme Hände und Füße und einen gut durchbluteten, im Winter nicht mehr frierenden Körper zu haben.

Der Amerikaner Wim Hof ist ebenfalls heute als sogenannter „Ice Man" bekannt geworden. Er lernte von tibetischen Mönchen durch spezielle Meditationstechniken, seine Körpertemperatur willentlich so zu steuern, dass er nackt im Eis baden kann oder auf Eisschollen ohne Kleidung nicht mehr erfriert. Das verblüfft eine von Technologie und Heizkraftwerken abhängige Zivilisation natürlich. Wim Hof gibt für dafür Interessierte heute erfolgreich Seminare. Doch was würde geschehen, wenn wir dies eines Tages alle lernten? Mit diesen Fähigkeiten würde die Diskussion über Mangel an warmen Decken, Socken aus Alpakawolle oder immer neue, notwendige Erdölfelder oder Kohlekraftwerke überflüssig.[235]

2. Feuerlauf

Im Fernsehen sehen wir manchmal Berichte über Fakire, die sich nach entsprechender geistiger Vorbereitung auch in extrem heiße Feuergruben werfen lassen und diese Prozedur heil und unbeschadet überstehen, ohne dass sie ihren Körper durch Nanotechnologie oder künstliche Intelligenz in einen „metallischen, unsterblichen Körper" verwandeln müssen. Diese Fakire machen eine ganze Industrie von Pflasterherstellern im Grunde arbeitslos. Denn wozu noch Salbe gegen Verbrennungen, wenn man sich nicht mehr verbrennt? Vor vielen Jahren nahm ich hier als junger neugieriger Mensch auch einmal an einem „Feuerlauf-Kurs" teil, wo ein kleines Häuflein (zu der Zeit jedenfalls) „verrückter Interessierter" ohne Hypnose bewusst in voller Selbstverantwortung über eine mehrere Meter breite über 800°C heiße Feuerglut ging, ohne sich zu verbrennen. Damit erfuhr ich am eigenen Leibe, dass da offensichtlich mehr in uns steckt, als wir manchmal zu glauben wagen. Doch ich rate jedem, es nicht ohne kompetente Begleitung und Vorbereitung zu tun. Also nicht zur Gaudi in unserer spaßsüchtigen Gesellschaft. Denn wenn man sich geistig nicht gut vorbereitet, besteht auch die Gefahr, dass man sich verbrennt.

3. Unverletzbarkeit

Der Holländer Mirin Dajo ging in der Nachkriegszeit noch einen Schritt weiter und ließ sich vor den Augen der verblüfften Wissenschaft Ende der 1940er, Anfang der 1950er Jahre etliche Male mit Stichwaffen wie Dolchen, Säbeln oder Messern durchbohren, wobei sich die Wunden vor den ratlosen Studenten und Professoren innerhalb kurzer Zeit wieder schlossen. Wie würde sich die Welt oder die Behandlung von Patienten und das gesamte Gesundheitssystem wohl verändern, wenn wir eines Tages alle diese Fähigkeiten lernten?[236]

4. Sehen mit verbundenen Augen

Ebenfalls um 1945 – zu einer Zeit, als Mikrochips für Hör- oder Sehgeschädigte noch nicht „modern" waren – zeigte der Pakistani Kudu Bux der verblüfften Öffentlichkeit und Wissenschaft, dass man sogar mit komplett verbundenen und fest verschlossenen Augen normal Radfahren und trotzdem mit dem Bewusstsein „sehen" kann. Laut einem Filmteam, das in heutiger Zeit dieses Phänomen in einer Schule für Kinder mit ähnlichen Fähigkeiten beobachtete und diese Kleinkinder interviewte/filmte, hätten kleine Kinder die besten Chancen, diese Gabe zu entwickeln, da sie noch nicht durch Zweifel und die „moderne Art zu leben" vorbelastet waren.[237] Für diese Kinder ist das so natürlich wie atmen, dass sie ein Buch mit verschlossenen Augen lesen. Am Pokertisch im Spielsalon würden sie womöglich jedes Spiel gewinnen, da sie selbst wenn die Karten verdeckt wären, genau wüssten, was darunter ist. Was wäre, wenn wir das allen unseren Kindern bereits im Kindergarten beibrächten? Das wäre doch toll oder? Manche Eltern machen das heute bereits und geben dadurch ihren Kindern die Möglichkeit, „Realität" völlig anders zu definieren.

5. Hellsichtigkeit, Fernwahrnehmung, Zukunftsschau
Russel Targ hat hierüber ein interessantes Buch geschrieben, worin er seine jahrelange praktische Arbeit – Menschen zu Fernwahrnehmern auszubilden – offenlegt. Seinen Ausführungen zufolge wurden ihm bereits zur Zeit des Kalten Krieges finanzielle Mittel vom Militär bewilligt, um medial begabte Menschen zu „Sehern“ (Remote Viewern) auszubilden. Diese wurden zum Beispiel eingesetzt, um erfolgreich vermisste Flugzeuge oder Personen aufzuspüren, unterirdische Bunkeranlagen zu finden oder Dokumente über viele hundert Kilometer Entfernung aufzuspüren. Entfernung in Raum und Zeit oder Technologien wie Kameras, Drohnen und Satelliten, wie wir sie heute nutzen, spielten dabei überhaupt keine Rolle.[238]

Neben diesen Beispielen gibt es noch eine große Vielzahl mehr an Belegen, die zeigen, dass offensichtlich in uns Menschen große Potentiale stecken, die darauf warten, entdeckt zu werden. Historisch gesehen wimmelt es von Überlieferungen, dass es großartige Menschen auf der Erde gab, die Erstaunliches vollbrachten. Um einige dieser besonders begabten oder begnadeten haben wir sogar Religionen gebaut, um ihr Wirken noch nach Jahrtausenden zu ehren und in Erinnerung zu behalten. Bei genauem Hinsehen künden diese Aufzeichnungen immer davon, dass man sie nicht anbeten solle, sondern eher ihr Wissen nehmen und in ihre Fußstapfen treten solle. Nun, was wäre, wenn die Welt sich trotz der Angst vor dem Terror, der Überbevölkerung, der Nahrungsmittelknappheit, der Seuchen, der Umweltzerstörung und nicht zuletzt nun auch der künstlichen Intelligenz im beginnenden Aufbruch dorthin befindet?

Die Zukunft der Menschheit

Wenn wir den Ausführungen von Broers oder Gabi Müller und weiteren Wissenschaftlern Glauben schenken, dann sind diese Potentiale auch bereits im Entstehen. Das wird unser Weltbild, aber auch die Gesellschaft stark verändern. Wir bewegen uns hinein in ein geistiges Zeitalter, wohin es weltweit bereits viele Millionen Menschen zieht. Ja, das mindestens ebenso viele Menschen bereits leben. Religion und Gesellschaft werden sich infolgedessen stark verändern. Und wir sprechen dann nicht mehr nur von ein paar tausend oder Millionen Menschen, sondern von tiefgreifenden gesellschaftlichen Veränderungen. Derzeit spalten sich noch die Menschen in verschiedene Lager:

So werden immer mehr Kinder geboren, die einen völlig neuen Zeitgeist verkörpern, Kinder, die eher spiritueller Natur sind. In esoterischen Kreisen werden sie Indigokinder oder Kristallkinder genannt. Wissenschaftler nennen sie Hochbegabte oder Savants. Das Streben der Menschen in diese Richtung wirkt sich offensichtlich auch auf die Geburten solcher Kinder aus. Denn Kinder sind durch neue Studien der Genetik und Bewusstseinsforschung auch immer das Resultat der Wünsche und Ziele und Sehnsüchte ihrer Eltern. Wenn ein Paar also großen Wert darauf legt, sehr sportlich zu sein und gerne läuft, wird es Kinder "erschaffen", die lange „Läuferbeine" haben. Das ist die Natur der Evolution. Deshalb sollten wir weise abwägen, mit wem oder von wem wir Kinder haben möchten. Denn DAS, was wir denken, geht mit in unseren Samen oder unsere Eizelle ein. Kinder, die ungewollt einfach aus dem Sex-Trieb entstehen, ohne dass die Eltern sich oder das Kind wirklich tief und innig lieben, werden also anders sein, und wahrscheinlich das ganze Leben nach Liebe schreien, als geliebte und gewollte Kinder. Und Kinder von Technikfreaks wieder anders als Kinder von Aussteigern oder Hochbegabten.

Wenn wir all die Teile der Bevölkerung zusammennehmen und nicht nur Bruchstücke abbilden, kommen wir zu sehr verschiedenen Entwicklungen:

- Ein Teil strebt gerade mit Milliardenbudget danach, ein neues technologisches Superzeitalter einzuläuten, in dem wir mit Technologie, Nanochips und smarten Netzen bis in die letzte Faser menschlicher Biologie vordringen und sogar damit verschmelzen.
- Ein anderer Teil strebt in eine komplett andere Richtung. Und ich rede hier nicht nur von ein paar hundert oder tausend Aussteigern, sondern von großen Teilen der Bevölkerung. Im Moment werden neben all den technologischen Entwicklungen nämlich auch immer mehr spirituelle Tendenzen – sogar in der Wissenschaft – offenbar. Diese wirken wiederum auf die Bevölkerung ein.

Dabei kommt hinzu, dass ab etwa April 2011 den Wissenschaftlern auffiel, dass Kinder mit einem dritten DNS-Strang geboren wurden. Das war eine wissenschaftliche Sensation. Denn „Normalmenschen" wie wir verfügen nur über eine 2-Strang-DNS:

> *„Mittlerweile wurde bei einem weiteren Kind in China eine DNS mit drei Strängen diagnostiziert. Solche Kinder sind hellsichtig und können sich telepathisch unterhalten. Die neuesten Erkenntnisse legen den Schluss nahe, dass eine 13-Strang-DNS oder zumindest eine 12-Strang-DNS in der menschlichen DNS angelegt ist."*[239]

Hier stehen sich Welten gegenüber, die unterschiedlicher nicht sein könnten. Wird es zu einer globalen Konfrontation zwischen beiden kommen? Und wird nur eine von beiden gewinnen? Welche wird es sein? Einerseits lassen sich Menschen Chips in die

Arme oder das Gehirn spritzen, um ein bequemeres Leben oder größere Fähigkeiten wie Telepathie zu erhalten. Andererseits werden seit Jahrzehnten tausendfach oder sogar millionenfach Kinder geboren, die wiederum Kinder haben, die Superfähigkeiten besitzen. Das ist durch entsprechende Literatur bereits gut belegt, wobei China sogar eigens für diese hoch begabten Kinder Schulen gebaut hat. Offensichtlich erkennt man dort bereits die Zeichen der Zeit, während man hier in Europa kaum etwas darüber hört oder in völlig anderen Bahnen denkt und damit etwas besonders Beachtenswertes verschläft.

Warum fällt dieser Wandel niemandem auf, oder warum wird er von den Medien nicht in dem Umfang abgebildet, wie er es verdient hätte? Weil man mit natürlicher Telepathie nichts verdienen kann. Und weil diese Entwicklungen das ganze System durcheinanderwirbeln würden.

Dieses KI-Technologie-System ist angeblich so wichtig für die nächsten Schritte in unserer Evolution. Doch Evolution hat offensichtlich etwas völlig anderes mit uns vor, was immer mehr hochbegabte Kinder zeigen. Doch ein Teil der Menschheit scheint besessen, es lieber künstlich erreichen zu wollen. Vielleicht sollten wir langsam beginnen, uns auf Ereignisse vorzubereiten, die bereits im Entstehen sind, so wie es Russel Targ in seinem Werk „PSI – die Welt ist anders, als sie zu sein scheint" beschreibt.

Vielleicht bekommen wir aber auch das totalitäre System, das den KI-Forschern Sorgen macht. In der all die Frequenzen dazu genutzt werden, um weltweit Bewusstseinskontrolle auszuüben. Das liegt im Rahmen der technischen Möglichkeiten, wie wir bereits erörtert haben. Denn vielleicht haben die internationalen Aktionäre und Billionäre Angst vor einem Erwachen der Menschheit, weil das nicht sehr gut für die Umsätze ist. Denn wer kauft in einer natürlich telepathischen Welt noch Mobilfunktelefone, wenn man den anderen kostenlos kontaktieren kann? Eine reine Kopfsache!

Doch das Kommen eines möglichen totalitären Systems, in dem Maschinen die Kontrolle über alles mit wenigen Führenden an der Spitze übernehmen, würde bedeuten, dass wir die natürliche Evolution, wie wir sie kennen und uns erschließen könnten, unterdrückten und in einen Käfig sperrten, aus dem wir dann Leben um Leben nicht mehr ausbrechen könnten. Evolution, welche auf natürliche Superfähigkeiten als kollektive Möglichkeit hindeutet, würde in einer Sackgasse landen. Für einen Bewusstseinsforscher, der in seinem Denken unsichtbare Ebenen mit einbezieht, zu denen wir nach unserem Ableben gehen, gibt es noch einen weiteren für die Evolution fatalen Punkt: Das auf geistiges Wachstum ausgerichtete Bewusstsein, das offensichtlich ohne Technologie fähig ist, Bemerkenswertes zu leisten, würde kollabieren. Und damit hätte Evolution, wie sie von Natur aus (mit in uns bereits angelegten Superfähigkeiten) vorgesehen ist, worauf die drei DNS-Stränge hochbegabter Kinder möglicherweise hinweisen, keinen Sinn mehr. Denn niemand hätte in einer streng überwachten KI-gesteuerten Welt Interesse an einem Ghandi, einem Buddha, Jesus oder Hellsichtigen, der keine Kameras, Drohnen oder Satelliten braucht, um Dinge zu sehen. Diese Begabten galten schon zu allen Zeiten als „Gefahr und Bedrohung“ für das System. Wiederholt sich hier gerade die Geschichte? Jesus, zum Beispiel, würde in der heutigen Zeit gegen das deutsche Heilpraktikergesetz verstoßen, da er, den Überlieferungen zufolge, als Wanderprediger viele Menschen heilte. Nicht auszudenken, welchen Aufruhr er in der sensiblen Zeit der Coronapandemie verursachen würde. Was solches Tun verbietet und Jesus zwänge, eine Heilpraktikerausbildung oder Ausbildung als staatlich anerkannter Arzt zu machen. Oder zumindest ein „mobiles Gewerbe“ anzumelden, damit er steuerrechtlich und „ordentlich“ vom System erfasst werden kann. Schließlich muss „Ordnung“ ja sein, oder? Heilige gesprochene Menschen wie Jesus würden heute also bei Verstößen polizeilich verfolgt, mit Bußgeld belegt und letztlich sogar eingesperrt. Kameras und Drohnen oder Satelliten – ausgestattet mit neuester Gesichtserkennungssoftware – würden ihn schnell ausfindig machen und gesetzestreue Richter zu vorgegebenen Strafen verurteilen, da er gegen Gesetze verstieße, die die „öffentliche Ordnung" aufrechterhalten. Evolution könnte künftig also in einem totalitären System nur noch bis zu einem KI-überwachten und per Gesetz zugelassenem Stadium stattfinden und damit nicht mehr bis zu ihrem phänomenalen Gipfel weiterwachsen. Und Wissen nur noch über Konzerne über einen Chip hochgeladen, oder einem systemtreuen Bildungsträger angeeignet werden, das alles andere weglässt, wofür man dann natürlich bezahlen müsste. Und all die smarten Netze würden dazu dienen, uns auszuspionieren, um sicherzustellen, dass wir nicht aus der Reihe tanzen.

Wenn wir bedenken, was ein relativ harmloser Ghandi als einzelner leistete, dann stellen Sie sich einmal vor, was passiert, wenn plötzlich Millionen außergewöhnliche Erwachsene und Kinder, die heute schon überall leben, aufstehen würden und sich zeigten. Niemand würde sicherlich mehr vom drohenden Weltuntergang reden und das außergewöhnliche würde gewöhnlich oder alltäglich werden. Doch diese Entwicklung wird bisher noch wenig erkannt, liegt im Dunkeln und wächst dort weiter, bis zu einem Punkt, wo die Mauer des Schweigens fällt.

Nun, ich persönlich bevorzuge für die Zukunft den Mittelweg, was bedeutet, Supertechnologie und Superfähigkeiten des Gehirns zu vereinen, um mit mehr als 10% Gehirnkapazität ein völlig neues Zeitalter der geistigen und materiellen Superlative einzuläuten.

Also ich plädiere dafür, die natürlichen Möglichkeiten des Gehirns zu nutzen, bevor wir anstreben, Mikrochips in das Gehirn zu bringen, die – wie Elon Musk zum Beispiel bereits wirbt – den

Menschen „optimieren“ sollen. Gleichzeitig lehne ich Roboter, die auf dem Meeresboden oder in anderen Welten Städte für die wachsende Menschheit bauen, nicht ab. Doch wenn ich die vorgegebene Wahl zwischen nur einer Seite hätte, würde ich die natürlichen Fähigkeiten des Gehirns gegenüber einer künstlichen von außen gesteuerten Intelligenz bevorzugen. Da Evolution auch ein Stück weit von neuen Erkenntnissen und persönlichem Verhalten abhängig ist, können wir Menschen zwischen beiden Seiten wählen. Wichtig wäre, dass wir erst einmal begreifen, was wir selbst alles ohne teure und möglicherweise gefährliche Technologie leisten können und diese Dinge durchdenken, bevor wir uns auf eine Spielwiese begeben, deren Risiken wir noch nicht einmal abwägen können, oder sogar unterschätzen. Es liegt letztlich damit an uns, welche Realität wir zukünftig als Gott, der im Menschen (bewusst?) handelt, wie das indianische Sprichwort verkündet, erschaffen wollen.

Kapitel 14

Zusammenfassung und die aktuelle Situation 2020

Das Thema Mobilfunk beinhaltet eine ganze Reihe vielfältiger Themen, die nun mit dem Standard der 5. Generation ein neues technologisches Superzeitalter einläuten und in nie dagewesenen Maßen die Gesellschaft und Zukunft beeinflussen werden.

Bei der Erforschung der Hochfrequenz darf man vor allem Nikola Tesla als einen der Väter der Hochfrequenztechnologie nicht vergessen, da er bereits um 1900 durch seine zahlreichen in Vergessenheit geratenen Patente und Forschungen die Voraussetzungen für das heutige Zeitalter der Hochfrequenztechnologie schaffte.

Wir haben seitdem weltweit ersten Mobilfunknetz kurz nach dem Ende des zweiten Weltkrieges in den USA und mit der Errichtung des A-Netzes 1958, des B-Netzes 1972 und des C-Netzes 1984 in Deutschland, eine stetige Zunahme der Leistungsstärken, Nutzer, Anbieter, der Funkmastendichte und technischen Möglichkeiten für Wirtschaft und Gesellschaft, aber auch das Militär und die Erforschung des Weltraums geschaffen, die nur noch schwer aus der modernen elektronisch immer stärker vernetzten Gesellschaft wegzudenken sind.

Trotz bestehender Bedenken wird der Netzausbau sowohl von der Wirtschaft wie auch der Politik beständig im Zuge des weltweiten Wettbewerbs- und Konkurrenzdrucks vorangetrieben. Mit 5G wird nun eine weitere enorme Erhöhung der Leistungsdichte und der Frequenzen um das Fünffache des bisherigen Wertes kommen, die bisher nicht in ihrer Langzeitwirkung erforscht wurde und daher heftig umstritten ist. Befürworter wollen jedoch den gesamten Planeten bis hin zum letzten verbliebenen Funkloch ununterbrochen bestrahlen. Dabei nutzen sie erdbasierte Technik, ein rasterartiges, sehr dichtes Netz aus Sendeanlagen – wahrscheinlich alle 250 Meter – und weltraumbasierte Anwendungen wie Satelliten. Im Grunde müssen sie das sogar, um der Digitalisierung und der damit verbundenen Industrie 4.0, der künstlichen Intelligenz, dem Internet der Dinge (IoT), Nanotechnologie, Robotik und 5G-Medizin den Weg zu ebnen. Hauptprofiteure dieser Entwicklung sind Wirtschaft, Politik und Industrie und nicht der einfache Mensch. Im Gegenteil, viele Bürger werden durch die Digitalisierung des Lebens und der Welt neben Vorteilen wie einem bequemeren Leben auch große Herausforderungen wie mögliche Jobverluste oder vermehrte Strahlung erfahren. Die zahlreich vorhandenen Ängste und Sorgen vor Jobverlusten oder Strahlungsschäden sind daher nicht völlig unbegründet.

Gesundheitliche Aspekte

Mit Aufkommen des ersten auf technischen Mikrowellen beruhenden Mobilfunks brach ebenfalls eine heftige Diskussion um die Wirkung dieser künstlichen, in der Natur so nicht vorhandenen gepulsten Mikrowellen aus. Dabei spalteten sich die praktischen Forschungsergebnisse in zwei Lager: In Studien, die eine Gefahr für die Gesundheit sehen und solche, die das nicht tun und dem

Mobilfunk Unbedenklichkeit bescheinigen. Beide Seiten berufen sich hierbei auf Ergebnisse aus Studien und wissenschaftlichen Untersuchungen, was die Gesellschaft immer mehr spaltet, auch hinsichtlich des neuen, was die Leistungsstärken betrifft, noch viel stärkeren 5G-Mobilfunkstandards. So ergab eine Umfrage unter tausend Teilnehmern, dass über 50% der Befragten Mobilfunk als gefährlich einstufen würden. Suchanfragen im Netz bei Google mit den Suchwörtern „5G-gefährlich" gehören mit zu den meistangeklickten Themen. Diese unterschiedlichen Forschungsergebnisse führen dazu, dass sogar „Professoren oder Doktoren" verwirrt über die tatsächliche Lage sind, da Mobilfunk offiziell als ungefährlich, aber gleichzeitig von vielen Forschern als gefährlich und sogar von der WHO als möglicherweise krebserregend eingestuft wird.

Thermische und nichtthermische Forschungsergebnisse

Die intensive Auseinandersetzung mit den verschiedenen Blickwinkeln und Argumenten ist so alt wie der Mobilfunk selbst. Sieht man genauer hin, erkennt man, dass Studien, die zu unbedenklichen Ergebnissen kommen, sich auf thermische Messungen beziehen, wie der Erwärmung von Gewebe in Relation zum Abstand zu einem Sendemast. Forscher, die zu gesundheitsschädlichen Studienergebnissen kommen, untersuchten dagegen nichtthermische Wirkungen, wie die Veränderungen der Gene, die Wirkung auf Zellkommunikation, Herzrhythmus, Konzentration, Gehirnleistung und Schlaf. Dabei fanden sie tatsächlich sehr schädliche Wirkungen des heute immer weiter verbreiteten Mobilfunks, des Elektrosmogs und vieler damit einhergehenden Komponenten (schnurlose DECT-Telefone, WLAN, aber auch Antennenanlagen im zivilen und militärischen Bereich).

Diese über Jahrzehnte gut dokumentierten nichtthermischen Wirkungen beinhalten Schäden an Bäumen, Tieren, Nutzinsekten (wie Bienen) und auch Menschen, die oft oder häufig mit Mobilfunk telefonieren, bzw. direkt oder indirekt damit bestrahlt werden.

Behörden wie das BfS (Bundesamt für Strahlenschutz), Politik oder auch Betreiber von Sendeanlagen stützen sich nur auf ihre thermischen Messungen und kommen damit natürlich weiterhin zu unbedenklichen Ergebnissen.

Da weiterhin jede Seite aus ihrem eigenen Blickwinkel argumentiert, sich auf ihre eigenen Argumente stützt, kommt es zu verschiedenen Standpunkten in der Mobilfunkdebatte, die ihren jeweiligen Vertretern Recht zu geben scheinen.

Verzerrte öffentliche Wahrnehmung

In der Öffentlichkeit dominiert leider oft nur das unbedenkliche Bild der thermischen und damit nicht gesundheitlich bedenklichen Wirkungen. Dies führte zu einer bedenkenlosen Nutzung und eine weltweit rapide steigende Verbreitung der „smarten Netze", vor allem unter der jungen Generation. Kontakte laufen immer öfter digital, also über soziale Netzwerke ab.

Leider führte diese meist einseitig positive Berichterstattung über die „unbedenkliche" Mobilfunktechnologie zu einer verzerrten Wahrnehmung dieser eigentlich gesundheitlich bedenklichen Technologien. Kritische Studien werden negiert, lächerlich gemacht, vermieden oder als unstimmig und nicht bestätigt diskreditiert. Eine Verbreitung und angemessene Aufmerksamkeit bleibt ihnen verwehrt, auch weil seriösen Forschern, die in groß angelegten gewissenhaften Studien Gesundheitsgefahren nachwiesen, harte Kritik entgegenschlägt, wenn sie nicht mit der öffentlichen Meinung des unbedenklichen Mobilfunks übereinstimmen.

Wachsende Zahl an Elektrosensiblen?

Vereine, die sich um elektrosensible Menschen kümmern, registrieren bereits eine wachsende Gruppe der elektrosmog- oder mobilfunkgeschädigten Elektrosensiblen in der Bevölkerung, die bei den Verantwortlichen kaum Gehör finden und bei starker Elektrosensibilität sogar ein primitives Leben am Rande der Gesellschaft, fernab aller elektrischen Netze oder technischen Annehmlichkeiten führen (müssen). Diese ständig wachsende Zahl "Netzgeschädigter" ist bei näherem Hinsehen ein deutliches Zeichen dafür, dass mit unserer Technologie etwas nicht stimmt und wir hier künftig mit dem 5G-Netzausbau auch qualifizierte Fachkräfte verlieren werden, wenn wir das Thema nicht ernster nehmen.

Die Schwierigkeiten einer „ordentlichen Erfassung" beginnen bereits in der noch nicht erfolgten genauen Definition „eines" Elektrosensiblen. Aber auch, wenn öffentlich zugegeben würde, dass diese Gruppe existiere. Denn dadurch würde indirekt bestätigt, dass Mobilfunk oder allgemein Elektronik, wie wir sie nutzen, schädliche Wirkungen hat und krank macht. Die nächste Problemzone bei den möglichen Datenerhebungen zu Elektrosensiblen ist, das Krankheitsbild genau zuzuordnen, da es hier offensichtlich Überschneidungen mit chronischen Krankheiten gibt und Fehldiagnosen häufig sind.

Eine Anerkennung dieses Krankheitsbildes steht noch aus, einerseits weil die Definition „Elektrosensibilität" noch recht vage ist, aber auch, weil die Anerkennung des Krankheitsbildes bedeuten würde, die „Krankheit" anzuerkennen. Das wiederum würde die gesamte Technologie in Frage stellen. Deshalb müssen logisch betrachtet alle Befürworter einer unbedenklichen Mobilfunktechnologie einen großen Bogen um das Thema der Elektrosensiblen machen.

Gleichzeitig appellieren Ärzte, Geschädigte, Kritiker und Gegner zum Beispiel durch den ‚Freiburger Appell' ungehört seit Jahren an Regierungen und Netzbetreiber, dringend notwendige Gegenmaßnahmen einzuleiten und mobilfunkfreie Gebiete oder Räume zu schaffen, da sie durch ihre praxisnahe Tätigkeit täglich erleben, wie viele Symptome und Krankheitsbilder verschwinden, wenn die entsprechenden Mobilfunkgeräte abgeschaltet werden.

Diese mit 5G sehr wahrscheinlich weiter anwachsende Gruppe reagiert dann auf die weitere Vernetzung der IT, des Internets der Dinge und der Nutzung von KI mit der „Biomasse Mensch" womöglich noch sensibler. Der Schluss liegt nahe, dass hier ein großes Problem auf die Gesellschaft zukommt, wenn das sensible Thema nicht endlich angegangen wird.

Das ignorierte Thema der militärischen Nutzung

Bezüglich der militärischen oder tektonischen Nutzungen ist das öffentliche Bild vollends verzerrt und wird dieses im Wesentlichen von „selbsternannten Realisten" als „Verschwörungstheorie" gekennzeichnet.

Bekannteste Beispiele sind hier große Radaranlagen, sogenannte Atmosphärenheizer und HAARP-Projekte oder andere Möglichkeiten der Wetterkontrolle durch chemische Substanzen, wie es 2009 über Peking durch Chinas Experimente öffentlich publik wurde. Auch wenn in Zeiten des Klimawandels öffentlich viel über das Wetter und Klima diskutiert wird, vergisst die diskutierfreudige Öffentlichkeit gern, dass diese Möglichkeiten im militärischen Bereich bereits erforscht wurden und nun wohl über die zivile Diskussion ihren Weg ins öffentliche Leben finden.

Dieser Bereich wird immer noch stark gemieden, obwohl bereits Gesetze verabschiedet wurden, die die Handhabe von tektonischen Waffensystemen regeln (sollen), was zeigt, dass hier bereits viel geforscht und wohl auch praktiziert wurde.

Die aktuelle Situation 2020

Aktuell hat es sich die Politik zur Aufgabe gemacht, die 5G-Mobilfunktechnologie und damit einhergehenden, technologischen Innovationen wie künstlicher Intelligenz, Industrie 4.0, Internet der Dinge, aber auch der Bargeldabschaffung und einigem anderen mehr baldmöglichst den Weg in die praktische Anwendung zu ebnen. Vor allem mit der Ausnahmesituation um den weltweiten Ausbruch von Covid-19 im Jahr 2020 ist die Digitalisierung des Alltags, der Wirtschaft, Gesellschaft und des gesamten Lebens stark in den Fokus der öffentlichen Diskussion gerückt. Derzeit wird in Sonderkabinettssitzungen der weitere Ausbau der 5G-Netze beschlossen und dem Volk präsentiert, während man parallel dazu die Netze ausbaut und massiv für ein neues, alle Lebensbereiche durchdringendes Maschinenzeitalter und für die künstliche Intelligenz wirbt.

Die Politik signalisiert Gesprächsbereitschaft, möchte durch öffentliche Statements die Bedenken der Bürger ernst nehmen und sucht hier nach eigenen Angaben den Kontakt zum Bürger, um Bedenken zu zerstreuen.

Gleichzeitig behaupten die Netzbetreiber, aber auch die politischen Entscheidungsträger weiterhin, Mobilfunk und 5G seien – aufgrund der ihnen vorliegenden thermischer Studien – unbedenklich. Damit sehen sie keine Gesundheitsrisiken.

Derweil filmen Bürger, wie Bäume, Vögel oder Bienen unter 5G-Strahlung sterben und stellen diese Filme ins Netz. Mit der Einführung von 5G treten immer mehr Wissenschaftler oder Aktivisten hervor, die auf die von den Betreibern und zuständigen Behörden übersehenen nichtthermischen Wirkungen hinweisen.

Es bleibt spannend, inwieweit Politik und Wirtschaft sich hier einem wirklichen Diskurs stellen und auch über diese nichtthermischen Messungen oder das unliebsame Thema der Elektrosensiblen diskutieren werden. Denn gegen 5G regt sich nicht nur national, sondern auch international ein wachsender Widerstand, der die Weltbevölkerung zu spalten droht. So erklären Politiker in Landkreisen wie Tutzing/Bayern, am Starnberger See, dass sie 5G Mobilfunk nicht einführen wollen, bis die Unbedenklichkeit wissenschaftlich nachgewiesen und bestätigt wurde. Wofür sie von 5G-Befürwortern als rückschrittlich beschimpft und hart angegriffen werden. Im Zeitalter künstlicher Intelligenz und bereits im Einsatz befindlicher Polizeiroboter oder auch lückenloser Überwachung bleibt es interessant, welche Richtung der Widerstand und die öffentliche Diskussion oder die Berichterstattung hier noch nehmen wird. Auch, weil während der Coronapandemie der Fokus stark auf den Ausbau leistungsstarker Netze gelegt wird.

Vision

Wünschenswert wäre, wenn die Politik die nichtthermischen Wirkungen anerkennt und die Anbieter und wirtschaftlichen Interessengruppen im Zuge einer Neuorientierung hin zu den Sferics-Technologien als umweltfreundliche leistungsstarke Bio-5G-Alternative finden würden. Viele Menschen haben großes Interesse an Schutzmöglichkeiten vor dem Mobilfunk und das Geschäft mit der Abschirmung davor läuft gut, während Staatsführung, Industriemanager und Mobilfunkanbieter Milliarden in den 5G-Netzausbau pumpen.

Letztlich muss sich „die Industrie“ aber fragen, ob künstliche Intelligenz in „denkenden KI-Häusern“ oder selbstfahrenden programmierten Autos vom Bürger auch gewünscht und nicht umsonst Milliarden in Entwicklung und Produktion gepumpt werden, weil letztlich diese „Produkte", nicht gekauft werden, da dem Menschen die eigene Freiheit wichtiger ist.

5G-Netzwerk-Drahtlossysteme
(Quelle: www.depositphotos.com)

Deshalb werden hier in Zukunft zwei Wege zum Ziel führen: massive Werbung, in der die Vorteile dieser Technologie vermarktet, angepriesen und die Nachteile oftmals weggelassen werden. Der zweite Weg führt über die Gesetze, durch die dann Vorschriften kommen, die – wie die aktuelle Bundeskanzlerin Angela Merkel voraussagte – letztlich dazu führen, dass in zwanzig Jahren kein Mensch mehr selbstständig Auto fährt.

Die Veränderung der Gesellschaft weg von einer „Demokratie der Freiwilligkeit" hin zu einer „Demokratie der gesetzlichen Pflicht" sollte hier von sachkundigen Personen und der Gesellschaft beobachtet und überwacht werden, da mit 5G bereits eine Tendenz sichtbar wird, nicht mehr im Sinne der demokratischen Mehrheiten Entscheidungen zu treffen, sondern im Sinne der Konzerne und Industrie, die letztlich aus Einzelpersonen in der Konzernleitung bestehen.

Und so besteht laut Expertenteams, die zur KI Zukunftsforschung betreiben, die Möglichkeit, dass:

1. uns die Maschinen überholen und eines Tages kontrollieren oder vernichten, was bei mit der bereits KI-fähigen gnadenlosen Waffentechnologie des Militärs möglich ist.
2. wir Supertechnologie erfinden, die neues Leben und neue Welten durch Duplizieren von Materie erschafft.

3. wir Technologie mit all seinen vorhandenen Risiken letztlich abschaffen und zurück zu einem einfacheren, natürlichen Leben gehen.
4. wir uns vorher durch Algorithmen, die gehackt werden können oder Fehlalarm auslösen und unsere Atomwaffen aktivieren oder zu Kernschmelzen in Atomreaktoren führen können, selbst vernichten.

Eine weitere, fünfte und derzeit völlig unbeachtete Entwicklung ist die Möglichkeit eines globalen Erwachens der Menschheit, in der der Mensch von heute eher ein spirituelles Wesen im Morgen sein wird. Dieses Wesen lebt zum Beispiel durch den – bereits wissenschaftlich untersuchten und begleiteten – 21-Tage-Prozess von Licht und feinstofflichen Energien statt von Nahrung und nutzt Telepathie statt Handys. Bereits in heutiger Zeit werden Kinder mit drei DNS-Strängen geboren, von denen Wissenschaftler stark annehmen, dass diese Telepathie beherrschen oder diese ihnen bereits in den Genen steckt.

So stehen wir also am Scheideweg: Jede Wahl, die jeder Mensch in jedem Moment auf der Erde trifft, entscheidet darüber, wohin die symbolische Waagschale sich neigen wird. Dies wird zeigen, ob wir den Versuchungen und Annehmlichkeiten einer global vernetzten Welt, in der künstliche Intelligenz alle Lebensprozesse steuert, erliegen und von dieser Technologie komplett abhängig sein werden oder auf die Stimme des Gewissens hören, während geistige Intelligenz und künstliche Intelligenz sich im Krieg miteinander befinden.

Kapitel 15

Schlussbetrachtungen und ein letzter Rat: Glauben Sie nichts und niemandem, sondern forschen Sie selbst nach!

Das Thema 5G und Mobilfunk wird derzeit heftig diskutiert. Kritik hat immer verschiedene Seiten: eine erbauliche und eine destruktive. Die erbauliche Seite hilft uns, unseren Standpunkt zu überdenken, Mängel zu entdecken und letztlich Klarheit und auch eine gewisse geistige Sicherheit (Gewissheit?) zu finden. Die destruktive und auf Mangel beruhende Kritik hingegen zerstört Klarheit, Fortschritt und verhindert Evolution und hält uns in einem Sumpf aus Intoleranz, falschen Wertvorstellungen und Verwirrung gefangen.

Negative Kritik – ein gesellschaftliches Phänomen?

Im Alltag begegne ich öfter sehr kritischen Menschen, die mir gegenüber ein reges Interesse, Offenheit und „Gesprächsbereitschaft" signalisieren, sie wollen (angeblich) beispielsweise meine in diesem Buch ausführlich dargelegten Argumente hören. Im Gespräch stellt sich dann aber schnell heraus, dass sie vorgefasste Meinungsbilder haben und andere „ketzerische" Meinungen oder auch kritische Standpunkte gegenüber ihren eigenen, dogmatischen Sichtweisen eigentlich nicht hören wollen. Sie begründen das damit, dass diese

- „zu weit hergeholt“ oder „wissenschaftlich nicht belegt“,
- politisch, öffentlich oder gesellschaftlich „zu unkorrekt,
- zu herausfordernd oder auch zu fremd;
- und nicht wie „erwartet oder gewünscht“ sind.

Dabei offenbart sich ein gewisser geistiger Denk-Fanatismus: Nur DAS wird gesehen, was die eigene Sicht spiegelt, gesellschaftlich, politisch oder wissenschaftlich akzeptabel ist und nichts davon wird hinterfragt.

Meiner Erfahrung nach handelt es sich hier inzwischen um ein breites gesellschaftliches Phänomen. Es wurzelt wohl im fundamentalistischen, jahrtausendealten Glauben, anderes erst einmal zu verleugnen und abzulehnen oder vielleicht sogar „mit dem Schwert“ zu erschlagen. Diese Haltung durchzieht Religion, Gesellschaft, Wissenschaft, Wirtschaft und Politik. Zwei aktuelle Beispiele dafür sind die im Buch geschilderte, bereits jahrelang anhaltende Diskussion um die Schädlichkeit des Mobilfunks und die ebenfalls anhaltende Diskussion um die Corona-Situation.

Mit der Gefährlichkeit der Krankheit wurden gesellschaftlich einschneidende Maßnahmen gerechtfertigt, die sich als extrem wirtschaftsschädigend und massiv existenzbedrohend herausstellten und die Welt an den Rand des finanziellen Ruins zu bringen drohen. Sie gefährden aber auch Leben, da zum Beispiel medizinische Ressourcen, Ärzte und Pflegekräfte für dringend notwendige andere Bereiche (OPs, Krebsvorsorge etc.) durch den einseitigen Fokus auf die Coronapandemie gebunden werden. Auch wenn grundsätzlich Maßnahmen nötig sind, um eine sich rasch ausbreitende Krankheit einzudämmen, so wurden und werden doch die Folgen für den Einzelnen und die Auswirkungen auf Psyche und Gesundheit der Eingesperrten zu wenig beachtet bzw. in der Öffentlichkeit diskutiert. Oder auch erst einige Zeit später sichtbar.

Ich möchte hier nicht weiter auf diese heiße Diskussion eingehen, sondern vielmehr den Leser auf das gesellschaftlich tief sitzende Thema der einseitigen negativen Kritik – die sich selbst nicht mehr hinterfragt – anhand der 5G und Coronathemen hinweisen.[240]

Wenn jeder nur noch auf seiner „Insel der Wertvorstellungen" lebt

Die verstorbene Bewusstseins- und Verhaltenstrainerin Vera F. Birkenbihl (1946-2011) nannte es das „Inselbewusstsein" und den „Zugbrückenmodus":

Jeder Mensch lebt dabei nach ihrer Beobachtung auf seiner Insel der Wahrnehmung, auf der alles, was dieser Insel an Glaubenssätzen entspricht (Freunde, Bekannte, Glaubensbrüder, Gleichgesinnte, Forschungsergebnisse, Überzeugungen), „ansässig" ist, akzeptiert wird. Von „fremden Inseln" wird jedoch nichts zugelassen. Äußerlich lässt man dabei „die Zugbrücke" herunter und signalisiert „Offenheit oder Toleranz". Das ist jedoch nur äußerer Schein und diese Diskrepanz äußert sich dann in hitzigen Gesprächen und erbitterten Kämpfen um Recht oder wenigstens Anhörung. Wobei der Sieger ist, wer die besseren Argumente hat und derjenige verliert, der nicht so gewandt mit Worten oder Argumenten ist. Oder man sich einfach von allem, was die eigene Insel der vorgefassten Meinungen gefährdet, distanziert, Andersdenkende verunglimpft oder aus sicherer Entfernung beschimpft. Denn die Zugbrücke wird von Menschen mit vorgefassten Überzeugungen bei unpassenden Gedanken schnell wieder hochgezogen, um wieder auf einer „sicheren", schön gepflegten und mit Blumen gesäumten Insel des vorgefassten Denkens leben zu können. Anders formuliert: Wir haben eine Art Wächter an der Tür unserer Gedanken, der fast schon automatisch darüber „wacht“, was wir in unseren Kopf hineinlassen und was nicht, und dementsprechend filtert oder nicht.

Unser Glaube wird Gesetz

Persönliche Glaubenssätze, eigene Überzeugungen, Wertvorstellungen und auch Prägungen spielen in der öffentlichen wie privaten Diskussion eine fundamentale Rolle: Beim Mobilfunk haben wir hier konkret die thermischen und nichtthermischen Forschungen, die durch geschultes Fachpersonal durchgeführt, zu unbedenklichen oder besorgniserregenden, ja sogar gefährlichen Ergebnissen kommen.

Da beide Seiten Recht haben, weil jede aus ihrem Blickwinkel forscht und argumentiert, stellt sich also NICHT mehr die Frage, wer Recht hat und wer nicht, sondern vielmehr, wann beide Seiten bereit sind, den Anderen mit seinen Forschungen mit „ins Boot der eigenen Überzeugungen“ zu holen. Oder anders ausgedrückt, wann wir die „Zugbrücke einmal unten und auch andere Erkenntnisse, Denkweisen, Forschungen und Überlegungen mit auf die eigene Insel lassen.

Sollte uns die Geschichte der Medizin oder der zahlreichen zuerst lächerlich gemachten, bekämpften und hart umstrittenen Querdenker und Erfinder, die wir heute feiern, nicht eines Besseren darüber belehren, wohin dieser einseitige Weg führt?

Die Geschichte der Religion zeigt uns ebenfalls durch die zahllosen Glaubenskriege, was fanatischer Glaube anrichten kann, wenn eine Seite ihren Glauben unbedingt auf die andere übertragen will. Heute haben wir glücklicherweise die religiösen

Kriege im globalen Maßstab reduziert, doch das gesellschaftliche Problem ist nicht gelöst: Denn wir führen heute erbitterte (Glaubens-)Kriege in unseren Familien, in politischen Debatten, in den Wissenschaften, um neue wissenschaftliche Denkansätze oder wie gezeigt eben auch um die schädlichen oder nicht schädlichen Wirkungen des jetzigen 5G-Mobilfunkstandards.

Könnte das größte Ereignis der Menschheitsgeschichte der KI-5G-Netze auch das letzte sein?

So äußerte sich Steven Hawking noch vor seinem Tod. Oder ist alles nicht so kritisch zu sehen und wir können uns zurücklehnen und in einem Schlaraffenland utopischer technischer Möglichkeiten leben, in dem wir die persönliche Kontrolle an künstliche Intelligenz und Algorithmen abgeben?

Es ist, als ob hier schon seit Jahrtausenden etwas Fanatisches von uns Besitz ergriffen hat, möglichst nur unsere eigenen Argumente gelten zu lassen. Das ist sehr bedauerlich, auch wenn heftige wissenschaftliche oder private Diskussionen auch Vorteile haben, da sie, ergebnisorientiert geführt, zu konstruktiven Lösungen führen können.

So lange dem so ist, wird die Gesellschaft gespalten bleiben. Ja, ich wage zu behaupten, dass wir uns mit diesem Inselbewusstsein, die Erde symbolisch noch als Scheibe zu sehen, selbst bei unserer Reise in den Weltraum zu anderen Planeten – außer technologisch – vielleicht nicht wirklich weiterentwickeln und womöglich sogar selbst zerstören werden. Denn wir haben bei all den unterschwelligen Fanatismen gelernt, das Atom zu spalten, aber ethisch sind wir bei „Mauern, statt Brücken zu bauen“ stehen geblieben. Oder um es abschließend mit Steven Hawkings Worten zu sagen:

> *„Nachdem wir das Feuer erfunden hatten, haben wir uns ein paarmal dumm angestellt. Und dann den Feuerlöscher erfunden. Bei mächtigeren Technologien wie Nuklearwaffen, Synthetischer Biologie und hoch entwickelter künstlicher Intelligenz sollten wir uns vorher Gedanken machen und uns große Mühe geben, alles gleich beim ersten Mal richtig zu machen. Denn womöglich haben wir nur diese eine Chance. Unsere Zukunft ist ein Wettlauf zwischen der wachsenden Macht unserer Technologien und der Weisheit, mit der wir davon Gebrauch machen. Wir sollten sicherstellen, dass die Weisheit gewinnt."*[241]

Weshalb spreche ich hier davon?

Weil ich möchte, dass die Weisheit gewinnt. Weil ich mich selbst und alles, was mir begegnet und wovon ich höre, hinterfrage. Und ich mir gern durch kritische Auseinandersetzung eine eigene Meinung bilde.

Alles, was ich bisher gelernt, erkannt, erfahren habe und persönlich glaube, fügt sich in meinem Kopf zu einem großen Puzzle der Wahrnehmung der Außenwelt zusammen. Ich vernetze gerne Themengebiete in einer Welt, die auf Inseln lebt und Expertentum mit separaten, isoliert voneinander forschenden Fachrichtungen praktiziert. Und suche darin einen gemeinsamen, übergreifenden Nenner. Damit stelle ich mich natürlich auch kritischen Denkern, bin aber letztlich nicht perfekt. Im Gegenteil: Ich halte Perfektion für eine Begrenzung und Evolution und Veränderung für Realität.

Und nun kommen auch mit 5G große Veränderungen auf uns zu; globale und galaktische Veränderungen. Denn wir greifen nach den Sternen, suchen Antworten im Weltall und werden diese sicher auch bald finden.

Wenn Sie mögen, lehnen sie mich und meine hier dargelegten Schlussfolgerungen oder Sichtweisen und Erkenntnisse zum 5G-Mobilfunk ab. Oder Sie stimmen mir zu und nehmen Ihren Standpunkt von wunderschön bis gefährlich ein. Oder Sie beginnen, sich darüber zu informieren und darüber zu diskutieren. Das wäre mir das Allerliebste.

Dieses Buch will nämlich als Grundgedanken die bereits stattfindenden, hitzigen Diskussionen nicht weiter anfachen, sondern vielmehr in einer persönlichen Auseinandersetzung die Mobilfunkthematik und das dazu erhältliche – öffentlich zugängliche – Material erforschen. Wer sagt dazu was und wer beruft oder stützt sich worauf? Und welchen Standpunkt nimmt jeder bei der damit einhergehenden, unter Umständen emotionalen Diskussion ein?

Ich war neugierig, mir das ganze Mobilfunkthema aus möglichst vielen Blickwinkeln einmal anzuschauen, um den Leser dann später an diesen Gedanken teilhaben zu lassen. Und nun bin ich verblüfft festzustellen, wie vielseitig und umfassend das Thema ist und was alles damit noch einhergeht.

Wenn ich durch die Ihnen vorliegende Auseinandersetzung mit dem bald alle Lebensbereiche durchdringenden Thema ein paar sinnvolle Gedanken hinzufügen konnte, so freut mich das.

Am Ende dieses Buches liegt es jetzt an Ihnen, mit all den Informationen zu arbeiten, sie nachzuprüfen oder auch nicht. Sie zu glauben oder nicht.

Letztlich kann ich Ihnen – falls Sie immer noch verunsichert sind – nur raten, nichts und niemandem zu glauben, sondern zu beginnen, mit offenem unvoreingenommenen Herzen und klarem Verstand selbst zu forschen und sich ein eigenes Bild zu machen über die verschiedenen Forschungen und Aussagen. Denn Glaube – an wen oder was auch immer – ist zwar schön und bis zu einem gewissen Punkt auch hilfreich, doch er ersetzt nicht Wissen oder Erfahrung. Denn Glaube beruht auf Mutmaßung und bedarf noch der Erkenntnis oder Manifestation.

Mögen die in diesem Buch dargelegten Informationen Ihnen helfen, die Hebel der Manifestation in Gang zu setzen, um Glauben zu Weisheit und Gewissheit zu wandeln. In diesem Prozess wollte ich Ihnen schlichtweg als Denkanstoß eine Stütze sein. Und ich hoffe, es ist mir gelungen.

Herzliche Grüße
Maik Lindner

Weiterführende Literatur und Links (Stand: Februar 2021)

Literatur:

Franz Bludorf, Grazyna Fosar: „Im Netz der Frequenzen: Elektromagnetische Strahlung, Gesundheit und Umwelt. Was man darüber wissen muß", Michaels-Verlag, 2004, ISBN: 978-3895392375 Das Werk bietet ein gutes Grundverständnis zur Mobilfunkthematik. Einfach zu lesen, werden auch dem Laien die Wirkung der Mobilfunktechnologie auf Mensch und Umwelt wissenschaftlich untermauert nahe gebracht.

Dr. Joseph Mercola: „EMF – Elektromagnetische Felder", KOPP-Verlag 2020, ISBN 9783864457562 Einer der führenden Experten auf dem Gebiet der Alternativmedizin gibt hier einen detaillierten Überblick über die Wirkungen von 5G und elektrischen oder elektromagnetischen Feldern und Frequenzen. Er zeigt jedoch auch sehr ausführlich, umfassend und leicht verständlich, wie und womit man sich vor der zunehmenden Strahlung und Elektrosmogbelastung schützen kann, die sowohl von Mobiltelefonen, Laptops, Funkmasten, aber auch Stromleitungen in der Wohnung ausgehen, wobei er sich auf fundierte wissenschaftliche Erkenntnisse stützt.

Teslas verschollene Erfindungen: Geniale Techniken wiederentdeckt, VAP-Verlag, 1994. ISBN 3922367941 Das kleine übersichtliche Werk bildet eine historische Fundgrube von Patentanmeldungen für all jene, die einen der Väter der Hochfrequenztechnologie und sein schaffensreiches Leben und Wirken, das seinerzeit und unserer Zeit teilweise weit voraus war, aus der Vergessenheit zurück in unser Bewusstsein holt.

Prof. Max Tegmark: “Leben 3.0 – Mensch sein im Zeitalter künstlicher Intelligenz“, Ullstein-Verlag, 2017, ISBN 9783550081453 Der Autor arbeitet in der Zukunftsschmiede der KI im Massachusetts Institute of Technology in den USA und stellt anhand von Einblicken in die Entwicklungen der KI in diesem Buch verschiedene Visionen vor, wohin die Reise damit gehen kann. Dabei greift er existenzielle Fragen auf, wie: Geht die Ära der Menschen zu Ende? Wird sich die KI der Menschheit eines Tages womöglich entledigen? Erschaffen wir einen neue Superintelligenz, um Hochtechnologie zu produzieren? Werden wir den ausufernden Technologieprozess eines Tages womöglich völlig unterbinden und zu einem einfachen Leben ohne diese zurückkehren? Oder zerstören wir uns vorher womöglich selbst?

Prof. Erik Brynjolfsson, Prof. Andrew McAfee: „The Second Machine Age: Wie die nächste digitale Revolution unser aller Leben verändern wird“, Plassen-Verlag, 2018, ISBN 9783864705946 Uneingeschränkter Handel im Zeitalter globaler rasanter technologischer Entwicklungen und die damit einhergehenden Veränderungen in Gesellschaft, Wirtschaft und von dem, was wir heute noch unter gesellschaftlichem Leben verstehen, mit einer Vielzahl von Folgen und Risiken, werden in diesem Werk – auch mit Blick und Ratschlägen an die Politik und Gesellschaft – vorgestellt, wobei das Individuum im Zeitalter digitaler Intelligenz wohl nur noch eine erschreckend nebensächliche Rolle spielen wird.

Prof. Dr. Dr. Manfred Spitzer: „Die Smartphone Epidemie – Gefahren für Gesundheit, Bildung und Gesellschaft“, Klett-Cotta-Verlag 3. Aufl. Januar 2020, ISBN 978-3608985603
„Viele sehen nur die positiven Seiten, wenige machen sich Gedanken um die negativen Auswirkungen für unser Denken,

Fühlen und Handeln. Smartphones schaden der Gesundheit, der Bildung und der Gesellschaft insgesamt! Es wird höchste Zeit, dem Hype durch Fakten zu begegnen. Wann wachen wir endlich auf? In den letzten zehn Jahren hat das Smartphone die Welt mit enormer Geschwindigkeit erobert und den Alltag für seine vier Milliarden Nutzer verändert wie keine technische Neuerung zuvor. Von morgens bis abends, bei der Arbeit und im Privatleben: ohne Smartphone scheint einfach nichts mehr zu gehen. Über die gesundheitlichen Folgen machen sich mittlerweile sogar Investoren und Unternehmer Gedanken…"

Dr. Rosalie Bertell: „Kriegswaffe Planet Erde", J. K. Fischerverlag, 4. Auflage, 2018, ISBN 9783941956360

Das Standardwerk über die dunkle und militärische Seite der Nutzung und Forschung verschiedener unvorstellbarer Möglichkeiten im Bereich Wettermanipulation, Waffen-Technologien und deren langjährige, gut belegte Anwendung, verfasst von der ehemaligen alternativen Nobelpreisträgerin und Inhaberin mehrerer Ehrendoktorwürden, das bis heute seinesgleichen sucht. Die leidenschaftliche Forscherin und Aktivistin, die viele Jahre in vielen Ländern forschte und auch regelmäßig Berichte an die UNO oder Vereinten Nationen schrieb, berichtet hierin über ihre Erkenntnisse und trägt eine Fülle an Material zusammen. Sie stellt aber auch die daraus resultierenden notwendigen Projekte zum Stopp dieser Experimente zum Schutz der Erde und des durch Menschenhand stark geschädigten Lebensraums vor.

Dr. Christine Aschermann, Dr. Cornelia Waldmann-Selsam: „Elektrosensibel – Strahlenflüchtlinge in einer funkvernetzten Gesellschaft", Shaker Media Verlag, 2017, ISBN 78-3956316227 Das Buch zweier Medizinerinnen zeigt das Leben elektrosensibler Menschen. Wie sie fliehen, leben, sich schützen und dass es in einer funkvernetzten Welt jeden treffen kann. Es informiert über Gefahren, Abhilfemaßnahmen und weshalb diese schädliche Technologie sich trotz vorhandener Belege ausbreiten konnte, und wagt den Blick in die Zukunft, womit wir wahrscheinlich noch rechnen müssen.

Gunilla Ladberg: „Ein schönes Gefängnis – Auf der Flucht vor Elektrizität und Mobilfunkstrahlung“, 2010, Bürgerwelle e.V., Lindenweg 10, 95643 Tirschenreuth Das kleine Büchlein bietet zahlreiche hochinteressante Interviews mit elektrosensiblen Menschen, die ihre Erfahrungen und ihr von der Gesellschaft vergessenes, ausgestoßenes, von der Politik missachtetes primitives Dasein am Rande der Gesellschaft sehr lebendig schildern. All das findet ohne allen Luxus und Fortschritt oder die Aufmerksamkeit der Medien und Politik in einer von Mobilfunktechnologie begeisterten Welt am Existenzminimum seit längerer Zeit statt.

Russell Targ: „PSI Die Welt ist anders, als sie zu sein scheint“, Crotona Verlag, 2013, ISBN: 9783861910404 Der Physiker und ehemalige leitende NASA-Ingenieur auf dem Gebiet der Laser-Technik berichtet in diesem grundlegenden Werk zu sogenannten wissenschaftlichen Grenzgebieten von seinen jahrelangen bahnbrechenden Experimenten und mit Millionen Dollar vom Militär finanzierter PSI-Forschung. Diese hatte die Ausbildung und das Studiums spezieller Sondereinheiten und die Untersuchung medialer Fähigkeiten zum Ziel, woraus eine bis heute anhaltende und in den zivilen Sektor reichende Bewegung von „Remote Viewern“ entstanden ist. Es zeigt außerdem durch Experimente an Gruppen von „normalen“ Versuchspersonen, dass wir in uns alle Anlagen und Möglichkeiten haben, Wissen (telepathisch?) über große Entfernungen und ohne Technologie aus Zukunft, Vergangenheit und jetzt abzurufen, vermisste Flugzeuge oder

Menschen ohne funkgesteuerte Satelliten oder Drohnen-Technologie aufzuspüren.

DVD-Dokumentationen:

Lothar Moll und Klaus Scheidsteiger: „Faktencheck Mobilfunk – Die gesundheitliche Wirkung der Mobilfunkstrahlung", DVD 2018, Bezug über die Bürgerwelle e.V., Lindenweg 10, 95643 Tirschenreuth oder: www.faktencheck-mobilfunkstrahlung.de

Die sehr gut recherchierte Dokumentation bietet eine Fülle von aktuellen Studien zur schädlichen Wirkung des Mobilfunks und dem täglichen sorglosen Umgang damit. Interviews mit kompetenten Fachkräften und Hinweise zu Schutzmöglichkeiten runden die 90-minütige Dokumentation ab.

Klaus Scheidsteiger: „Thank You For Calling", DVD 2016, erhältlich über www.diagnose-funk.org

Der Film zum gleichnamigen Buch zeichnet die Verschleierungstaktiken der Mobilfunkindustrie nach und begleitet den Kampf einiger mutiger Wissenschaftler, die seit Jahren auf diesem Gebiet forschen, aber erst seit kurzem wirklich Gehör finden. Er führt den Zuschauer hinter die Kulissen der internationalen Forschung, des Industrie-Lobbyismus sowie aktuell laufender Schadensersatz-Prozesse in den USA, die medial kaum beachtet werden.

„Gesundheitsgefahren durch die mobile Kommunikation und Baumschäden durch chronische Hochfrequenzbelastungen", DVD, ISBN: 978-3-9811933-2-9 Live-Mitschnitt einer Informationsveranstaltung vom 24.01.2007 in Rheinstetten/Mörsch.

Gezeigt werden **Vorträge von:**
Dr. med. Annette Mauser, Ärztin für Allgemeinmedizin (ca. 20 min)
Dr. med. C. Waldmann-Selsam, praktische Ärztin (ca. 20 min)
Dr. -Ing. Volker Schorpp, Physiker (ca. 1 h 45 min) erhältlich bei www.puls-schlag.org

„Hochfrequenzsender verursachen Baumschäden – Eine Beweisführung“, DVD, ISBN: 978-3-9811933-3-6 Live-Mitschnitt einer Informationsveranstaltung am 02.06.2007 in St. Peter im Schwarzwald bei Freiburg, ca. 1 h 55 min, erhältlich bei www.puls-schlag.org

Dr. Volker Schorpp stellt die Frage nach der Ursache der Schäden in den Mittelpunkt seiner Untersuchungen. Streng wissenschaftlich und mit „kriminalistischem Scharfsinn“ sucht er vor Ort nach Hinweisen, die für oder gegen mögliche Ursachen von Baumschäden sprechen. Anschaulich und leicht verständlich zeigt er anhand ausgewählter, dokumentierter Fallbeispiele wichtige Phänomene in Zusammenhang mit den Schäden auf. Insbesondere die genaue Beobachtung der räumlichen Schädigungsstrukturen sowie der zeitlichen Schädigungsverläufe offenbart teilweise verblüffend einfache Zusammenhänge.

David Bernet: „DEMOCRACY – im Rausch der Daten“, DVD, Farbfilm Home Entertainment, 2016

Das Filmteam folgt hier mit der Kamera der Gesetzgebung auf EU-Ebene und zeigt die komplexe Mächte-Architektur, den Zustand der heutigen Demokratie und die Gefahren von BIG-DATA und Massenüberwachung, aber auch das Ringen um den Schutz unserer Daten.

Dieter Broers: „Revolution 2012 – Die Menschheit vor einem Evolutionssprung“, DVD, SCORPIO-Verlag, 2012

Führende Wissenschaftler erklären in dieser hoffnungsvollen Dokumentation anhand aktueller Studien, weshalb die Menschheit vor einem Evolutionssprung und globalem Erwachen steht, welches die Welt in ein neues spirituelles Zeitalter führen könnte. Dabei spielen die Auswirkungen der Sonne auf die Gene eine maßgebliche Rolle.

Webseiten mit Studien und Informationen zu bedenklichen Wirkungen:

www.ulrichweiner.de
www.kompetenzinitiative.net
https://www.diagnose-funk.org
www.youtoube.de/Funkwissen
https://www.emf-portal.org/de
www.powerwatch.org.uk

Mobilfunkdiskussion in Italien:

www.icems.eu

Hier wird im italienischen Parlament öffentlich über 5G „frei“ diskutiert, undenkbar für uns in Deutschland und Berlin. Die Konkurrenz der Wissenschaftler zur ICNIRP, welche aktuell Ende Juni 2020 reaktiviert wurde.

Vereine und Organisationen, die Schutz, Hilfe und Infos vor/ zu 5G und Mobilfunk anbieten (Angaben ohne Gewähr):

Bürgerwelle e.V., Lindenweg 10, D-95643 Tirschenreuth
Tel. 09631-795736, Fax: 09631-795734
E-Mail: pr@buergerwelle.de, **www.buergerwelle.de**
mit weiteren Büros in :
Schweiz: Güeterstalstr. 19, CH-8133 Esslingen, Tel. + Fax: 0041-(0)44-9840039 www.buergerwelle-schweiz.org
Österreich: Harrachgasse 10, A-8010 Graz, Tel. + Fax: 0043-(0)316-422496
***Italien:* c/o VZS – Verbraucherzentrale Südtirol**, Zwölfmalgreinerstr. 2, I-39100 Bozen www.buergerwelle.it

Verein für Elektrosensible und Mobilfunkgeschädigte e.V. c/o Paritätischer Wohlfahrtsverband
Charles-de-Gaulle-Str. 4, 81737 München,
Telefon: 089 / 61 37 24 98,
E-Mail: kontakt@elektrosensibel-muenchen.de https://www.elektrosensibel-muenchen.de/kontakt.html

PULS-SCHLAG Mobilfunk-Bürgerforum Großraum Karlsruhe e.V.
Nördliche Hildapromenade 12, 76133 Karlsruhe,
Kontakt: Telefon: 07245-8048604
E-Mail: puls-schlag@web.de

Bürgerinitiative 5G-frei
Hans Hörner, Hinterm Dorf 9,
97337 Dettelbach
E-Mail: team@5gfrei.de

https://5gfrei.de

Bündnis Verantwortungsvoller Mobilfunk Deutschland

Koordination: Michaela Thiele, Friedensstr. 6, 34466 Wolfhagen
Koordination des Bündnisses: info@bvmde.org
Pressekontakt des Bündnisses: Email: presse@bvmde.org
www.bmvde.org

The World Foundation for Natural Science

Europäischer Hauptsitz: PF 7995, 6000 Luzern 7, Schweiz,
T. +41(41)798-0398
E-Mail: EU-HQ@naturalscience.org

Büro Deutschland: PF 1180, 85749 Karlsfeld, Deutschland,
T. +49(89)38157-0590
E-Mail: DE-Office@naturalscience.org

Büro Österreich: PF 9, 4663 Laakirchen, Österreich,
T. +43(7613)324-22,
E-Mail: AT-Office@naturalscience.org

The Earth Council

Apardato 2323-1002
San Jose, Costa Rica,
T. +506-256-1611.
E-Mail: eci@terra.ecouncil.ac.cr
http://ecouncil.ac.cr

The International Council For Local Environment Initiatives (Globale Vereinigung zum Schutz der Erde)

World Secretariat:

Kaiser-Friedrich-Str. 7, 53113 Bonn/ Deutschland

T. + 49-228/97 62 99-00
E-Mail: iclei.ws@iclei.org
https://www.iclei.org/en/Home.html

Friedensinitiative Dresden

Friedrich Nähring, Bischofsweg 84, 01099 Dresden,
Tel. 0351 3091 3171
www.friedendresden.de
E-Mail: friedrich@naehring.info
E-Mail: friedendresden@tutanota.com
5G-Filmprojekt:
https://www.youtube.com/channel/UCEihhcl6KIUhzp2se97U9Dw

Elektrosmog/5G-Neutralisierung durch Mehrkammer-Hohlleiter-Rohr-Systeme und Infos zu Sferics:

Dr. sc. Florian König, fke Enterprises, Gärtnerweg 48, 82685 Bad Wörishofen, Kontakt: info2@fk-e.de,
Hohlkammersysteme: http://www.fk-e.de/dienst.html

Zur Person: D. Sc. Florian M. König

Geb. 1960, Abitur 1981, Diplom 1988, Promotion Doktor in Science and Physics Engineering, Vasile G. Western Univ. Delaware/ USA 2004. Mehrfacher Firmengründer neben über 160 Patentanmeldungsakten in Deutschland sowie weltweit in der Raumakustik und EMV/EMC; selbstständiger Forscher, Entwickler, Publizist und Consulter. Mitglied in diversen wissenschaftlichen Ausschüssen bzw. Beiräten (u.a. AES, DEGA, Tonmeisterverband sowie ehem. DKE-DIN / TC100.

Buchtipp: Michael M. König: „Die Natur braucht Chaos", Michaels-Verlag, Januar 2021, ISBN 978389539712

Technologien sowie Kopfhörer, www.ultrasone.com (strahlungsarmen Kopfhörer), www.wellcans.com oder alle neuartigen Technologien + dazu X internat. wissenschaftl. „Peer Reviewed Papers" aus 2017-2020 **unter** http://www.fk-e.de/news.html**; speziell dort Kap. II mit den Paper-Links zu Sferics Papers unter**
http://www.fk-e.de/sferics.html
https://japanjournalofmedicine.com/wp-content/uploads/2019/12/JJM-146.pdf
https://japanjournalofmedicine.com/an-inherent-holistic-modeling-of-human-meteorosensivity/

Allgemeine Sferics-Studie etc.: http://www.wetterfuehligkeit.eu/

Über den Autor

Maik Lindner

Maik Lindner, geb. 1968, fand nach einer Ausbildung als Zimmermann und Gerüstbauer bereits mit 22 Jahren seine Berufung in sozialen Tätigkeitsfeldern und ließ sich in zahlreichen alternativen Behandlungsformen ausbilden, welche er nach erfolgreichem Abschluss in bundesweiten Seminaren, Vorträgen und Ausbildungen weitergab. Parallel beschäftigt er sich seit über 20 Jahren intensiv privat mit den großen Herausforderungen, Sorgen und Fragen unserer Zeit und neuen Erkenntnissen aus vielen Bereichen der Wissenschaft; wie beispielsweise der Zukunftsforschung, Bewusstseinsforschung, Genforschung, alternativen Denkansätzen und Entwicklungen in Gesundheit, Ökologie, zu Mobilfunk, experimentellen Gesellschafts- und Wirtschaftsformen, Energieprojekten und Vielem mehr. Heute lebt und arbeitet er im sozialen Bereich im Raum München und verfasst Bücher zu aktuellen Themen oder auch kleine Werke als Dichter, Denker und Philosoph.

Weitere Titel

Vom Autoren sind bereits folgende weitere Titel erschienen:

Maik Lindner

Band 1: Gedichte, Gedanken & Weisheiten eines unbekannten Dichters, Denkers & Philosophen

Taschenbuch: 141 Seiten
Preis: 14,99 €
ISBN: 978-1688366688

E-Book, 7160 KB
Preis: 4,99 €
ASIN: B07X5C9V7R

Das erste Werk des Autoren beinhaltet Gedichte, Weisheiten, Aphorismen und Sinnsprüche aus über 15-jähriger praktischer, geistiger und physischer Arbeit in unterschiedlichen Situationen und sozialen Tätigkeitsfeldern: Das kleine Juwel mit inspirierenden Denkanstößen entstand durch Nachsinnen, Beobachten und Erfahren einer geistigen Realität, die sich oftmals dem gewöhnlichen Alltag entzieht.

Maik Lindner

Band 2: Weisheiten eines unbekannten Dichters, Denkers & Philosophen
Taschenbuch: 81 Seiten
Preis: 8,99 €
ISBN: 978-1691673193

E-Book, 6915 KB
Preis: 3,99 €
ASIN: B07XYYQHZC

Der zweite Teil dieser Weisheitsreihe entstand während der Arbeit an Band 1. Er rundet diesen durch viele weitere, wunderbar tiefe Gedanken zu verschiedenen Grundthemen des Lebens & Daseins in Aphorismenform ab, vertieft aber auch die schon im ersten Buch angedeutete Reise des Suchenden nach Meisterschaft, tiefer geistiger Einweihung und der Suche nach Grenzenlosigkeit und Freiheit im Dasein.

Maik Lindner

Band 1: Närrisch oder weise? Vierzehn denkwürdige Geschichten über den Sinn und Unsinn des Lebens und eine verrückte Spezies namens Mensch
Taschenbuch: 156 Seiten
Preis: 11,99 €
ISBN: 978-169372658

E-Book, 6617 KB
Preis: 4,92 €
ASIN: B081H1SYLP

Dieses kleine Buch mit inspirierenden Kurzgeschichten regt zum Nachsinnen an über das närrische Treiben, Suchen und Schaffen von uns Menschen. Versteckt und verpackt in kleinen Erzählungen, nimmt der Autor in teilweise ironischen, zynisch-lustigen – oder geistvoll-berührenden Episoden – den Leser mit, auf eine faszinierende Reise, hin zu illustren, fantastischen, geschichtsträchtigen Orten und Geschehnissen, wie auf spielerische Art & Weise auch hinein, mitten ins Herz, der Entdeckung seiner selbst.

In Vorbereitung

Maik Lindner

Globale Veränderungen und die Zukunft der Menschheit; Entwicklungen, Tendenzen Herausforderungen und Lösungen

Dieses umfassend recherchierte und in über 6 Jahren entstandene Buch informiert, warnt, rüttelt wach und spendet Hoffnung. Es zeigt den Zustand der Welt um das Jahr 2020 in einem größerem Licht und fasst zusammen, was global physisch-materiell, gesellschaftlich, wissenschaftlich-technisch sowie geistig-spirituell im Kommen ist. Es untersucht ebenfalls die zahlreichen bekannten und wenig bekannten existenziellen Bedrohungen unserer Zeit und sucht nach Lösungen. Tatsächlich findet der Autor dabei eine Fülle positiver Entwicklungen in vielen Lebensbereichen, wobei die dramatischen wie fantastischen Entwicklungen wohl in einem globalen Erwachen der Menschheit und NICHT in ihrem Untergang ihren Höhepunkt finden werden.

Danksagung

Vielen Dank für das Lesen dieses Buches. Ich hoffe, ich konnte Sie damit etwas inspirieren. Es hat mir Freude gemacht, dieses Werk für Sie als Leser/in zu schreiben und meine langjährigen Recherchen zu teilen.

Wenn es Ihnen gefallen hat, Sie inspirierte oder nachdenklich stimmte, so können Sie mir gern auch unter folgender Adresse schreiben oder auch eine Kritik hinterlassen, was mir nicht unwichtig sein wird:

Maik Lindner>
c/o SP-Day.de Impressum-Service
Dr. Lutz Kreutzer
Putzbrunner Straße 9c
81737 München
Mail: Lindner-Buch@web.de

Mein großer Dank gilt auch all jenen, die an der Entstehung dieses Buches direkt oder indirekt mitgewirkt oder mich durch Interviews, Begegnungen oder ihre Kreativität zu dieser Schrift inspiriert haben: Daniela Rohr (Skriptgestaltung und Layout), Uli Kaufmann (Korrektur), Helga König (Korrektorat und Werbeunterstützung), Dr. Florian König (Vision und Inspiration) und vielen anderen, die namentlich nicht genannt wurden.

Herzlichst
Maik Lindner

Quellenverzeichnis

1 Online-Artikel vom 17.11.2015: https://www.welt.de/print/die_welt/article148925293/So-viele-Handys-wie-Menschen.html
2 Martin Cammerfold: Teslas verschollene Erfindungen – Geniale Techniken wiederentdeckt, VAP-Verlag, Wiesbaden, 2.Auflage, 1997, S. 56-59
3 Online-Artikel vom 19.06.2014: https://www.welt.de/wirtschaft/article160308667/Physiker-bauen-visionaeren-Stromturm.html
4 Video: Klaus Turtur: 1 Cent pro Kilowattstunde 7,30 min, https://youtu.be/G6wVw2PxtIQ
5 Online-Artikel: https://www.elektronik-kompendium.de/sites/kom/0910121.htm
6 Online-Artikel: http://www.informationszentrum-mobilfunk.de/technik/geschichte-des-mobilfunks/4-generation-4g
7 Online-Artikel: http://www.informationszentrum-mobilfunk.de/technik/geschichte-des-mobilfunks/4-generation-4g
8 Online-Artikel: https://m.focus.de/gesundheit/familiengesundheit/internetsucht-woran-sie-erkennen-dass-sie-krank-sind_id_3153808.html
9 Online-Artikel: https://www.sueddeutsche.de/gesundheit/internet-unkontrolliertes-surfen-soll-zur-sucht-erklaert-werden-1.3148827
10 Online-Artikel: https://www.topagrar.com/management-und-politik/news/bundesregierung-will-funkloecher-ueber-den-aeckern-schliessen-11894295.html
11 Online-Artikel: http://www.report-psychologie.de/nc/heft/archiv/index_tx_rparchive_pi1%5Barticle%5D=543&tx_rparchive_pi1%5Baction%5D=show&tx_rparchive_pi1%5Bcontroller%5D=Article&cHash=0014f17305b7a1feb989b0ec9cee1d54.html

12 https://www.t-systems.com/de

13 Online-Artikel vom 06.12.2018: https://www.n-tv.de/technik/Was-man-ueber-5G-wissen-muss-article20758433.html?gclid=EAIaIQobChMIq5LGkZWf5wIVis13Ch0zJwaaEAAYAyAAEgJLHvD_BwE

14 Online-Artikel: https://www.handelsblatt.com/meinung/kolumnen/expertenrat/diehm/expertenrat-prof-dr-curt-diehm-gefaehrden-5g-sendemasten-unsere-gesundheit/24502604.html?ticket=ST-2093135-6nHaMxMbzhr0ufUFdGiZ-ap1, Zugriff: 11.06.2020

15 Online-Artike: https://www.n-tv.de/technik/Wird-Deutschland-mit-5G-Masten-gespickt-article20854045.html, Zugriff: 11.06.2020

16 Online-Artikel vom 06.12.2019: https://www.br.de/nachrichten/netzwelt/gesundheitsgefahren-von-5g-berechtigte-sorge-oder-hysterie,RjrgK3C

17 Online-Artikel: https://www.br.de/nachrichten/netzwelt/gesundheitsgefahren-von-5g-berechtigte-sorge-oder-hysterie,RjrgK3C

18 Raum und Zeit, 38. Jahrgang, Nr.223, Heft Januar/Februar 2020, S. 40

19 Online-Artikel vom 17.11.2019: https://www.tagesspiegel.de/wirtschaft/fdp-attackiert-strategie-fuer-digitalisierung-koalition-gibt-unser-land-beim-mobilfunk-der-laecherlichkeit-preis/25237132.html

20 Online-Artikel: https://www.handelsblatt.com/politik/deutschland/5g-netzausbau-das-ist-der-geheime-masterplan-fuer-das-wirklich-schnelle-internet/22976952.html

21 https://de.statista.com/statistik/daten/studie/76095/umfrage/asylantraege-insgesamt-in-deutschland-seit-1995/

22 Online-Artikel: https://www.tagesschau.de/inland/fluechtlingskosten-bilanz-101.html

23 Video: https://youtu.be/vCyvo0wsSQg)
24 Online-Artikel: https://www.finanzen100.de/finanznachrichten/wirtschaft/mehr-als-es-bisher-gibt-elon-musk-darf-4-425-satelliten-fuer-mobiles-internet-auf-der-ganzen-erde-starten_H402988518_563586/, Zugriff: 11.06.2020
25 Online-Artikel: https://www.finanzen100.de/finanznachrichten/wirtschaft/mehr-als-es-bisher-gibt-elon-musk-darf-4-425-satelliten-fuer-mobiles-internet-auf-der-ganzen-erde-starten_H402988518_563586/
26 Online-Artikel: https://www.finanzen100.de/finanznachrichten/wirtschaft/mehr-als-es-bisher-gibt-elon-musk-darf-4-425-satelliten-fuer-mobiles-internet-auf-der-ganzen-erde-starten_H402988518_563586/, Zugriff: 11.06.2020
27 Online-Artikel: https://www.bmu.de/faq/welche-frequenzen-nutzen-die-5g-netze/, Zugriff: 11.06.2020
28 Video: Dringende Warnung vor 5G, https://www.youtube.com/watch?v=7HNSYZ1Xadg&feature=youtu.be
29 Online-Artikel: https://www.bmu.de/themen/atomenergie-strahlenschutz/strahlenschutz/nieder-und-hochfrequenz/hochfrequente-felder/fragen-und-antworten-zur-einfuehrung-der-5g-mobilfunknetze-und-emf/, Zugriff 11.06.2020
30 Online-Artikel: https://www.informationszentrum-mobilfunk.de/gesundheit/grenzwerte/international
31 Sigfried Zwerenz: Der Betrug mit den Grenzwerten, The Journal of Natural Science, Jahrgang 3, Nr. 5 2000, S. 52
32 Online-Artikel: https://www.buergerwelle.de/de/themen/gesundheit/gesundheit_bergmann.html
33 „EU-Kommission erhöht Strahlengrenzwerte für Lebensmittel aus Japan“, https://www.greenpeace.de/themen/atomkraft/eu-kommission-erhoeht-strahlengrenzwerte-fuer-lebensmittel-aus-japan

34 Online-Artikel: https://www.focus.de/politik/deutschland/unerwartete-rueckendeckung-aus-bruessel-bericht-deutschland-darf-grenzwert-fuer-stickoxid-auf-50-mikrogramm-erhoehen_id_10317726.html
35 Online-Artikel: https://www.pharmazeutische-zeitung.de/mehr-tote-durch-luftverschmutzung-als-durch-rauchen/
36 Online-Artikel: https://www.t-online.de/gesundheit/krankheiten-symptome/krebs/id_86409694/darmkrebs-trifft-immer-mehr-junge-menschen-lebensstil-schuld-.html
37 Online-Artikel: https://www.t-online.de/gesundheit/krankheiten-symptome/krebs/id_86409694/darmkrebs-trifft-immer-mehr-junge-menschen-lebensstil-schuld-.html
38 Online-Artikel vom 06.12.2018: https://www.n-tv.de/technik/Was-man-ueber-5G-wissen-muss-article20758433html?gclid=EAIaIQobChMIq5LGkZWf5wIVis13Ch0zJwaaEAAYAyAAEgJLHvD_BwE
39 Online-Artikel: https://www.nq-online.de/o2-nuter-knacken-exabyte-schwelle_39_111835095-1-.html
40 Online-Artikel: https://www.zeit.de/news/2020-01/23/so-viel-datenvolumen-brauchen-die-deutschen, Zugriff 11.06.2020
41 Online-Artikel vom 04.04.2019: https://www.spiegel.de/netzwelt/web/5g-flaechendeckendes-netz-in-suedkorea-gestartet-a-1261204.html
42 Online-Artikel: https://www.diagnose-funk.org/publikationen/artikel/detail&newsid=769
43 https://www.buergerwelle.de/de/themen/gesundheit/aussagen_zum_mobilfunk.html
44 Online-Artikel vom 15.03.2019: https://www.spiegel.de/netzwelt/netzpolitik/5g-in-deutschland-darum-ist-der-neue-mobilfunkstandard-so-wichtig-a-1240665.html
45 „Wie Mobilfunkriesen Handys und WLAN für ungefährlich erklärten“, NEXUS Magazin, Ausgabe 81, Februar-März 2019, S. 65/66

46 „Wie Mobilfunkriesen Handys und WLAN für ungefährlich erklärten“, NEXUS Magazin, Ausgabe 81, Februar-März 2019, S. 66
47 Bundesamt für Strahlenschutz (BfS), 07.02.2019: https://www.bfs.de/SharedDocs/Pressemitteilungen/BfS/DE/2019/004.html
48 Sigfried Zwerenz: Der Betrug mit den Grenzwerten, The Journal of Natural Science, Jahrgang 3, Nr. 5 2000, S.52
49 Sigfried Zwerenz: Der Betrug mit den Grenzwerten, The Journal of Natural Science, Jahrgang 3, Nr. 5 2000, S.51)
50 Sigfried Zwerenz: Der Betrug mit den Grenzwerten, The Journal of Natural Science, Jahrgang 3, Nr. 5 2000, S.51)
51 Sigfried Zwerenz: Der Betrug mit den Grenzwerten, The Journal of Natural Science, Jahrgang 3, Nr. 5 2000, S.52
52 Video: https://www.youtube.com/watch?v=X0bZtna2noY
53 Video: https://www.youtube.com/watch?v=X0bZtna2noY
54 Sigfried Zwerenz: Der Betrug mit den Grenzwerten, The Journal of Natural Science, Jahrgang 3, Nr. 5 2000, S.53
55 https://www.buergerwelle.de/de/themen/gesundheit/gesundheit_bergmann.html
56 Online-Artikel: www.krebsinformationsdienst.de/vorbeugung/risiken/krebs-durch-handys-mobilfunk-elektrosmog.php
57 https://de.statista.com/statistik/daten/studie/516843/umfrage/private-haushalte-in-deutschland-mit-mikrowellengeraet/
58 Online-Artikel: wikipedia.org/ https://de.wikipedia.org/wiki/Mikrowellenherd
59 Online-Artikel: https://www.bfs.de/DE/themen/emf/hff/quellen/mikrowelle/mikrowelle.html
60 „Der große Mobilfunkreport“, Zeitenschrift Nr.24, 4. Quartal, 1999, S. 38
61 www.naturalscience.org: „ Mikrowellennahrung erzeugt nicht nur Krebs, sie macht auch dick!“, S.1

62 www.naturalscience.org: „ Mikrowellennahrung erzeugt nicht nur Krebs, sie macht auch dick!“, S.2
63 Online-Artikel: https://www.golem.de/news/drohne-quadrocopter-bestaeuben-blumen-1702-126125.html
64 Online-Artikel: https://www.diagnose-funk.org/publikationen/diagnose-funk-publikationen/studienreportumwelt-medizin-gesellschaft 3/2016
65 Online-Artikel: http://ul-we.de/wp-content/uploads/2010/06/091210-EMF-Urteil-Brescia-urteil-marcolini-ubersetzung.pdf
www.tt.com/Nachrichten/5579438-2/handy-für-tumor-verantwortlich-gericht-in-rom-sorgt-für-aufsehen.csp?tab=article
66 Manfred Spitzer: Von digitaler Demenz zur Smartphone-Pandemie, 23.11.2019, https://www.youtube.com/watch?v=MRrPbNLhEuQ
67 Online-Artikel vom 31.07.2018: https://www.welt.de/wissenschaft/article141084460/Smartphones-verbannen-ist-einfach-aber-nicht-klug.html
68 Online-Artikel: https://edoc.rki.de/handle/176904/293
69 Sigfried Zwerenz: Der Betrug mit den Grenzwerten, The Journal of Natural Science, Jahrgang 3, Nr. 5 2000, S. 54
70 Online-Broschüre: Bundesministerium für Umwelt, Naturschutz und Reaktorsicherheit, ISSN 1612-6386, 2006: https://www.bmu.de/fileadmin/bmu-import/files/pdfs/allgemein/application/pdf/schriftenreihe_rs685.pdf
71 Persönliche Kommunikation vom 22. März 2020, Hélène Henke-Houet, 2. Vorsitzende des Vereins für Elektrosensible und Mobilfunkgeschädigte e.V., Charles-de-Gaulle-Str. 4, München
72 Persönliche Kommunikation vom 22. März 2020, Hélène Henke-Houet, 2. Vorsitzende des Vereins

für Elektrosensible und Mobilfunkgeschädigte e.V., Charles-de-Gaulle-Str. 4, München
73 Online-Artikel: https://www.zeit.de/2005/43/Strahlen
74 TNO-Report: Effects of Global Communication System radiofrequency fields on Well Being and Cognitive Functions of human subjects with and without subjective complaints, 2003
75 Online-Artikel: http://freiburger-appell-2012.info/de/home.php
76 Schriftliche Anfrage von Hiltrud Breyer (Verts/ALE) an die EU-Kommission vom 7.Mai 2009: http://www.europarl.europa.eu/sides/getDoc.do?type=WQ&reference=E-2009-3423&language=DE
77 Persönliche Kommunikation vom Juli 2020
78 Online-Artikel: https://www.heise.de/newsticker/meldung/US-Militaer-testet-Schwarm-von-Minidrohnen-mit-Kuenstlicher-Intelligenz-3592802.html
79 www.naturalscience.org: Der Frühling verstummt, Warum immer mehr Insekten und Vögel verschwinden, 2017
80 Online-Artikel: https://www.bund-naturschutz.de/pressemitteilungen/europaeische-buergerinitiative-bienen-und-bauern-retten.html
81 Online-Artikel: https://www.nabu.de/news/2017/10/23291.html
82 „Rotten handystrahlen unsere Bienen aus?", Zeitenschrift, Nr.55, 3. Quartal, 2007
83 Online-Artikel: Bienensterben und elektromagnetische Felder – österreichisches Ministerium weist auf Studie hin: https://www.diagnose-funk.org/publikationen/artikel/detail?newsid=368
84 Online-Artikel: Stever, H., Kuhn, J., Otten, C., Wunder, B., Harst, W.: Verhaltensänderung unter elektromagnetischer Exposition, Landau: Arbeitsgruppe Bildungsinformatik, http://agbi.uni-landau.de

85 Zeitenschrift, Nr.55, 3. Quartal, 2007, S. 55; sowie unter: www.mikrowellensmog.info

86 Zeitenschrift, Nr.55, 3. Quartal, 2007. S. 57

87 Online-Artikel: https://www.zeit.de/news/2019-03/11/warum-5g-nicht-an-jeder-milchkanne-verfuegbar-sein-wird-190311-99-327560

88 Online-Artikel: https://www.kla.tv/5G-Mobilfunk/15151&autoplay=true

89 Video vom 06.11.2018: 5G Experiment misslingt und hunderte Vögel sterben in Den Haag, https://youtu.be/S-NiZqNzerg, insb. 4,24 min

90 „Erde in Not, Bäume unter Hochfrequenz", Raum & Zeit, 3.Jahrgang, Nr.5, 2010, S. 42

91 Online-Artikel: https://kompetenzinitiative.com/wpcontent/uploads/2019/08/dergartenbau_13_2017.pdf

92 Beispielhaft hier: https://www.kla.tv/5G-Mobilfunk/15151&autoplay=true

93 „Erde in Not, Bäume unter Hochfrequenz", Raum & Zeit, 3.Jahrgang, Nr.5, 2010, S. S.47

94 Online-Artikel: https://kompetenzinitiative.com/wissenschaft/neue-baum-dokus-zu-bamberg-und-ganz-bayern/

95 Online-Artikel: https://kompetenzinitiative.com/wp-content/uploads/2019/08/dergartenbau_13_2017.pdf

96 Online-Artikel: https://www.nationalgeographic.de/wissenschaft/nasa-findet-definitiv-fluessiges-wasser-auf-dem-mars

97 „Lassen technische Mikrowellen das Wasser verdunsten?", Zeitenschrift, Nr.54, 2.Quartal, 2007, S. 9

98 Online-Artikel: https://www.stuttgarter-zeitung.de/inhalt.umwelt-vom-menschen-gemacht-die-neuen-wuesten-page2.10ab947d-03af-4c9a-b2aa-6e275eda5452.html

99 Online-Artikel: https://www.faz.net/aktuell/wissen/raetselhafter-ozonschwund-am-himmel-15434979.html

100 „Lassen technische Mikrowellen das Wasser verdunsten?“, Zeitenschrift, Nr.54, 2.Quartal, 2007, S. 11)

101 Bamberger Zeitung vom 28.06. 2012: Zunahme schwerer Baumschäden im Strahlungsfeld von Mobilfunksendeanlagen, https://www.bamberger-onlinezeitung.de/2012/06/28/zunahme-schwerer-baumschaden-im-strahlungsfeld-von-mobilfunksendeanlagen-2/

102 Michio Kaku: Die Physik der Zukunft – Unser Leben in 100 Jahren, RORORO-Verlag, ab S. 495

103 Dr.Rosalie Bertell: Kriegswaffe Planet Erde, J.K.Fischer-Verlag, 2. Auflage, 2013, S. 542-543

104 Online-Artikel: https://www.welt.de/vermischtes/article5085595/Kuenstlicher-Schneesturm-legt-Peking-lahm.html

105 Dr.Rosalie Bertell: Kriegswaffe Planet Erde, J.K.Fischer-Verlag, 2. Auflage, 2013, S. 263

106 Dr.Rosalie Bertell: Kriegswaffe Planet Erde, J.K.Fischer-Verlag, 2. Auflage, 2013, S. 265/ 266

107 Online-Artikel: https://www.umweltbundesamt.de/sites/default/files/medien/publikation/long/3574.pdf

108 Online-Artikel: http://www.chemtrail.de/wp-content/uploads/2016/12/Bayern-Bayern_-Katastrophale-Konzentration-von-Aluminium-Barium-und-Arsen-in-der-Atemluft-amtlich-bestätigt.pdf

109 Online-Artikel: https://www.br.de/wissen/geoengineering-climateengineering-wettermanipulation-klimawandel-100.html

110 Fernsehsendung: Luft” sowie “Climate Engineering – Mit Hightech den Klimawandel stoppen?”, in IQ – Wissenschaft und Forschung, Bayern 2, 11.10.2017, 18.05 Uhr “Geoengineering – Notbremse mit Nebenwirkung” in

IQ – Wissenschaft und Forschung, Bayern 2, 21.04.2017, 18.05 Uhr und radioWissen, Bayern 2, 27.11.2015, 9.05 Uhr

111 „Die Erde als Waffe“, Matrix 3000, Ausgabe März/April 2006 S.9

112 „Die Erde als Waffe“, Matrix 3000, Ausgabe März/April 2006 S.9

113 Madjid Abdelladziz: Desert Greening – Begrünung der Wüste durch Wetterheiling, ISBN: 9783869940038; mehr unter https://desert-greening.com

114 Online-Artikel: https://de.wikipedia.org/wiki/Marinefunksendestelle_Marlow

115 Dr.Rosalie Bertell: Kriegswaffe Planet Erde, J.K.Fischer-Verlag, 2. Ausgabe 07/2013, S.227

116 Online-Artikel: https://www.contra-magazin.com/2017/11/antarktis-vulkane-lassen-den-eispanzer-wegschmelzen
Online-Artikel: http://www.sueddeutsche.de/wissen/antarktis-forscher-finden-riesiges-vulkanfeld-in-der-antarktis-1.3630718

117 Online-Artikel: https://www.wwf.de/themen-projekte/waelder/waldbraende-weltweit/

118 Online-Artikel: https://de.wikipedia.org/wiki/High_Frequency_Active_Auroral_Research_Program

119 Video: „Zerstörung von Mensch, Tier und Natur durch 5G-Strahlung“, Interview mit Dr. Barrie Trower Mikrowellenspezialist und Ex-Militär-Offizier, Teil 1 am 30.03.2019, (26,41 min), https://youtu.be/yUCzwSd7Kng; Teil 2 am 31.03.2019, (33,49 min), https://youtu.be/Bh29Jknz_Gk

120 Zeitenschrift, Nr. 24, 1999, S.60

121 Video: Digitalisiert in eine strahlende Zukunft-todsicher!, Referat Anke Kern am 08.02.2019, 1:28 h, https://www.klagemauer.tv/2019-03-08/13437&autoplay=true

122 Online-Artikel: https://www.spiegel.de/wissenschaft/technik/schallwaffen-wie-funktionieren-schallkanonen-a-1170765.html
123 Video: „Zerstörung von Mensch, Tier und Natur durch 5G-Strahlung“, Interview mit Dr. Barrie Trower Mikrowellenspezialist und Ex-Militär-Offizier, Teil 1 am 30.03.2019, (26,41 min), https://youtu.be/yUCzwSd7Kng
124 „Die Mikrowelle eine Waffe mit Zukunft“, Zeitenschrift, Nr. 24/4, Quartal 1999, S. 63
125 „Die Mikrowelle eine Waffe mit Zukunft“, Zeitenschrift, Nr. 24/4, Quartal 1999, S. 63
126 Dr.Rosalie Bertell: Kriegswaffe Planet Erde, J.K.Fischer-Verlag, 2. Ausgabe, 07/2013, S.477-478
127 Online-Artikel vom 10.03.2020: https://www.forbes.at/artikel/milliardaere-im-weltraum.html
128 Online-Artikel: https://www.mdr.de/wissen/antworten/neue-akteure-der-raumfahrt-100.html
129 Online-Artikel: https://www.welt.de/wissenschaft/article181266532/Vermutung-bestaetigt-Es-gibt-Wasser-auf-dem-Mond.html
130 Online-Artikel: https://www.stuttgarter-zeitung.de/inhalt.sensationsfund-der-nasa-sauberes-wasser-auf-dem-mars-entdeckt.723011ca-4b5e-4ce6-a9e9-ce4488088502.html
131 Online-Artikel vom 21.08.2019: https://www.stuttgarter-zeitung.de/inhalt.raumfahrt-wie-menschen-den-weltraum-besiedeln-koennten.9f6016a9-7e87-4944-ad40-4bdf704b6bce.html
132 Online-Artikel vom 21.07.2007: https://www.derstandard.at/story/2966862/machbarkeit-einer-mars-begruenung-getestet)
133 Online-Artikel: https://www.focus.de/wissen/weltraum/nasa-plaene_aid_120514.html

134 Online-Artikel: https://1e9.community/t/das-sind-die-plaene-fuer-die-mondbasis-der-nasa/4395
135 Online-Artikel: https://1e9.community/t/das-sind-die-plaene-fuer-die-mondbasis-der-nasa/4395
136 Online-Artikel vom 09.07.2019: https://3druck.com/forschung/russland-plant-den-einsatz-von-3d-druck-und-mondstaub-um-eine-mondbasis-zu-schaffen-5083498/
137 Online-Artikel vom 13.11.2014: https://www.bluemind.tv/technik/technologie/die-esa-plant-den-bau-der-ersten-mondbasis-572651/
138 Online-Artikel vom *03.01.2019:* https://www.sueddeutsche.de/wissen/china-chang-e-4-mond-1.4273183
139 Online-Artikel vom 18.03.2017: https://www.teltarif.de/lte-v-fahrzeuge-autos-mond/news/67887.html
140 Online-Artikel vom 07.12.2017: https://www.teltarif.de/lte-v-fahrzeuge-autos-mond/news/67887.html
141 Michio Kaku: Abschied von der Erde – Die Zukunft der Menschheit, Rowohlt-Verlag, April 2019, S.176
142 Video: https://www.youtube.com/watch?v=gMRnowgpGig
143 Online-Artikel vom 06.09.2014: Neuer Raketenantrieb liefert Schub ohne Treibstoff, https://www.forschung-und-wissen.de/nachrichten/astronomie/neuer-raketenantrieb-liefert-schub-ohne-treibstoff-13372001
144 Online-Artikel: Weltraumgestützte Solarenergie, https://de.wikipedia.org/wiki/Weltraumgestützte_Solarenergie
145 Online-Artikel vom 23.06.2020: https://www.n-tv.de/wissen/Kuenstliche-Intelligenz-profitiert-von-Corona-article21865792.html
146 Online-Artikel: https://winfuture.de/news,105786.html
147 Online-Artikel: https://tinyurl.com/atariai
148 Max Tegmark: Leben 3.0 – Mensch sein im Zeitalter künstlicher Intelligenz. Ullstein Verlag, 2017, S. 130-131

149 Online-Artikel vom 16.11.2018: Killerroboter, Autonome Waffensysteme – Wenn Computer über Leben und Tod entscheiden, https://www.scinexx.de/service/dossier_print_all.php?dossierID=206152
150 Max Tegmark: Leben 3.0 – Mensch sein im Zeitalter künstlicher Intelligenz, Ullstein Verlag, 2017, S.170
151 Online-Artikel vom 12.06.2017: https://www.giga.de/unternehmen/waymo/news/prognose-in-20-jahren-duerfen-wir-kein-auto-mehr-fahren/
152 Max Tegmark: Leben 3.0 – Mensch sein im Zeitalter künstlicher Intelligenz, Ullstein Verlag, 2017 , S. 173-174
153 Zeitungsartikel „Unheimlich" vom 13.06.2019, Münchner Abendzeitung, S. 22
154 Video, Vortrag von Ulrich Weiner: https://youtu.be/mjDT9coZLiU
155 Online-Artikel vom 27.10.2019, Peter Weichering: Wenn die künstliche Intelligenz mal irrt: https://www.zdf.de/nachrichten/heute/kuenstliche-intelligenz-ki-maschinelles-lernen-100.html
156 Online-Artikel vom 05.04.2018: Roboter werden in Deutschland besonders viele Jobs vernichten: https://www.welt.de/wirtschaft/article175180209/OECD-Studie-Roboter-bedrohen-die-Karrieren-Tausender-Teenager.html
157 Online-Artikel: https://www.welt.de/print/welt_kompakt/print_wirtschaft/article203789820/Gefahr-fuer-Akademiker.html
158 Online-Artikel: https://www.businessinsider.de/wirtschaft/neue-studie-zeigt-dass-eine-ganz-andere-berufsgruppe-von-robotern-bedroht-wird-als-bisher-angenommen-2018-6/
159 Online-Artikel vom 24.06.2019: Vernetzt – und doch allein: https://www.tagesspiegel.de/wirtschaft/einsamkeit-im-digitalen-vernetzt-und-doch-allein/24458572.html
160 Online-Artikel: https://www.scinexx.de/dossierartikel/cyborg-1-0/

161 Online-Artikel vom 09.12.2019: https://www.tagesspiegel.de/wirtschaft/mikrochips-unter-der-haut-wie-die-technik-zum-teil-des-koerpers-wird/25310962.html

162 Online-Artikel vom 09.12.2019: Marie Röverkamp, Oliver Voss: Wie die Technik zum Teil des Körpers wird, auf www.tagesspiegel.de

163 Online-Artikel: *Bargeldsymposium 2018:* https://www.bundesbank.de/de/aufgaben/themen/thiele-forderung-nach-kompletter-bargeldabschaffung-ist-unangemessen-665618

164 Online-Artikel vom 21.08.2016: https://www.spiegel.de/politik/deutschland/katastrophenfall-bevoelkerung-soll-vorraete-anlegen-a-1108760.html

165 Online-Artikel: https://www.worldtimes-online.com/kultur/226-schweden-wird-das-erste-bargeldlose-land-der-welt.html

166 Online-Artikel vom 16.03.2018: Der erste Cyborg und „Ultraschallsinn“: https://www.scinexx.de/dossierartikel/der-erste-cyborg/

167 Manon Baukhage: Ich bin ein Homo Opticus, P.M. Magazin, April 2007, S. 75

168 Video vom 12.10.2017: „Chip unter der Haut“, Galieo, 11,16 min: https://youtu.be/X9EcdjDsNiM

169 Video vom 17.07.2019: https://www.welt.de/wirtschaft/video196986837/Kuenstliche-Intelligenz-Elon-Musk-will-uns-ans-Hirn.html

170 Online-Artikel: https://www.welt.de/vermischtes/article170106321/Roboter-Sophia-bekommt-saudi-arabischen-Pass.html

171 Online-Artikel: https://de.wikipedia.org/wiki/VeriChip

172 Online-Artikel: https://www.bzst.de/DE/Privatpersonen/SteuerlicheIdentifikationsnummer/steuerlicheidentifikationsnummer_node.html

173 Online-Artikel: https://de.wikipedia.org/wiki/VeriChip
174 Michio Kaku: Die Physik des Bewusstseins – Über die Zukunft des Geistes, Rohwohlt Verlag, 2015, S. 261
175 Online-Artikel: https://www.augsburger-allgemeine.de/bayern/Chip-fuer-Ueberwachung-und-Toetung-von-Menschen-id5775181.html
176 Max Tegmark: Leben 3.0 – Menschsein im Zeitalter Künstlicher Intelligenz, Ullstein Verlag, 2017, S. 299-300
177 Zitiert nach: Universität Insbruck, Die Offenbarung des Johannes, Kapitel 13: https://www.uibk.ac.at/theol/leseraum/bibel/offb13.html
178 Online-Artikel: https://neue-weltpresse.de/endlich-eu-standard-chip-eps-ersetzt-personalausweis/
179 Online-Artikel *vom 20.07.2019:* https://neue-weltpresse.de/endlich-eu-standard-chip-eps-ersetzt-personalausweis/
180 Online-Artikel: https://www.stadtanzeiger-ortenau.de/ortenau/c-extra/nein-der-personalausweis-wird-nicht-durch-implantierte-mikrochips-ersetzt_a42252
181 Online-Artikel vom 13.05.2020: Sind Mikrochip-Implantate in der Hand bald Normalität in Europa?: https://de.euronews.com/2020/05/13/sind-mikrochip-implantate-bald-realitat-in-europa
182 Online-Artikel: https://de.euronews.com/2020/05/13/sind-mikrochip-implantate-bald-realitat-in-europa
183 Online-Artikel vom 10.12.2019: https://www1.wdr.de/nachrichten/ruhrgebiet/fuenf-g-studie-stromverbrauch-100.html
184 https://www.telekom.com/de
185 Online-Artikel: https://www.epochtimes.de/wirtschaft/verbraucher/bundesamt-fuer-it-sicherheit-warnt-mit-dem-5g-ausbau-steigen-angriffsmoeglichkeiten-fuer-hacker-a2969071.html

186 Video: Das Geschäft mit unseren Daten, Heute Plus-Sendung vom 29.03.2017: https://www.youtube.com/watch?v=_Nc3z_ZFjXQ
Video: Googles Geschäft mit den Daten, MDR-Videothek ZaPP, 18.08.2010
Online-Artikel: https://www.ndr.de/fernsehen/sendungen/zapp/google210.html
Video: Datenschutz: Das Geschäft mit den verkauften Daten, DIGI – Das Magazin, 10.10.2019: https://www.youtube.com/watch?v=UPyI5DcMRAU

187 „Digitale Vernetzung/ Cyber-Kriminalität und Totalüberwachung – die neuen Gefahren des Internets", Zeitenschrift, Nr.85/2016, S. 29

188 Online-Artikel: https://t3n.de/news/aol-ebay-uber-facebook-waren-1235554/

189 Online-Artikel:https://www.tagesspiegel.de/gesellschaft/panorama/handy-am-steuer-immer-mehr-verkehrsunfaelle-passieren-durch-ablenkung/24581590.html

190 Online-Artikel: https://www.mdr.de/datenspuren/datenbroker-daten-handel-100.html

191 Google Suche: https://www.google.com/search: Wie viele Menschen nutzen das Internet 2019

192 Eric Valli: Leben in der Wildnis – Begegnung mit Aussteigern, Knesebeck-Verlag 2012, S. 12

193 Zitiert nach https://dejure.org/gesetze/GG/5.html

194 Online-Artikel vom 12.09.2019: https://www.gdv.de/de/medien/aktuell/-generationmitte-beklagt-wachsende-aggressivitaet--egoismus-und-respektlosigkeit-51040

195 SWR-Fernsehen: Studie über wachsende Aggressivität vom 03.03.2020: https://www.swrfernsehen.de/landesschau-rp/av-o1207723-100.html

196 Online-Artikel: https://www.computerweekly.com/de/definition/6G

197 Online-Artikel vom 21.07.2015: https://www.divsi.de/publikationen/diskussionsbeitraege/privatsphaere-als-neues-digitales-menschenrecht-ethische-prinzipien-und-aktuelle-diskussionen/1-privatsphaere-im-digitalen-zeitalter/
198 Online-Artikel: https://de.wikipedia.org/wiki/Künstliche_Intelligenz
199 Online-Artikel vom 21.05.2010/: Hans Leyendecker: Sie Haben geirrt Herr Orwell!: https://www.sueddeutsche.de/digital/der-glaeserne-mensch-sie-haben-geirrt-herr-orwell-1.837115
200 „Abhörung findet bereits statt; Das Smartphone hört mit“, Münchner Abendzeitung vom 13.07.2019 S. 9
201 „Abhörung findet bereits statt; Das Smartphone hört mit“, Münchner Abendzeitung vom 13.07.2019 S. 9
202 Online-Artikel: https://www.welt.de/wirtschaft/bilanz/plus203697206/KI-und-Sex-Die-Maschine-in-meinem-Bett.html
203 https://www.realdoll4me.com/roboter-ki-sexpuppe
204 Video: Das Geschäft mit unseren Daten:, Heute Plus -Sendung, 29.03.2017: https://www.youtube.com/watch?v=_Nc3z_ZFjXQ
205 Online-Artikel: https://www.focus.de/kultur/leben/studie-belegt-zusammenhang-zwischen-social-media-und-depressionen_id_10492251.html
206 Online-Artikel vom 16.10.2018: https://www.welt.de/wissenschaft/plus182180762/Stephen-Hawking-Ein-Auszug-aus-seinem-letzten-Buch.html
207 Zannis Brühl: Voller Zugriff aufs Privatleben, Süddeutsche Zeitung, Nr. 293, 20.12.2018, S. 29
208 Zannis Brühl: Voller Zugriff aufs Privatleben, Süddeutsche Zeitung, Nr. 293, 20.12.2018, S. 29
209 Online-Broschüre: Menschenrechte im digitalen Zeitalter: Deutscher Bundestag 2018,

S.20: https://www.bundestag.de/resource/blob/568306/39edaff23c4b48b1bee67944a169df27/WD-2-107-18-pdf-data.pdf

210 Online-Artikel vom 28.11.2019: https://www.morgenpost.de/web-wissen/gesundheit/article227761735/Strahlung-So-gross-sind-die-Aengste-und-so-gross-die-Gefahr.html

211 Online-Artikel: https://saal-berlin.kongress.tv/wp-content/uploads/2019/04/Florian-König.pdf

212 Dr. Sc. Florian König: Bioverträglicher Mobilfunk, Raum & Zeit, Heft 223, Januar/Februar, 2020, S. 66

213 Online-Artikel: https://de.wikipedia.org/wiki/Sferics#cite_note-1

214 Dr. Sc. Florian König: Bioverträglicher Mobilfunk, Raum & Zeit, Heft 223, Januar/Februar, 2020, S. 68

215 Online-Artikel vom *27.01.2020:* https://www.welt.de/wirtschaft/webwelt/article205369107/Smarthome-Deutsche-haben-Angst-vor-einem-intelligenten-Zuhause.html

216 Online-Broschüre: https://www.buergerwelle.de/infomaterial/files/WLANflyer.pdf

217 Online-Artikel: https://www.memon.eu/wirkt-memon/funkmasten-meiner-naehe/#top

218 Joseph Mercola: EMF – Elektromagnetische Felder, KOPP-Verlag, 2020

219 Online-Artikel: https://www.natur-wissen.com/shop/e-smog-schutz/geovital-abschirmfarbe-t98-5-liter.html

220 Online-Artikel: https://www.umweltanalytik.com/analoge_piezotelefone.htm#Analoge%20Piezotelefone

221 Infos unter www.ulrichweiner.de

222 Online-Artikel: https://praxistipps.chip.de/vdsl-lte-glasfaser-was-ist-schneller_13499

223 Online-Artikel: https://www.richtig-schoen-kochen.de/konvektionsofen/

224 https://m.gratis-spruch.de/sprueche/id/9034
und https://m.gratis-spruch.de/sprueche/id/9159

225 Online-Artikel vom 18.01.2017: https://www.n-tv.de/wissen/Wie- man-schneller-als-Licht-reisen-koennte-article19579362.html

226 Paul A. LaViolette: Verschlusssache Antigravitationsantrieb, Kopp Verlag 2010, S. 12-13

227 Online-Artikel: https://www.tagesspiegel.de/wissen/raumfahrt-bis-2100-werden-wir-ausserirdisches-leben-finden/23087464.html

228 Online-Artikel: www.focus.de/wissen/weltraum/odenwalds_universum/tid-20873/urknall-theorie-wer-erschuf-das-universum-und-warum_aid_585445.html

229 Video: Dieter Broers: Das Erwachen der Menschheit, 23.12.2018 (1,16 h): https://youtu.be/M-oKVvU1emo

230 Online-Artikel vom 16.02.2008: Sonnenstürme gehen mit einem erhöhten Herzinfarktrisiko einher: https://www.wissenschaft.de/technik-digitales/sonnenstuerme-gehen-mit-einem-erhoehten-herzinfarktrisiko-einher/

231 Giuliana Conforto: Das Sonnenkind: Von der Geburt der inneren Sonne, Genius-Verlag, 2013

232 Online-Artikel vom 01.01.2020: https://viamedici.thieme.de/lernmodule/biochemie/ursachen+und+arten+von+mutationen?langtext=false

233 Gabi Müller: Viva vortex ALLES LEBT – Quanten sind Wirbel sind verschachtelte Rückkoppelungen, BoD, 2017, S.10

234 Prof. Dr. Elisabeth Blackburn: Die Entschlüsselung des Alterns – Der Telomer-Effekt, Mosaik-Verlag, 2017, S. 31

235 Online-Artikel: https://wimhof-methode.de/?gclid=EAIaIQobChMI482U4bX85wIVlcx3Ch1W8wqsEAAYASAAEgIHRvD_BwE

236 Luc Bürgin: Das Wunder Mirin Dajo, Kopp Verlag, 2004

237 Video: https://www.youtube.com/watch?v=mwOrmr6f60g

238 Edward A.Dames, Joel Harry Newman: Ich war PSI-Spion – die Lebensgeschichte des bekanntesten Remote Viewers der US Army, Kopp Verlag, 2011

239 Irmgard Maria Gräf: Blu Room – Zukunft hautnah erleben, 1. Auflage, 2017, S.36

240 Dr. Karina Reiss und Dr. Sucharit Bhakdi: CORONA FEHLALARM? – Zahlen, Daten und Hintergründe, GOLDEGG-Verlag, 2020

241 Online-Artikel vom 16.10.2018: https://www.welt.de/wissenschaft/plus182180762/Stephen-Hawking-Ein-Auszug-aus-seinem-letzten-Buch.html